KB238741

PERFECT
CAVEMAN

자 청 지 음
PERFECT CAVEMAN
완벽한
원시인
10만 년을 되돌려 되찾는
뇌 설계도
필로틱

인간은 스스로를 동물의 왕국에서 추방했다.

그리고 그 추방을 진보라고 불렀다.

당신의 삶은 왜 불완전한가?

무능이 아니라 오만 때문이다.

인간은 지능을 얻은 뒤 자신이 동물이라는 사실을 잊었다.

자연의 법칙에서 벗어났다는 거대한 착각.

모든 고통은 그 오만함에서 시작되었다.

우울, 불안, 무기력, 불면증…

자연은 법칙을 어긴 자에게 예외를 두지 않는다.

사자가 풀을 뜯으면 위엄은 사라진다.

사슴이 고기를 삼키면 본능은 길을 잃는다.

보더콜리가 달리지 않으면 미쳐간다.

누구나 안다. 초등학생도 안다.

동물은 본성대로 살아야 건강하다는 것을.

사자에게 고기를 주면 생명력을 되찾는다.

사슴에게 풀을 주면 고요 속에 안긴다.

보더콜리에게 초원을 주면 모든 이상행동이 사라진다.

버튼 하나를 눌렀을 뿐인데, 완전해진다.

하물며 인간은? 인간에게도 그 버튼이 있지 않을까?

10만 년 전부터 당신 안에 존재하던 15개의 버튼.

이 책은 그 버튼에 관한 이야기다.

동굴에서 누른 첫 번째 버튼

행복을 연구하던 사람이 가장 불행해지는 데는 4년이면 충분했다.

스물셋에 철학과에 들어갔다. 행복이 뭔지 알고 싶어서. 2년을 공부했다. 철학은 행복에 닿지 못했다. 스물다섯에 생각지도 않게 사업이 터졌다. 노란 스포츠카, 명석한 직원들, 영화 같은 삶. 이제 됐다고 생각했다. 철학책에서 찾지 못한 답을 통장 잔고에서 찾은 줄 알았다. 하지만 짧은 꿈이었다.

스물아홉 살 가을, 국군고양병원 연병장. 벤치에 앉아 하늘을 올려다본다. '늦은 나이에 군대에 와서 6개월간 난치병에 걸려 군병원에 누워 있다니…'

흐린 하늘. 바람이 불면 낙엽이 발끝으로 굴러온다. 열 걸음만 걸어도 무릎에서 전기가 흐르고 고관절이 욱신거린다. 아침에 눈을 뜨면 허리가 굳어서 움직일 수 없다. 10분을 천장만 보며 버텨야 겨우 몸을 일으킬 수 있다. 강직성척추염. 면역 체계가 제 몸을 공격하는 병이다. 군의관이 담담하게 말했다. "시간이 지나면 더 나빠집니다. 어떤 분들은 평생 휠체어를 타기도 해요. 아직 초기 단계라 뼈가 휘지 않아 제대는 불가합니다."

군병원 화장실 거울 앞에 섰다. 짧은 머리. 툭 튀어나온 광대뼈. 허벅지에 있던 근육은 사라졌다. 체중계에 올라갔다. 평소 몸무게에서 16kg이 빠져 있었다. '이게… 나라고…?'

스물아홉, 늦은 나이에 군대에 가자마자 동업자에게 사업을 빼앗겼다. 스트레스 때문이었는지, 병이 터졌다. 건강, 돈, 사람. 순서대로 사라졌다. 스물아홉 늦깎이 이등병. 걷지도 못하는 환자. 부대원들 눈에 나는 짐이었다. 선임이 말했다. "네가 병원에 있는 바람에… 다른 사람이 왔으면 일이 수월했을 텐데." 반박하지 못했다. 사실이었으니까. 병원에 머물다가 부대에 갈 일이 생기면 심장이 아팠다. 100여 명 중 나를 반기는 사람은 손에 꼽았다. 여덟 살 어린 동기들과 눈이 마주치면 먼저 고개를 돌렸다. 선임들이 욕하는 건 당연한 일이었다. 아무도 마주치지 않고 짐만 챙겨 빠져나오고 싶었다.

어느 날 어머니가 면회를 오셨다. 나는 제대 후 동업자에게 어떻게 복수할지 설명했다. 계획을 말하는 내내 어머니는 가만히 듣고 계셨다. 그러다 갑자기 눈물을 흘리셨다. "네가 얼마나 힘들면 그런 생각을 했을까…. 너무 걱정하지 마, 명진아. 기존에 하던 사업 안 해도 돼. 엄마가 다 책임질게." "무슨 소리야, 엄마? 나는 행복해. 아무렇지도 않은데?" 내 목소리는 떨렸다.

면회가 끝나고 병실로 돌아왔다. 아무렇지 않은 척 수없이 되뇌었지만, 어머니의 한마디가 내가 쌓아 올린 벽을 무너뜨렸다.

'얼마나 힘들면.'

나는 현실을 부정하고 있었다. 너무 고통스러워서, 괜찮다고 끊임없이 암시하며 환상 속에 살고 있었다.

그날 밤, 불을 끄고 천장을 봤다. 어둠 속에서 형광등의 잔상이 천장에 떠 있었다. 어머니 얼굴이 떠올랐다. 나도 모르게 흐르던 눈물. 1시간이 지났는지, 2시간이 지났는지 모르겠다. 그리고 결심했다. 혼자 중얼거렸다. "멍청하게 합리화하지 말고… 힘듦을 직면하자. 그리고 살아보자."

다음 날 아침, 책을 들고 연병장으로 나갔다. 밖에 나가는 건 두려운 일이었다. 절뚝거리는 나 자신을 마주하는 건 어려운 일이었다. 조금만 걸어도 쉬어야 하는 몸. 그래서 줄곧 군병원 침대에만 있었다. 하지만 이제는 햇빛을 봐야겠다고 마음먹었다. 벤치에 앉아 책을 읽었다. 병실로 돌아와서도 읽었다. 군병원 도서관에서도 읽었다. 하루 8시간을 매일. 면회 오는 친구에게 중고서점에 들러 책을 사다 달라고 했다. 병실 한쪽에 50권 넘는 책이 쌓이기 시작했다. 현실도피이자, 마지막 희망이었다. 인생에서 위기가 올 때마다 나는 항상 책에서 영감을 받아 돌파구를 찾았다. 이번에도 기댈 곳은 책뿐이었다.

『총 균 쇠』를 읽다가 밤을 새웠다. 인류의 기원과 이동 과정이 눈앞에 펼쳐졌다. 『이기적 유전자』를 8년 만에 다시 펼쳤다. '우리는 유전자 운반자일 뿐이다…' 『욕망의 진화』, 『1Q84』, 그리고 세계사와 건축학, 뇌과학까지. 분야는 상관없었다. 항상 여러 분야를 함께 읽을 때, 고민에 대한 답이 나왔다.

며칠이 지나고 이상한 점을 깨달았다. 전혀 다른 분야의 책들이 같은 곳을 가리키고 있었다. 생물학도, 신경과학도, 심리학도, 소설도…. 철학 책에서 못 찾은 답이 거기 있었다. '10만 년간 같은 방식으로 살았던 뇌가, 불과 50년 만에 완전히 다른 세계에 던져졌다.'

나는 어떻게 살고 있었나? 3개월간 형광등 아래 누워만 있었다. 움직이지 않았다. 음식을 편식했다. 사람을 피했다. 햇빛을 본

기억이 거의 없다. 10만 년 전이라면, 이건 부상당해 동굴 안에 버려진 원시인의 하루와 다르지 않았다. 뇌가 우울과 무기력을 보내는 게 당연했다. '넌 지금 위험해. 움직이지 마. 에너지를 아껴.' 뇌가 고장 난 게 아니었다. 정상 작동할 조건 자체가 꺼져 있었다. 내가 불행하고 미래가 안 보였던 건 상황 때문이 아니었다. 불행해질 수밖에 없는 모든 조건을 내가 선택했을 뿐이었다.

'버튼'을 하나씩 누르기 시작했다. 아침마다 연병장으로 나갔다. 무릎이 욱신거려도 절뚝거리며 걸었다. 15분이라도 햇볕을 온몸에 받았다. 평생 편식만 하던 입으로 야채를 씹었다. 같은 병실의 환자와 눈을 마주치며 말을 건넸다. 밤이 되면 억지로라도 눈을 감았다.

며칠이 지났을까. 어느 아침, 연병장을 걷는데 오묘한 기분이 들었다. 상황은 하나도 나아지지 않았다. 여전히 병상에 있었고, 돈은 없었고, 여전히 군대에서 완전히 낙오한 상태였다. 하지만 발걸음은 가벼웠다. 숨을 들이쉬는데 가슴이 넓어진 느낌이었다. 언제부턴가 좋은 날씨에도 어둡고 칙칙하게 느껴진 하늘이 맑아 보이기 시작했다. 공기는 차가웠지만, 이전과 달리 견딜 만했다. 아니, 선선해졌다. 같은 연병장, 같은 계절, 같은 하늘인데. 세상이 달라진 게 아니라 내 감각이 달라져 있었다.

희망이 생기자 생각이 돌아가기 시작했다. 내 병으로 제대를 하려면 증거가 필요했다. 병의 심각성을 아무도 모르니까 직접 알려야 했다. 인터넷을 뒤져 자료를 모으고, 50페이지짜리 보고서를 썼다. 중대장님과 행보관님이 보고서를 읽고 심각성을 이해하셨다. 두 분의 도움으로 9개월 일찍 제대할 수 있었다. 군병원에 입원한 지 6개월 만이었다.

제대하는 날, 난치병이라 불리는 이 병을 고치기로 마음먹었다. 나만의 연구는 이미 끝나 있었다. 약에만 의존하지 않았다. 근육, 코어, 약, 이 3가지가 핵심이라 생각했다. 다음 날부터 수영장으로 향했다. 아직 걷기가 힘드니까 물속에서 시작했다. 근육이 붙자 플랭크를 시작했다. 염증 수치를 낮추는 약을 먹으면서 '버튼'을 계속 눌렀다.

1년이 지났다. 한양대병원 류마티스내과 앞. 대기실에 앉은 환자들은 조금씩 거동이 불편해 보였다. 나는 유일하게 바른 걸음걸이로 진찰실에 들어섰다. 의사 선생님이 검사 결과지를 보더니 고개를 갸웃했다. "이상하네요. 염증 수치가 정상입니다. 이제 약 안 드셔도 되겠어요."

10년이 지났다. 10년 전처럼 천장 보며 버텨야 하는 삶은 끝났다. 매일 아침, 완벽한 컨디션이 느껴진다. 한강을 달린다. 데드리프트 140kg을 들어 올린다. 직원 80명 규모의 회사를 운영하고, 『역행자』는 한국에서 베스트셀러 1위를 차지했다. 하지만 더 이상 나에겐 중요하지 않다. 나는 오로지 '버튼'에만 집중한다.

하루 종일 잔잔하게 평화롭다. 특별한 일이 없어도 괜찮다. 우울하지 않다. 불안하지 않다. 무기력하지 않다. 그저 살아 있는 게 좋다. 스물셋에 찾아 헤맸던 그것. 통장 잔고에서 찾은 줄 알았던 그것. 알고 싶지도 않다고 포기했던 그것. 매일 느껴진다. 2015년 연병장의 나와 2026년의 나. 같은 유전자, 같은 뇌, 같은 사람이다. 달라진 건 단 하나. '버튼'을 눌렀을 뿐이다.

10년이 지났다. 나는 1년에 두 번, 할아버지 납골당에 간다. 그 길에 국군고양병원을 지나친다. 입구에 가려 연병장은 보이지 않지만, 나에겐 연병장이 보인다. 내가 앉아 있던 그곳. 절뚝거리며 걸어 나가 책을 펼치고, 하늘을 올려다보던 스물아홉의 나를. 그때의 내가 지금의 나를 본다면, 믿을 수 있을까? 삶을 끝내는 게 낫다고 생각하던 그 사람이, 이렇게 잔잔하게 살아가고 있다는 사실을.

이 책은 거창한 성공담이 아니다. 인간에게 원래 주어져 있던 조건, 10만 년을 통과해온 설계도를 다시 켜는 법에 대한 기록이다. 버튼은 이미 당신 안에 있다. DNA에 새겨진 채로. 고장 난 게 아니다. 잠시 꺼져 있었을 뿐이다. 다시 누르면 된다. 그리고 어느 날, 당신도 알게 될 것이다. 세상이 바뀐 게 아니라, 당신의 뇌가 제자리로 돌아왔다는 사실을.

질문을 바꾸면 시작되는 것

당신은 사실 잘 살고 있다. 조선의 왕보다 빠르게 이동하고, 왕의 어의보다 더 많은 의료 정보를 손에 쥐고 있다. 왕의 수라상보다 다양한 음식을 손가락 몇 번의 터치로 주문한다. 인류 역사상 가장 풍요로운 시대다. 조선인이 우리를 본다면 '완벽한 행복을 얻은 삶'이라 표현할 것이다.

그런데도 우리는 묻는다. '왜 이렇게 무기력하지?' '왜 이렇게 불안하지?' 조건은 좋아졌는데, 감정은 나아지지 않는다. 사람들은 답을 외부에서 찾는다. 돈이 부족해서일까. 사회가 불공정해서일까. 의지가 약해서일까.

하지만 질문 자체가 틀린 건 아닐까.

기술은 매년 업데이트된다. 스마트폰, AI, 자율주행. 세상은 계속 바뀐다. 하지만 그 기술을 사용하는 인간의 뇌는 10만 년 전 설계된 구조에서 크게 달라지지 않았다. 당신의 뇌는 오늘을 2026년으로 해석하지 않는다. 여전히 원시인의 뇌로 세상을 읽는다.

이 책은 단 하나의 질문을 던진다.

"이 행동은 10만 년 전에도 존재했는가?"

이 질문이 익숙해지는 순간, 삶은 놀이터가 된다. 그때부터 뇌, 노화, 외모, 행복은 더 이상 고민의 대상이 아니다. 흩어져 보였던 문제들이 하나로 이어진다. 단 하나의 원리를 이해하는 순간, 모든 퍼즐이 풀리게 된다.

자, 시작하자. 완벽한 원시인이 기다리고 있다.

차례

START

진단
우리는 왜 고장 났는가

ERROR

구멍

현대인은 독이 깨진지도 모르고 물을 붓는다

START

진단

우리는
왜 고장 났는가

당신의 출발점, 두 개의 아침

아파트의 원시인 vs 사바나의 원시인

머리가 좋다는 건, 어쩌면 저주일지도 모른다. 반 고흐는 37세에 스스로 생을 끝냈다. 버지니아 울프는 59세에 주머니에 돌을 채우고 강으로 걸어 들어갔다. 헤밍웨이는 노벨 문학상을 받고도 우울증에 시달리다 61세에 세상을 등졌다. 이들의 공통점은 무엇일까? 지나치게 깊이 생각했고, 너무 적게 움직였다는 점이다. 물론 단지 움직임이 부족한 탓이라고 단정할 수는 없지만, 생각과 움직임이 균형을 이루었다면 조금 더 행복했을지도 모른다. 반면 칸트는 매일 오후 3시 30분에 산책을 했다. 쾨니히스베르크 시민들이 그의 산책을 보고 시계를 맞췄을 정도였다.

그는 80세까지 명료한 정신을 유지했다. 생각과 움직임을 함께 가져간 사람이다. 문득 이런 상상을 해본다. 만약 반 고흐가 칸트처럼 살았다면 어땠을까?

현대 사회에서도 같은 일이 반복된다. 내 주변에도 있었다. 20대에 천재 소리를 듣던 세 사람이었다. 한 명은 업계 최연소로 억대 연봉을 받았고, 한 명은 해외 명문대를 나와 스타트업을 키웠으며, 한 명은 그림 한 점에 수천만 원을 받는 작가였다. 세 사람에게는 공통점이 하나 있었다. 하루 12시간 이상 책상 앞에 앉아 머리만 썼고, 몸은 거의 움직이지 않았다. 10년 후, 한 명은 자살했다는 소문만 남긴 채 사라졌다. 한 명은 정신과 약물에 의존하다 파산했다. 한 명은 병원을 전전하더니 연락이 끊겼다.

나는 그들에게 몇 번 잔소리를 한 적이 있다. "운동은 안 하고 머리만 쓰면 우울증 온다. 인간은 생각만 하도록 설계되지 않았어. 뇌는 사색이 아니라 움직이기 위해 존재하는 기관이야. 원시인을 생각해봐. 사냥하거나 도망가기 위해 생각이 필요했던 거야." 지금도 가끔 생각한다. '한강 변이라도 같이 걷자고 억지로라도 끌고 나갔더라면…' 세상 부러울 것 없었던 세 친구는 그렇게 사라졌다.

이건 내 친구들만의 이야기가 아니다. 지금 이 순간에도 책상 앞에 7시간 이상 앉아 머리만 쓰고 있는 당신의 이야기일지도 모른다. 철창에 갇힌 코끼리가 우울과 불안에 시달리는 건 본성에 어긋나기 때문이다. 코끼리는 드넓은 곳에서 가족과 함께 먼 거리를 이동하며 살도록 설계되었다. 좁은 동물원에 갇혀 사는 건 본성에 맞지 않다.

인간도 마찬가지다. 하루 종일 생각만 하고 움직이지 않는 건 본성에 맞지 않는 행동이다. 자연은 본성을 거스르는 이에게 '불행'이라는 감정으로 처벌을 내린다.

하버드 의대 존 레이티 교수는 저서 『운동화 신은 뇌』에서 이렇게 말했다. "현대인의 우울증은 뇌의 고장이 아니라, 오히려 뇌가 정상적으로 작동하고 있다는 신호다. 잘못된 환경에 대한 정상적인 반응이다." 통계도 이를 증명한다. 세계보건기구WHO에 따르면 전 세계 인구의 3~4%에 해당하는 2억 8천만~3억 명 이상이 우울증을 겪고 있다. 한국의 경우, 건강보험심사평가원 자료에 따르면 2017~2021년까지 우울증 진료 환자 수가 약 36% 증가했다. 국민건강영양조사 기반 연구도 최근 10년간 우울 증상을 겪는 사람이 지속적으로 늘었다고 보고했다.

단 한 문장으로 40kg이 빠지다

오래 함께 일해온 동료는 한때 140kg이었다. 하지만 이 말 한마디를 들은 뒤 순식간에 40kg이 빠졌다. "원시시대에는 공복에 가공된 설탕을 때려 넣는 경우가 없었어. 과자나 케이크가 먹고 싶다면 식후에 먹어. 그렇게만 해도 다이어트로 고통받을 일도 줄고, 노화도 늦추고, 스트레스 수치도 낮아져. 빈속에 먹으니까 혈당 스파이크가 오고, 살이 찌고, 감정 기복이 생기는 거야. 해결책은 간단해. 식사 전에 채소 한 줌을 먼저 먹어. 단 음식은 반드시 밥을 먹은 뒤에 먹어. 순서만 바꿔도 인생이 달라져.”

이 방법을 실천한 내 PD는 먹고 싶은 걸 다 먹으면서도 3개월 만에 40kg을 감량했다. 나 역시 같은 방식으로 3개월 만에 88kg에서 81kg으로 자연스럽게 체중을 줄였다. 내가 강조하고 싶은 건 딱 한 문장이다.

‘원시시대에 하지 않았던 행동은 가급적 하지 마라.’

이 한 문장이 열쇠다. 인간의 뇌는 10만 년 전에 설계가 완료되었고, 그 이후 하드웨어는 단 한 줄도 업데이트되지 않았다. 그러나 환경은 완전히 바뀌었다. 우리의 뇌는 사바나 초원에서 몸을 움직이며 살아가길 원하지만, 현실에서 우리는 형광등 아래 앉아 하루 종일 움직이지 않는다. 뇌는 30명 남짓의 부족민과 눈을 마주치며 유대하길 기대하지만, 우리는 스마트폰 속 ‘가짜 유대감’을 소비하며 공허해한다. 원시인은 자연식을 먹었다. 고기, 채소, 견과류, 과일이 전부였다. 지금 우리는 그와 정반대인 고도로 가공된 음식으로 배를 채운다. 그 결과 당뇨와 수많은 질환에 시달리게 된다.

'설계된 대로 살지 않는 것.' 이것이 인간이 겪는 모든 문제의 근원이다. 설계 방식을 거스르기 때문에 우리는 완전한 행복에 닿지 못한다.

이 원리는 인간만의 이야기가 아니다. 자연은 언제나 같은 방식으로 답을 알려준다. 어제는 유튜브에서 귀여운 북극여우 영상 하나를 봤다. 그리고 이런 호기심이 생겼다. '북극여우를 사막 한가운데 데려다 놓으면 어떻게 될까?' 북극여우는 영하 50도의 혹한에서도 살아남도록 설계된 동물이다. 짧은 귀는 열 손실을 줄이고 둥근 몸은 체온을 보존하며, 두꺼운 털은 혹한을 견딜 수 있게 한다. 발바닥에도 털이 나 있어 눈 위를 걷기 적합하다. 모든 구조가 북극이라는 환경에 최적화되어 있다.

그런 북극여우를 사막 한가운데 풀어놓는다고 가정해보자. 녀석은 더위에 지쳐 늘어질 것이다. 털을 뜯고 음식을 거부한다. 같은 자리를 빙빙 돈다. 미쳐간다. 금세 죽는다. 북극여우의 성격이 이상해서가 아니다. 설계된 환경에서 벗어났기 때문이다. 물고기도 별반 다르지 않다. 차가운 물에 사는 어종을 23도의 따뜻한 물에 넣으면 어떻게 될까? 당연히 오래 버티지 못한다. 그래서 수족관 전문가들은 어종에 따라 수온과 염도를 미세하게 조정한다. 설계된 조건을 맞춰주기 위해서다.

인간도 똑같다. 인간에게도 설계된 환경이 있다. 하지만 인간은 오만해진 나머지 스스로가 동물이라는 사실을 자주 잊는다.

재미있는 이야기를 하나 하려 한다. 동남아시아인의 뭉툭한 코와 북유럽인의 오뚝한 코를 비교해보자. 춥고 건조한 북쪽에서는 차가운 공기를 덥혀 폐로 보내려면 긴 콧구멍이 유리하다. 반면 더운 지역에서는 열을 빨리 배출하기 위해 낮고 넓은 코가 필요했다. 환경에 적응하기 위해 수만 년에 걸쳐 신체가 각기 변한 것이다. 몸이 환경에 맞춰 진화했다면 뇌라고 다를까?

뇌도 특정 환경에 맞춰 설계되었다. 그 환경은 원시시대다. 이 조건에서 벗어나면 뇌는 오작동을 일으킨다. 지금 당신의 상태는 사막에 던져진 북극여우와 다를 바 없다.

10만 년 전 뇌가 해석한 서울의 원시인

당신의 하루를 들여다보자. 아침 7시, 알람이 울린다. 커튼이 쳐진 방 안, 뇌는 아직 밤이라고 착각한다. 억지로 눈을 뜨고 형광등을 켠다. 밝기 500럭스. 뇌가 기대하는 아침 햇빛의 강도는 그보다 20배 높다. 세로토닌 합성 스위치가 제대로 켜지지 않은 채, 이유 없는 무기력함으로 하루가 시작된다.

출근길 지하철에서 스마트폰을 꺼낸다. 카톡 알림, 안 좋은 뉴스, 인스타그램에는 잘난 사람투성이다. 아무것도 시작하지 않았는데 뇌는 이미 위협 신호를 감지하고, 코르티솔이 분비된다. 뇌는 말한다. '싸워야 하나? 도망쳐야 하나?' 하지만 그럴 수 없다. 회사에 가야 하니까. 해소되지 못한 스트레스는 몸 어딘가에 조용히 쌓인다.

회사에서 8시간 동안 의자에 앉아 있는다. 점심은 사무실에서 배달 음식으로 간단히 해결한다. 햇빛을 볼 기회는 없다. 오후 3시가 되면 커피 없이 버틸 수 없다.

퇴근 후에는 소파에 누워 숏폼 영상을 넘긴다. 30초마다 새로운 자극이 들어오고, 도파민이 찔끔찔끔 나온다. 밤 11시, 스마트폰의 블루라이트가 수면 호르몬인 멜라토닌 분비를 억제한다. 결국 새벽 1시가 넘어서야 겨우 잠든다. 다음 날 아침 일어났는데 개운하지가 않다.

이 하루가 반복되어 일주일이 되고, 한 달이 되고, 10년이 된다. 그러다 문득 깨닫는다. 특별히 나쁜 일이 없는데 불행하다. 뭔가 잘못된 건 알겠는데 무엇이 잘못됐는지는 알 수 없다. 하지만 당신의 뇌는 매일 비명을 지르고 있다. 앞서 살펴본 그 일상을 10만 년 전 설계된 뇌는 이렇게 해석한다.

1. 햇빛을 보지 않은 아침

'동굴에 햇빛이 들어오지 않는다. 아직 낮이 아니거나 흐린 날이다. 비가 올 수 있으니 밖에 나가지 마. 기분을 가라앉혀서 움직이지 않게 해줄게.'

2. 스마트폰 속 부정적 정보

'주변에 위협이 가득하다. 적대적인 부족, 나보다 강한 경쟁자들. 지금 너의 사회적 위치는 불안정해. 긴장해! 스트레스 호르몬인 코르티솔을 분비시킬게.'

3. 싸우지도 도망치지도 못하는 상황

'위협이 있는데 싸울 수도 없고 도망칠 수도 없다. 덫에 걸린 거야. 전투에 대비해야 하니 스트레스 상태를 유지할게. 몸을 예민하게 만들고 에너지 소비를 높일게.'

4. 8시간 동안 움직이지 않음

'부상당했거나 병에 걸렸구나? 지금 밖에 나가면 포식자에게 잡아먹힐지도 몰라. 세상이 무섭게 느껴지도록 할게. 그러면 동굴 안에 머물겠지.'

5. 노력 없이 들어오는 자극(숏폼 콘텐츠)

'사냥도 안 했는데 쾌감이 느껴지네? 이상하지만 일단 즐겨. 하지만 이게 반복되면 힘들게 사냥할 필요가 없어지지. 동기를 꺼버릴게. 삶이 점점 시시해지고, 일도 하기 싫어질 거야.'

6. 밤인데 밝은 빛(블루라이트)

'아직 낮인가? 이상한데. 멜라토닌 생성을 멈출게. 지금은 자면 안 돼. 깨어 있어야 해.'

7. 늦게 자서 개운하지 않은 아침

‘수면이 부족하다. 회복이 덜 됐어. 오늘은 무리하지 마. 에
너지가 고갈되면 건강에 문제가 생길 수 있어. 에너지를
아끼도록 의욕을 낮출게.’

이런 하루가 반복되면 뇌는 점점 위축된다. 이른바 ‘쫄보’ 상
태가 된다. 별일 아닌 일에 쉽게 화가 나고, 정치 뉴스에 과민하게
반응한다. 타인의 성취를 보면 자신을 비하하거나, 악플을 달고
싶은 충동에 휩싸인다. 만성적인 우울과 불안을 잊기 위해 술, 담
배, 자극적인 영상 등 인위적인 도파민에 뇌가 절여진다. 어렸을
적 꿈은 사라지고 무기력만 남는다. 악순환은 반복된다. 이유도
모른 채.

지금의 상태는 당신 탓이 아니다. 완벽한 인생을 살지 못하는
것도, 우울한 것도, 불안한 것도 당신의 결함 때문이 아니다. 햇빛
을 보지 않아 세로토닌이 말랐고, 걷지 않아 뇌의 해마가 쪼그라
든 것이다. 불안한 것도 소심해서가 아니다. 무기력한 것도 의지
가 약해서가 아니다. 노력 없이 숏폼이나 게임으로 쾌락을 얻다
보니 도파민 회로가 파산한 것이다. 외로운 건 내향적이어서가 아
니다. 사람과 마주 보며 얻는 옥시토신이 사라졌기 때문이다.

이것은 나의 추측이 아니라, 진화생물학에서 ‘진화적 불일치
Evolutionary Mismatch’라고 부르는 현상이다. 1990년대 초반 진화 의
학의 선구자인 랜돌프 네스와 조지 윌리엄스가 저서 『인간은 왜

병에 걸리는가』에서 체계화했다. 핵심은 이것이다. 현대 질병의 상당수는 결함이 아니라 불일치에서 온다.

당신은 나쁜 사람이 아니다. 그저 뇌가 오작동할 수밖에 없는 환경에 있을 뿐이다. 동물원에 갇힌 코끼리를 자연으로 돌려보내면 행복을 되찾듯 당신에게도 방법이 있다. 그리고 그 방법은 생각보다 훨씬 간단하다.

사바나의 원시인

10만 년 전, 지금과 같은 뇌를 가진 우리 조상은 어떻게 살았을까. 해가 뜨면 눈이 저절로 떠진다. 알람은 없다. 햇빛이 곧 알람이다. 동굴 밖으로 나서면 10만 럭스의 빛이 망막을 자극하고 세로토닌 합성이 자동으로 시작된다. 아무 노력 없이도 기분이 괜찮다. 부족민들과 사냥을 나간다. 하루 평균 2만 보를 걷는다. 걸을 때마다 BDNFBrain-Derived Neurotrophic Factor, 뇌 유래 신경영양인자가 분비된다. 뇌에서 만들어지는 단백질, 즉 뇌 성장 호르몬이다. BDNF가 분비되는 뇌는 안다. '이 사람은 건강하구나. 움직일 수 있구나. 살아 있구나.' 우울감을 줄 이유가 없다.

사냥에 성공하면 도파민이 폭발한다. 뇌는 안다. '노력했고, 성취했구나. 가치 있는 존재구나.' 자괴감을 줄 이유가 없다. 불 앞에 둘러앉아 먹을 것을 나눠 먹는다. 얼굴을 마주 보고 이야기하다 보면 옥시토신이 분비된다. 뇌는 안다. '이 사람은 부족의 일원이구나. 혼자가 아니야.' 불안을 생성할 이유가 없다. 해가 지면 어둠이 내린다. 블루라이트는 없고 모닥불의 붉은 빛만 있다. 멜라토닌이 분비되고 졸음이 온다. 잠든다. 다음 날, 완전히 회복된 뇌로 눈을 뜬다.

이것이 우리 뇌가 기대하는 하루다. 이 조건이 충족되면 뇌는 정상적으로 작동한다. 의지가 없어도 동기가 생기고, 특별한 기술이 없어도 행복하다.

동물원의 코끼리

다시 코끼리 이야기로 돌아가자. 기회가 있다면 직접 동물원에 가서 코끼리를 관찰해보라. 코끼리는 가족 단위로 수천 km를 이동하며 살아가도록 설계된 동물이다. 동료가 죽으면 나뭇가지를 덮어주고 며칠 동안 그 자리에 머물면서 장례를 치를 정도로 깊은 유대를 가진 존재다. 인간과 같은 사회적 동물이다.

그런 코끼리를 혼자 좁은 우리에 가둔다면 어떻게 될까. 같은 자리를 왔다 갔다 걷는다. 고개를 좌우로 흔들고, 허공에 코를 휘젓는다. 10분을 지켜봐도 같은 동작만 반복한다. 이것을 '정형행동'이라고 부른다. 미쳐가는 것이다. 코끼리 성격이 이상해서가 아니다. 설계된 환경에서 벗어났기 때문이다. 사막에 던져진 북극 여우처럼 말이다. 그리고 당신도 그 동물들과 다르지 않다.

그런데 이 코끼리를 아프리카 초원으로 돌려보내면 어떻게 될까? 정형행동은 사라진다. 무리를 따라 이동하고, 새끼를 돌보며, 물웅덩이에서 목욕도 한다. 코끼리다운 코끼리가 된다. 약을 먹인 것도 아니고, 상담을 해준 것도 아니다. 환경만 바꿨을 뿐이다.

내 지인 중에 머리가 좋고, 연예인처럼 생긴 여성이 있었다. 그녀는 수년간 정신과 약을 먹고 있었다. 나는 이렇게 말했다.

"너는 내향인이고 지능이 높아. 하루에 써야 할 뇌의 에너지와 신체 에너지가 있어. 그걸 생각만 하는 데 다 쓰고 있으니 문제가 되는 거야. 네가 예전에 했다던 골프라도 다시 쳐. 그걸로 충분하진 않지만 지금보다 백배 나아. 움직여. 자연의 바람을 맞아. 필드에 나가. '원시인 모드'를 켜."

아주 간단한 조언이었다. 신기하게도 1년 뒤 이 여성은 더 이상 정신과 약을 먹지 않아도 되었고, 손 놓았던 일도 다시 시작하며 정상적인 생활을 하고 있다. 그녀가 한 일은 단 하나, 버튼을 눌렀을 뿐이다.

이 책은 그 버튼들에 관한 이야기다. 10만 년 전부터 당신 안에 존재해온 버튼들. 눌러야 할 버튼을 누르지 않아서, 지금 당신의 뇌는 비명을 지르고 있다.

좋은 소식이 있다. 버튼의 위치만 알면, 누르는 건 어렵지 않다. 포획되어 자유를 잃었던 돌고래를 상상해보라. 그 돌고래가 다시 바다로 돌아가는 날, 너무 기뻐 춤을 추며 깊은 바다를 헤엄칠 것이다. 3개월 후, 버튼을 누른 당신의 모습이기도 하다.

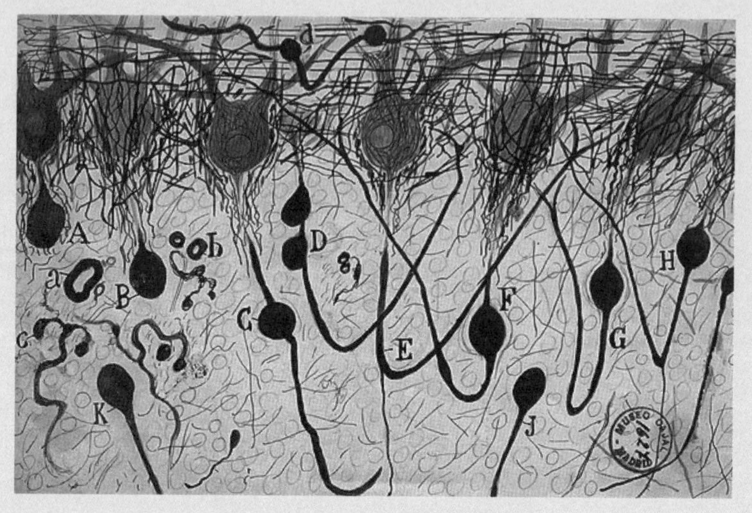

20세기 초, 신경과학자 산티아고 라몬
이 카할은 현미경으로 본 신경세포를
손으로 그렸다. 그가 발견한 것은 '생각하는
기관'으로서의 뇌가 아니라, 수천억 개의
신경세포가 서로 연결되어 신호를 주고받는
네트워크였다. 흥미로운 것은 그 신호의
상당 부분이 몸의 움직임과 연결되어 있다는
사실이다. 뇌는 생각하기 위해 진화한 것이
아니라, 움직이기 위해 진화했다.

0.012초의 벽

왜 '긍정적인 생각'은 항상 실패할까

앞서 말했듯, 당신의 뇌는 하루 종일 비명을 지른다. 그렇다면 해결책은 뭘까? 대부분의 사람들은 긍정적인 생각이 중요하고, 명상을 하면 마음이 편해지고, 확언을 반복하면 삶이 바뀐다고 믿는다. 틀렸다. 그보다 더 중요한 것이 있다.

유튜브를 보다 보면 명상 강사, 자기계발 전문가들의 영상이 뜬다. 나는 6년 전, 이들을 볼 때 가슴이 철렁했다. '저것만 하면 절대 안 되는데… 걱정된다…'

그들은 "마음을 다스리면 모든 것이 해결됩니다"라고 말했고, 댓글창에는 "선생님 덕분에 인생이 바뀌었어요"라는 찬사가 넘쳤다. 당시 나는 마음가짐도 물론 중요하지만 그보다 중요한 게 있다고 생각했다.

시간이 흘렀다. 어느 날 알고리즘에 그중 한 명상 강사의 영상이 다시 떴다. 재생 버튼을 눌렀다가 멈칫했다. 같은 사람이 맞나 싶었다. 얼굴이 완전히 달라져 있었다. 안색은 칙칙했고, 눈에는 생기가 없었으며, 누가 봐도 불행한 표정을 짓고 있었다. 그런데도 여전히 "긍정 확언을 외치세요", "생각을 바꾸면 인생이 바뀝니다"라고 말하고 있었다.

댓글창도 달라져 있었다. 찬사 대신 걱정이 가득했다. "요즘 많이 힘들어 보여요. 푹 주무셔요." "건강 챙기세요." 그는 점점 무너지고 있었다. 생각을 바꾸라고 가르치면서 정작 본인의 생각은 자신을 구하지 못했다.

마음을 가장 잘 다스려야 할 사람이 왜 무너졌을까? 이유는 단순하다. 그는 끊임없이 생각을 바꿨지만 환경은 바꾸지 않았다. 5평짜리 우리에 갇힌 사자에게 "긍정적으로 생각해봐"라고 말하는 건 어불성설이다. 그 사자를 행복해지게 하려면 자연으로 돌려보내야 한다. 인간도 마찬가지다. 마음가짐만으로는 한계가 있다. 환경을 바꾸는 게 최선이다.

생각으로 감정을 이기려는 건 애초에 이길 수 없는 싸움이다. 뇌의 0.012초 반응 속도 때문이다.

총소리가 들렸다

당신이 이 책을 읽고 있는데 갑자기 "탕! 탕탕!" 총소리가 들린다. 주변 사람들이 비명을 지르며 도망친다. 누군가 문을 열고 당신이 있는 공간으로 들어온다. 그 순간, 당신의 뇌는 어떻게 반응할까?

'침착하자', '긍정적으로 생각하자' 같은 말이 떠오르기도 전에 이미 심장이 터질 듯 뛴다. 아드레날린이 혈관을 타고 퍼지고 다리는 출구를 향해 움직인다. 이 모든 과정이 0.012초 만에 일어난다. 당신이 '이게 진짜 총소리야?'라고 판단하기도 전에 몸은 먼저 반응한다. 심장이 뛰는 이유는 간단하다. 뇌가 위협을 감지하는 순간 교감신경계가 활성화되고, 그 신호가 심장으로 전달된다. 심장은 도주에 필요한 산소를 공급하기 위해 즉각 심박수를 높인다.

당신의 뇌에는 두 개의 길이 있다. 감각 정보가 편도체로 직행하는 빠른 길, 0.012초. 논리 따위는 없다. 일단 반응하고 본다. 느린 길에선 감각 정보가 전전두엽을 거쳐 분석되고 판단된다. 0.2초. 논리적이지만 느리다. 어느 것이 먼저 작동하는가? 항상 빠른 길이다. 17배 빠르다.

10만 년 전이라면 이 속도 차이가 생사를 갈랐다. 사자가 덤벼드는데 '저게 정말 사자일까?' 고민하던 원시인은 잡아먹혔다. 살아남은 건 0.012초 만에 심장박동이 빨라지며 도망친 자들이고,

당신은 그들의 후손이다.

문제는 이 시스템이 2026년에도 똑같이 작동한다는 것이다. 상사에게 깨지는 순간 당신이 '침착하자'라고 생각하기 전에 이미 얼굴이 달아오른다. 인스타그램에서 친구의 해외여행 사진을 보는 순간 '비교하지 말자'라고 생각하기 전에 이미 가슴이 쓰리다. 뇌는 이것을 '부족에서의 추방 위험', '사회적 서열 하락'으로 해석한다. 0.012초 만에.

유튜브에서 한창 40만 구독자를 모으던 시절 나는 악플을 한 번도 본 적이 없다. 아무리 내가 멘탈이 강하고 악플에 타격을 입지 않는다고 하더라도, 굳이 악플을 보고 기분 나쁠 필요가 없다고 생각했다. 악플은 뇌에 이런 신호를 보낸다. '우리 부족 안에 너를 싫어하고, 너를 공격하려는 자가 있어. 경계해. 스트레스 호르몬을 분비시킬게.' 나는 이 메커니즘을 알았기 때문에 아예 눈에 들어오지 않게 막았다. 생각으로 이기려고 하지 않고, 이길 필요가 없는 환경을 만든 것이다.

본능과 이성의 반응 속도가 다르다. 그래서 '긍정적인 생각'은 한계가 있다. 0.012초로 밀려오는 감정을 0.2초의 이성으로 막는 것은 총알을 맨손으로 잡으려는 것과 같다.

생각만으로 감정을 컨트롤하는 건 불가능하다. 0.012초보다 빠를 수는 없다. 하지만 0.012초가 작동하기 전에 환경을 바꿔놓을 수는 있다. 악플이 보이지 않으면 뇌는 반응하지 않는다. 햇빛

이 들어오면 뇌는 세로토닌을 만든다. 환경이 바뀌면 화학물질이
바뀌고, 화학물질이 바뀌면 감정이 바뀐다.

순서가 다르다.

자기계발서가 아닌 뇌과학을 읽는 이유

자기계발서는 일반적으로 이렇게 말한다. "생각을 바꾸면 감
정이 바뀌고, 행동이 바뀌고, 인생이 바뀐다." 뇌과학은 정반대로
말한다. "환경을 바꾸면 화학물질이 바뀌고, 감정이 바뀌고, 생각
이 바뀌고, 인생이 바뀐다."

자기계발서의 인생 변화 공식
: 생각 → 감정 → 행동 → 인생
뇌과학의 인생 변화 공식
: 환경 → 화학물질 → 감정 → 생각 → 인생

시작점이 다르다. 당신도 경험해봤을 것이다. 새해 첫날에 다
짐한다. '올해는 달라질 거야.' 자기계발서를 산다. 비전보드를 만
들고 긍정 확언을 외운다. 매일 아침 거울 앞에서 "나는 할 수 있
어"라고 말한다. 감사일기도 쓴다. 1월은 의욕이 넘쳤다. 2월까지

는 버텼다. 3월에 무너졌다. 3개월 후 거울 속 모습은 그대로였다. 아니, 오히려 더 나빠졌다. '책대로 해도 안 되는 인간'이라는 자책이 더해져 더 깊이 우울해졌다. 또 실패했다. '나는 왜 이렇게 의지가 약할까.'

생각은 매일 바꾸려 했지만 햇볕 쬐기는 0분, 운동은 0분, 깊은 대화는 0회였다. 뇌가 행복 물질을 만들 원료가 하나도 없었다. 텅 빈 창고에 대고 "제품을 만들어"라고 소리만 지른 셈이다. 공장은 돌아가지 않는다.

명상 강사도 그랬다. 3년간 매일 명상했지만, 햇빛을 거의 보지 않았고, 운동을 거의 하지 않았으며, 진짜 연결을 나눌 사람이 없었다. 그는 텅 빈 창고에 대고 '마음을 다스리자'라고 명령했다. 뇌는 버티지 못했고 공황장애라는 경고등이 켜졌다. 동물원에 갇힌 코끼리와 사자, 돌고래가 심리적 문제에 시달리는 것은 본성과 다른 환경에 있기 때문이다. 마찬가지로 '명상'만 하는 행위 역시 본성과 완전히 다른 행동이기에, 심리적 문제에 시달리는 것은 어찌 보면 당연하다.

문제는 의지가 아니었다. 순서가 틀렸을 뿐이다.

원시인이 된 회장님

켈리 최 회장님은 유럽에 1,100개가 넘는 초밥 프랜차이즈를 만들어 연 매출 7천억 원을 달성한 자수성가형 기업가다. 더불어 비전보드, 긍정 확언을 강조하는 자기계발 분야의 대표적인 인물이기도 하다. 나는 늘 궁금했다. 정말 생각만 바꿔서 저런 성과를 냈을까? 인터뷰를 할 때마다 나와 켈리 최 회장님의 의견은 자주 충돌했다.

2025년, 나는 포르투갈의 회장님 집에서 그 가족들과 일주일 넘게 생활했다. 직접 보니 답이 나왔다. 그녀는 명상과 확언만 하는 사람이 아니었다. 놀라울 정도로 활동적이었다. 사람들과 끊임없이 눈을 마주치며 대화했다. 매일 자전거를 타고 달리기를 했다. 50대 후반임에도 불구하고 활동량이 어마어마했다. 남편과 딸도 마찬가지였다. 온 가족이 움직이고, 사람과 연결되어 있고, 햇빛 아래 있었다.

그제야 이해했다. 회장님의 사상은 긍정 확언이 전부가 아니었다. 긍정 확언이 작동할 수 있는 환경이 먼저 갖춰져 있었다. 원료 창고가 가득 찬 상태에서 '생산하라'고 명령한 것이다. 순서가 달랐다. 긍정 확언과 자기계발은 2순위다. 1순위는 환경을 바꾸는 것이다.

원시인은 이 '순서'를 의식할 필요가 없었다. 환경 자체가 버튼이었다. 아침에 눈을 뜨면 햇빛이 쏟아졌다. 세로토닌이 저절로 만들어졌다. 낮에는 사냥을 나갔다. 엔도르핀이 저절로 분비됐다. 저녁에는 부족과 불 앞에 모여 멍을 때리고 사람들과 대화했다. 옥시토신이 저절로 흘렀다. 의식적으로 노력하지 않아도 환경이 알아서 화학물질을 채워줬다.

하지만 현대를 사는 당신은 다르다. 커튼을 치고, 의자에 앉아, 화면만 보는 환경에서 살아간다. 원시인의 하루에 자동으로 포함되어 있던 것들이 당신의 하루에서는 거의 다 빠져 있다. 그래서 우리는 의식적으로 환경을 바꿔야 한다. 원시인이 자동으로 누르던 버튼을 우리는 수동으로 눌러야 한다. 15개 버튼이 바로 그 스위치다.

수면, 물, 호흡 버튼. Level 0이다. 엔진 시동을 건다.
햇빛, 걷기, 영양 버튼. Level 1이다. 연료를 채운다.
불편함, 근력, 고강도 버튼. Level 2는 엔진을 튜닝한다.
부족, 대면, 기여, 섹스 버튼. Level 3은 사회적 뇌를 깨운다.
Level 4의 탈집중과 몰입 버튼은 인간을 동물과 구분 짓는다.

총 15개. 이 버튼들은 이미 당신 DNA 안에 새겨져 있다. 10만 년 전부터.

뇌는 2026년 서울과 10만 년 전 사바나를 구분하지 못한다. 단지 조건만 감지한다. 햇빛이 들어오면 '낮이구나, 안전하구나'라고 반응한다. 근육이 움직이면 '사냥 중이구나, 살아 있구나. 기운 넘치게 해줄게'라고 반응한다. 얼굴을 마주하면 '부족과 함께구나, 혼자가 아니구나. 안심해도 돼'라고 반응한다. 조건이 맞으면 뇌는 최상의 행복 호르몬을 분비한다. 자동으로.

15개 버튼 중 일정 개수를 누르면 뇌는 행복 호르몬을 분비한다. 중요한 건 순서다. 0.012초보다 빠를 수는 없다. 하지만 0.012초가 작동하기 전에 조건을 바꿔놓을 수는 있다. 환경이 바뀌면 화학물질이 바뀌고, 화학물질이 바뀌면 감정이 바뀐다. 이 공식은 매일 최상의 컨디션을 유지하게 만들어 준다. 이것이 완벽한 행복에 이르는 순서다.

"이거 플라세보 효과 아니에요?"

당신이 믿든 말든 중력은 사과를 떨어뜨린다. 그리고 햇빛을 받으면 세로토닌은 합성된다. 마음이 평화로워진다. 더 행복해진다. 이것이 생리학이다.

2016년 듀크대 연구팀은 156명의 우울증 환자를 세 그룹으로 나눴다. 항우울제만 복용한 그룹, 주 3회 30분 운동만 한 그룹, 약 복용과 운동을 병행한 그룹. 결과는 충격적이었다. 운동만 한 그룹과 약을 복용한 그룹은 우울증 증세가 똑같이 호전되었다. 더 놀라운 건 6개월 후였다. 약만 먹은 그룹의 재발률은 38%, 운동만 한 그룹은 9%였다. 운동은 15개 버튼 중 하나일 뿐이다. 15개가 동시에 켜지면 어떨까?

2015년 군병원에서 나도 의심했다. '이게 진짜 효과가 있을까?' 반신반의하며 햇빛을 쬐었다. 2주 후 기분이 달라졌고 기운이 솟았다. 다시 살아볼 수 있겠다는 생각이 들었다. 미래를 계획할 여유가 생겼다. 내가 믿든 안 믿든 뇌는 햇빛에 반응했다.

내일 아침, 알람이 울리면 커튼을 열어라. 밖에 나가 15분만 걸어라. 아무 생각 없이. 30분 후 느껴질 것이다. '어? 기분이 좀 괜찮은데?' 긍정적으로 생각해서 좋아진 게 아니다. 10만 년 전 원시인의 아침을 재현했기 때문이다. 햇빛이 세로토닌을 만들고, 세로토닌이 기분을 만들고, 좋은 기분이 긍정적인 생각을 만든다. 순서가 이렇다. 그런데 당신은 지금 어디 있는가? 침대에 누워 있거나 의자에 앉아 있는가? 바로 거기서 문제가 시작된다.

움직임의 배신

앉아 있는 것은 흡연보다 위험하다

나는 기안84를 보며 생각한다. '정신적으로 건강해지는 법? 그냥 기안84라는 사람 자체가 정답인데 왜 사람들은 그 사실에 집중하지 않을까?' 그는 한때 공황장애, ADHD, 알코올 의존증을 동시에 앓았다. 지금의 그는 한국에서 가장 건강하고 행복해 보이는 창작자다. 예능 속 모습은 유쾌하고, 몸은 탄탄하며, 눈빛에는 생기가 넘친다. 사람들은 기안84를 응원한다. 그가 즐기는 러닝은 하나의 문화가 되어 수많은 이들을 새벽에 달리게 했다. 나는 이 사람이야말로 현대의 철학자라 생각한다.

몇 년 전만 해도 그는 완전히 다른 사람이었다. 그의 삶은 10

만 년 전 원시인의 삶과 정반대였다. 웹툰 작가로 바쁘게 살던 시절 그의 하루는 책상 앞에서 시작해 책상 앞에서 끝났다. 아침에 눈을 뜨면 작업실로 향했다. 펜을 잡고, 태블릿을 노려보며 컷을 채웠다. 점심, 저녁밥은 모두 배달 음식이었다. 밤이 되면 술 없이 잠들 수 없었다. 하루에 위스키 반병이 기본이었고 일주일이면 세 병을 거뜬히 비워냈다. 다음 날도, 그다음 날도 마찬가지였다. 그렇게 1년이 가고 2년이 흘렀다.

10만 년 전 원시인의 하루를 떠올려보라. 해가 뜨면 동굴을 나선다. 사냥감을 쫓아 하루 15km 이상 걷고, 저녁이면 부족과 불 앞에 모여 고기를 나눠 먹는다. 우리의 뇌는 그 환경에 맞춰 설계되었다. 그런데 기안84는 어떻게 살고 있었을까. 형광등 아래, 의자 위, 화면 앞. 하루 종일 앉아서 손가락만 움직였다. 10만 년 전에는 존재하지 않던 삶이었다. 먼저 몸이 신호를 보냈다. 어깨가 굳었다. 허리가 뻣뻣해졌다. 하지만 마감은 기다려주지 않았다. 그는 몸의 경고를 무시하고 의자에 더 오래 앉았다. 그러던 어느 날, 예상치 못한 일이 벌어졌다.

2014년 「복학왕」 첫 연재일이었다. 영동고속도로에서 차를 타고 가는데 갑자기 심장이 미친 듯이 뛰기 시작했다. 손이 떨리고, 숨을 쉴 수가 없었다. 아무 이유 없이, 아무 맥락 없이, 거대한 공포가 그를 덮쳤다. '나는 이제 곧 죽는다.'

그 생각이 머릿속을 가득 채웠다. 논리적으로는 말이 안 됐다.

차는 멀쩡히 달리고 있었고, 주변에 위험은 없었다. 그런데도 몸은 도망치라며 비명을 질렀다. 마치 맹수가 바로 뒤에 있는 것처럼. 실제로 뇌는 그렇게 인식하고 있었다. 10만 년 전이라면 이 반응은 생존에 필수였다. 사자가 덤벼들 때 심장이 빨리 뛰고 온몸이 경계 태세에 들어가는 건 정상이다. 문제는 2014년 영동고속도로에는 사자가 없다는 것이다. 뇌가 오작동하고 있었다. 나중에 그는 이 순간을 이렇게 설명했다. "스스로 통제할 수 없을 것 같은 공포감? 차를 운전하는데 아무런 이유 없이 마치 귀신을 본 것처럼 당장이라도 죽을 듯한 공포를 느꼈다."

병원에 가서 검사를 받았다. 의사는 담담하게 말했다. "공황장애입니다." 약을 먹자 조금 나아졌다. 하지만 근본적인 무언가는 해결되지 않았다. 상담을 받아도 막연한 불안은 늘 그림자처럼 따라다녔다. 더 큰 문제는 공황 증세가 점차 잦아진 것이다. 공황이 어느새 버스를 타거나 극장에 갈 때도 나타났다. 그때 의료진이 말했다. "운동을 해보세요." 처음에는 웃어넘겼다. '운동? 만화가한테 운동이 무슨 소용이야. 나는 머리로 먹고사는 사람인데. 손이 중요하지, 다리가 뭐가 중요해.' 하지만 막다른 골목에 몰린 사람은 지푸라기라도 잡는 법이다. 어느 날 새벽 그는 신발장 구석에 처박혀 있던 러닝화를 꺼냈다.

방송에 비친 그의 초기 달리기는 러닝이라기보다 뜀박질에 가까웠다. 속도 조절도 되지 않았고, 얼마 지나지 않아 숨이 가빠졌다. 몇 차례 멈춰 서서 숨을 고르다가 금세 벤치에 주저앉았다. 그러다 이상한 일이 벌어졌다. 집에 돌아오는 길에 기분이 평소와 미묘하게 달랐다. 머리가 맑았다. 가슴을 짓누르던 무언가가 조금 걷힌 느낌이었다. 우연이라고 생각했다. 다음 날도 뛰었다. 또 그랬다. 일주일이 지나자 확신이 생겼다. 이건 우연이 아니다.

그는 계속 뛰었다. 5분이 10분이 되고, 10분이 30분이 되고, 30분이 1시간이 되었다. 한강을 따라 달리면서 그의 뇌는 조금씩 되살아났다. 공황의 빈도는 줄었고, 술은 더 이상 필요 없었고, 아침에 눈을 뜨는 게 두렵지 않았다.

나중에 그는 유튜브 채널 '인생84'에서 이렇게 말했다. "달리기를 자꾸 생존 이야기랑 엮어서 하는 이유는, 저는 달리기를 하지 않았다면 지금쯤 죽었을 수도 있었기 때문입니다. 항상 책상에 앉아서 그림 그리고 마감하고 스트레스는 술로 풀고 또 스트레스를 받았어요. 아무리 약을 많이 먹는다 해도 근본적으로 공황장애를 치료하려면 달리기를 해야 합니다." 그는 뇌의 원리도 스스로 깨달았다. "이것은 뇌의 신경전달물질인 세로토닌이라는 게 부족해서 우울증이 오다가, 그게 심해지면 공황장애로 넘어가는 경우가 있다고 하더라고요." 어떻게 달리기 하나로 모든 것이 변했을까? 공황이 잦아들고, 술을 끊게 되고, 다시 행복이 찾아온 이유는 무엇일까? 답은 10만 년 전에 있다.

보더콜리라는 개를 아는가. 원래 양을 몰도록 설계된 품종이다. 하루 종일 초원을 달리고, 양 떼를 쫓고, 목동의 신호에 반응하도록 수백 년간 선택 교배되었다. 그런 보더콜리를 좁은 아파트에 가두면 어떻게 될까. 미쳐간다. 가구를 물어뜯고, 빙빙 돌고, 짖고, 털을 뜯는다. 수의사는 분리불안, 강박장애, 공격성 같은 진단을 내리며 약을 준다. 하지만 그런 걸로 나을 리가 없다.

해결책은 단순하다. 초원에 풀어주면 된다. 달리게 하고, 양을 몰게 하면 된다. 설계된 대로 살게 하면 모든 문제가 사라진다. 보더콜리의 성격이 이상했던 게 아니라, 환경이 설계와 맞지 않았을 뿐이다.

기안84도 그랬다. 그는 아파트에 갇힌 보더콜리였다. 하루 종일 의자에 앉아 손가락만 움직이는 삶은, 10만 년 전 사바나 초원을 달리도록 설계된 뇌에게는 감옥이나 다름없었다. 뇌는 비명을 질렀고, 공황장애와 우울, 알코올 의존은 전부 그 경고음이었다.

그가 한강을 달리기 시작했을 때, 뇌는 비로소 익숙한 신호를 받았다. '아, 드디어 원래대로구나. 우리는 달리고 있구나. 사냥 중이구나.' 초원에 풀려난 보더콜리처럼 그의 뇌가 설계된 대로 작동하기 시작하자, 문제 행동이 사라지고 공황장애가 줄었다. 술이 필요 없어졌고, 세상이 덜 무섭게 느껴졌다.

그는 버튼 하나를 눌렀을 뿐이다. 움직임이라는 버튼. 원시인이 했던 행위 중 하나를 했을 뿐이다. 이를 더 깊이 이해하려면 먼저 움직이지 않을 때 뇌에서 어떤 일이 벌어지는지 알아야 한다.

예술가는 왜 무너지는가

2년 전 나는 『내면소통』의 저자 김주환 교수님과 함께 한 예술가의 회고전에 다녀왔다. 그 전시는 작가의 생애를 시간순으로 배치한 구조였다. 입구에서 출구까지 한 인간의 일생이 캔버스 위에 펼쳐져 있었다.

10대와 20대 초반의 그림 앞에서 나는 발걸음을 멈췄다. 색채가 눈부셨다. 빨강은 정말로 타오르는 듯했고 파랑은 깊은 바다처럼 빨려 들어갈 것 같았다. 붓질 하나하나에 생명력이 넘쳤다. 그림을 보는 것만으로도 가슴이 뛰었다. 젊은 천재의 눈에 비친 세상은 이토록 선명하고 아름다웠구나.

30대 중반 작품부터는 무언가가 달라졌다. 처음에는 뭐가 다른지 몰랐다. 한참을 들여다보다가 깨달았다. 색이 탁해졌다. 이전에는 순수한 원색들이 충돌하며 에너지를 뿜었는데 이제는 회색이 섞여 들어갔다. 형태도 불안정해졌다. 나는 그림 앞에서 불편해지기 시작했다.

40대 작품 앞에 서자 나는 불안해졌다. '이 사람… 우울해지고 있구나. 불행해지고 있구나…' 현실의 그를 나는 알 수 없었다. 다만 이 사람의 내면에서 무언가가 무너지고 있다는 것은 분명했다.

50대 후반 작품 앞에서 나는 멈춰 섰다. 거의 단색에 가까운 그림이었다. 형태라고 부를 수 있는 것도 거의 없었다. 그냥 어둠이었다. 나는 그 앞에서 오랫동안 서 있었다. 그리고 그의 삶에서 마지막 병상 생활이 적힌 설명을 읽었다. 나는 그의 고통이 전이된 듯한 감각을 느꼈다. 슬픔이 몸 전체를 뒤덮었다. 10분 넘게 마지막 작품에서 발을 뗄 수가 없었다. 그런 적은 처음이었다. 김주환 교수님께서 다가왔고 나는 그제야 명복을 빌고 전시장을 나왔다. '조금만 더 움직임의 중요성을 아셨다면 좀 더 행복하셨을 텐데' 하는 아쉬움이 있었다.

기안84는 이 악순환의 구조를 러닝으로 깼다. 둘의 차이는 재능이 아니었다. 움직임이었다. 다시 떠올려보라. 초원에서 달리는 보더콜리와 아파트에 갇힌 보더콜리. 같은 품종이고 같은 유전자다. 하지만 완전히 다른 존재가 된다. 기안84와 그 예술가도 그랬다. 같은 창작자였지만 한 명은 한강으로 나갔고, 한 명은 작업실에 갇혀 있었다.

멍게가 자신의 뇌를 먹는 이유

뇌는 생각하기 위해 존재하는 기관이라고 우리는 믿는다. 틀렸다. 뇌는 움직이기 위해 존재한다. 아파트에 갇힌 보더콜리는 미쳐간다. 그런데 그보다 더 극단적인 생물이 있다. 자기 뇌를 스스로 먹어치우는 생물. 바다 밑바닥에 사는 멍게다.

멍게는 태어날 때 올챙이처럼 생긴 유생으로 태어난다. 이 시기 멍게는 원시적인 뇌와 척수를 갖추고 바다를 헤엄쳐 다닌다. 그 뇌는 정착할 암석을 찾고 이동 경로를 결정하고 위험을 피하며 먹이를 탐색하는 데 사용된다. 하지만 어디에 붙을지 결정하고 나면 놀라운 일이 벌어진다. 멍게는 자기 뇌를 스스로 먹어치운다. 뇌와 신경계를 소화해 에너지로 써버린다. 왜? 더 이상 움직일 필요가 없기 때문이다.

신경과학자 대니얼 울퍼트는 이렇게 말했다. "뇌가 존재하는 진짜 이유는 움직임 때문이다." 식물은 움직이지 않는다. 그래서 뇌도 없다. 동물은 움직인다. 그래서 뇌가 있다. 뛰고, 헤엄치고, 날고, 기어간다. 형태는 달라도 생존 방식은 비슷하다. 움직여야 살아남는다. 울퍼트의 관점은 명확하다. 우리가 생각하고 계획하고 예측하는 이유는 철학을 위해서가 아니라, 먹고, 도망치고, 번식하고, 살아남기 위해서다. 더 정확히 말하면 모든 상황에서 조금 더 잘 움직이기 위해서다. 그렇게 보면 뇌는 생각하는 기계가 아니라 움직이기 위해 생각하는 기계에 가깝다.

그런데 현대인은 어떻게 살고 있는가. 아침에 출근해서 의자에 앉는다. 8시간을 앉아 있다가 저녁에 퇴근해서 소파에 앉는다. 밤에는 침대에 눕는다. 하루 중 두 발로 걷는 시간은 얼마나 되는가. 화장실 갈 때, 점심 먹으러 갈 때, 그게 전부다. 당신은 지금 의자라는 암석에 달라붙은 멍게다. 움직임을 멈춘 존재.

물론 인간은 멍게처럼 뇌를 물리적으로 먹지는 않는다. 하지만 원리는 같다. 움직임이 사라지면 뇌는 스스로를 위축시킨다. UCLA 연구팀에 따르면, 하루 10시간 이상 앉아 있을 때 기억을 담당하는 해마가 매년 1.4%씩 쪼그라든다. 멍게가 뇌를 소화하듯, 인간의 뇌도 비활동에 반응해 스스로를 위축시킨다.

더 심각한 문제가 있다. 10만 년 전 원시시대에 움직이지 않는 존재는 누구였는가? 부상자뿐이었다. 다리가 부러졌거나, 맹수에게 물렸거나, 병에 걸린 사람만이 동굴에 누워 있었다. 건강한 원시인은 하루 종일 사냥하고 채집하고 이동했다. 하루 평균 15km, 약 2만 보를 걸었다. 따라서 뇌는 '움직임 없음'을 '부상 또는 질병'으로 해석하도록 설계되어 있다. 당신이 의자에 8시간 앉아 있으면 뇌는 당신을 중환자로 인식한다. 그리고 중환자에게 맞는 조처를 한다. 창의성과 의욕을 차단한다. 에너지를 내장지방으로 저장한다. 염증 물질을 분비한다. 염증은 노화와 질병의 근원이라는 점에서 '움직임 없음'은 최악의 행동이다.

결과적으로 당신은 살이 찌고, 머리가 안 돌아가고, 온몸이 뻣뻣하고, 이유 없이 피곤하다. 의자에 앉아서 일하고 있을 뿐인데 뇌는 당신이 병들어 누워 있다고 믿는다. 일찍 삶을 마감한 예술가도 마찬가지다. 그들은 매일 캔버스 앞에 앉아 뇌를 쓴다고 생각했지만 뇌는 그들을 중환자로 인식했다. 창의성을 차단하고, 의욕을 꺼버리고, 우울 모드로 전환했다. 음악이나 그림이 점점 어두워지는 건 예술가의 자발적 선택이 아니다. 뇌가 무너지고 있었던 것이다.

기안84가 달리기로 공황장애를 이긴 이유가 여기에 있다. 움직이면 뇌에서 특별한 물질이 분비된다. BDNF, 뇌 유래 신경영양인자다. BDNF는 뇌세포의 비료다. 새로운 뇌세포를 만들고, 기존 뇌세포의 연결을 강화하며, 뇌세포가 죽는 것을 막는다. BDNF가 풍부하면 학습 능력이 올라가고, 기억력이 좋아지며, 기분이 안정된다. 기안84가 말한 세로토닌도 움직임과 함께 분비된다. 그런데 뇌는 이 귀한 비료를 아무 때나 뿌리지 않는다. 오직 움직일 때, 특히 걸을 때 분비한다. 왜 그럴까.

10만 년 전, 걷는다는 것은 단순한 이동이 아니었다. 새로운 환경을 탐색하는 신호였다. 새로운 지형, 새로운 사냥감, 새로운 위협. 뇌는 이 탐색에 대비해 스스로를 업그레이드해야 했다. '지금 새로운 곳을 탐색 중이야. 기억해야 할 게 많아질 거야. 뇌세포를 더 만들어.' 그래서 걷는 신호가 오면 BDNF를 분비해 뇌를 더 똑똑하게 만들었다.

일리노이대 연구팀에 따르면 걷기 시작해 20분이 되면 BDNF 수치가 증가하고, 30분 이상 걸으면 의미 있는 수준에 도달한다. 하지만 숫자 자체에는 연연하지 않았으면 한다. 나는 이렇게 글을 쓰고, 회사 업무를 집중해서 보다가 3분이라도 걷는다. 5분이라도 계단을 오른다. 매우 유의미하다. 앉아서 뇌를 쓴다는 건 착각이다. 비료 없이 작물을 수확할 수는 없다. 한두 해는 버틸 수 있다. 하지만 땅은 척박해지고 아무것도 자라지 않는다. 원시인이 뇌를 쓸 때를 떠올려라. 포식자에게 쫓겨 도망가거나, 사냥하거나 채집할 때였다. 생각은 반드시 움직임과 동반되어야만 한다.

종종 스타트업 천재들이 "걸을 때 아이디어가 나온다. 그래서 걸으며 회의한다"라고 말하는데 이는 우연이 아니다. 2014년 스탠퍼드대 연구팀에 따르면 걷는 동안 창의적 사고력이 평균 81% 증가했고, 이 효과는 걷기를 멈춘 후에도 지속되었다. 이유는 간단하다. 움직인다는 건 사냥 중이거나 도망 중이라는 뜻이다. 뇌는 생존이 걸린 순간이라고 판단하고 최상의 컨디션으로 전환한다. 10만 년 전이나 지금이나 똑같다.

원시인 모드로, 최상의 상태에 이르는 뇌

이제 내 비밀(?)을 공개하려 한다. 우리나라에서 한 해에 출간되는 책은 약 6~9만 권이다. 2022년 출간한 내 첫 책은 베스트셀러 1위에 올랐고, 총 60만 부가 판매되었다. 내가 일반 작가와 결정적으로 다른 점이 하나 있다. 나는 '사냥꾼의 뇌' 상태에서 글을 쓴다. 보통 작가들은 막히면 더 오래 앉아 있는다. 나는 글이 막히면 일어나서 움직인다. 『역행자』를 쓸 때도 배드민턴 라켓을 들고 '벽치기'를 끊임없이 했다. 뇌의 컨디션을 최상으로 끌어올리는 것이다.

이 상태를 나는 '원시인 모드'라 부른다. 방법은 간단하다. 약 50분 글을 쓰고 10분간 움직인다. 책상에서 일어나 복도를 걷고, 계단을 오르고, 가볍게 달린다. 배드민턴 라켓으로 공을 튀기는 등 가벼운 신체 활동은 전전두엽과 해마로 향하는 혈류를 일시적으로 증가시켜, 사고의 전환과 작업 기억을 다시 활성화한다. 마치 '사냥에 나섰다'고 뇌가 착각하는 것이다. 이 책을 쓰는 오늘, 9시간 동안 이 행동을 계속 반복했다. 어제도 그랬다. 2시간째 문장이 막혔다. 의자에서 일어나 베란다에서 라켓을 휘둘렀다. 5분쯤 지나자 문장이 떠올랐다. 30분 만에 막혔던 부분을 끝냈다.

10만 년 전 원시인은 앉아서 생각하지 않았다. 사냥감을 쫓으며 생각했고 도망치며 판단했다. 생각은 언제나 움직임과 함께였다. 반대로 움직임 없이 머리만 굴리면 전전두엽에 피로가 쌓인다. 사고력과 감정 조절 능력이 떨어진다. 반대로 몸을 움직이면 뇌 혈류량이 증가하고 BDNF가 분비되며 사고가 유연해진다. 기막힌 아이디어를 낼 수도 있으며 일 자체가 재밌어진다.

머리를 많이 썼다면, 하루 30분은 걷거나 천천히 뛰어라. 공부 중이라면 50분마다 5분씩은 움직여라. 이것만으로 뇌가 달라진다.

도파민 파산

몇 년 전, 좋은 감정으로 만났던 친구가 있었다. 그녀는 한국 최고의 명문고를 거쳐 해외 명문대까지 소위 엘리트 코스만 밟아온 사람이었다. 별다른 연출 없이 찍은 사진 한 장으로도 인스타그램에서 늘 화제가 되곤 했다. 하지만 나는 그녀의 이면을 보았다. 만성 스트레스와 불안에 시달렸으며 그 탓인지 체중도 점차 늘었다. 손에서 스마트폰을 놓지 못했고 나와 있는 시간에는 예의상 폰을 보지 않았지만 불안해하는 기색이 역력했다.

가을의 어느 날, 한강공원 근처 카페에서 나는 조심스럽게 물었다. "우리 딱 1시간만 스마트폰 *끄고* 산책하는 건 어때?" 그녀는 나를 정말 좋아했으면서도 그 제안 앞에서는 공포에 질린 표정을 지었다. "폰을 끈다는 건 상상도 해본 적 없어… 불안해…."

나는 충격을 받았다. 학창 시절 그녀는 누구보다 도서관에 오래 머물렀다. 깊은 사유와 긴 호흡의 독서를 즐겼고, 명민하고 논리적이며 집중력이 뛰어난 친구였다. 그런데 몇 년 사이에 그녀는 '도파민 파산Dopamine Bankruptcy' 상태에 이르러 있었다. 그녀의 뇌는 이제 산책이나 독서가 주는 느리고 은근한 보상에 만족하지 못했다. 3초마다 갱신되는 릴스와 쇼츠의 즉각적이고 폭발적인 자극에 완전히 절여져버린 것이다. 그녀는 더 이상 책을 읽지 못했고, 끝없는 불안에 갇혀 고통받았다.

동물원의 코끼리는 강제로 갇혀 불행해진다. 현대인은 스마트폰이라는 감옥에 제 발로 걸어 들어가 우울과 불안에 빠진다. 우스운 일이지만, 몰라서 반복했을 뿐이다. 이 책을 읽는 이상 행복을 컨트롤할 수 있다.

도파민에 대한 가장 흔한 오해부터 바로잡자. 흔히 도파민을 '행복 호르몬' 혹은 '보상' 그 자체라고 생각한다. 아니다. 도파민은 '행복'이 아니라 '동기'다. 쾌감이 아니라 쾌감을 추구하게 만드는 신호다. 뇌과학적으로 도파민은 '보상 예측 오차Reward Prediction Error'에 반응한다. 쉽게 말해

좀 더 예를 들어보자. 당신이 응원하는 프로 축구팀이 고등학생 팀과 경기한다면? 도파민은 거의 분비되지 않는다. 100% 이길 게 뻔하니 확실한 보상에 뇌가 흥분하지 않는다. 하지만 프로축구 결승전이라면 이야기는 달라진다. 승률은 50 대 50. 한 치 앞도 알 수 없는 전개는 불확실성을 만들고, 이는 우리 팀이 이길 수 있다는 기대감을 자극한다. 승리의 확률 앞에서 도파민은 폭발한다. 도박, 소개팅, 소셜미디어의 '좋아요', 연애의 밀당이 중독적인 이유도 여기에 있다. 뇌는 확실한 것보다 불확실한 것에 미치도록 설계되어 있다. 불확실성이 클수록 중독의 늪도 더 깊어진다.

10만 년 전 사바나의 원시인을 상상해보자. 저 멀리 1km 밖에서 영양 한 마리가 풀을 뜯고 있다. 바로 그 순간 원시인의 뇌에서 도파민이 뿜어져 나온다. '저거다! 저것을 잡으면 우리 부족이 3일은 배불리 먹을 수 있어!' 이때 분비된 도파민은 원시인을 벌떡 일으켜 세우는 동력이자, 3kg의 창을 쥔 채 심장이 터지도록 전력 질주하게 하는 연료가 된다.

사냥에 성공한 후 고기를 씹으며 느끼는 충만감과 안도감은 엔도르핀과 세로토닌의 영역이다. 중요한 것은 추격을 시작하고 고통스러운 과정을 견디게 만든 것이 바로 도파민이라는 사실이다. 도파민이 없었다면 원시인은 영양을 보고도 "아… 귀찮다. 그냥 여기 앉아 있자"라고 말했을 것이다. 그리고 굶어 죽었을 것이다. 도파민은 단순한 쾌감이 아니다. 우리 조상을 움직이게 만들고 살아남게 한 생존 엔진이다. 흥분과 재미는 인간의 생존을 돕는 감정이었다.

현대인들이 소파에서 일어나지 못하고 게을러지는 이유는 무엇일까. 몸을 움직이기도 전에 SNS를 보며 '쓰레기 도파민'으로 연료를 먼저 소모해버리기 때문이다. 도파민이 고갈된 뇌는 일상의 보상이나 현실의 가능성에 더 이상 반응하지 않는다. 운동이든 일이든 관계이든 애써야 얻는 보상 앞에서 뇌는 말한다. '이건 뛰어들 판이 아니야.' 어느 판에도 끼지 못한 사람의 인생에 재미란 없다.

소파에 누운 채로 할 수 있는 건 하나뿐이다. 뉴스를 켜고 댓글창을 열어 정치, 경제, 사회를 탓하는 것. 분노하고 두려워하고 세상이 망해간다고 저주를 퍼붓는 것. 현대인은 그렇게 손안의 6인치 화면에 스스로를 가뒀다.

주말에 숏폼 3시간, 왜 우울해질까?

2025년 9월이었다. 나는 오사카를 돌며 3박 4일간 먹방 투어를 했다. 15곳의 맛집을 섭렵했고, 매일 저녁 술자리가 이어졌으며, 100명이 넘는 현지인과 대화를 나눴다. 거리를 걸으며 끊임없이 새로운 풍경을 관찰했다. 자극의 연속이었다. 너무 재미있었다.

4일째 아침, 호텔에서 눈을 떴을 때 이상한 일이 벌어졌다. 뇌가 완전히 멈춰버린 느낌이었다. 아무것도 하기 싫었다. 평소라면 아침에 일어나자마자 책을 펼치거나 글을 썼는데, 책 한 줄 읽을 수가 없었다. 글자가 눈에 들어오지 않았다. 집중력이 제로였다. 나는 '이래선 안 되겠다' 싶어서 밤 11시에 1시간 30분 후 이륙하는 비행기를 예매하고 짐을 쌌다.

비행기에서, 택시에서, 호텔 로비에서 나는 무의식적으로 스마트폰을 꺼내 숏폼 영상만 계속 넘겼다. 3초짜리 영상, 5초짜리 영상. 그것만 겨우 볼 수 있었다. 30초짜리 영상도 길게 느껴졌다. '내가 왜 이러지?' 스스로에게 물었지만 답이 없었다.

비행기 출발 직전, AI에게 현재 겪은 모든 상황과 증상을 설명했다. "3일간 고자극 활동을 연속으로 했더니 아무것도 할 수 없는 상태가 됐어. 책도 못 읽겠고, 짧은 영상만 겨우 볼 수 있어. 감정이 이상해. 이게 뭐야?" AI의 답은 명확했다. "도파민 파산 상태입니다."

3일간 15곳의 맛집, 100명과의 대화, 하루에 수천 명 관찰. 매 순간이 도파민 피크였다. 나는 3일 만에 감당하기 힘든 수준의 대출을 끌어다 썼다. 그리고 나흘째 아침, 이자 청구서가 날아왔다. 베이스라인이 바닥으로 떨어져 책 한 줄 읽을 수 없는 상태가 되고 말았다. 도파민 파산의 원리를 누구보다 잘 아는 내가, 단 3일 만에 무너졌다. 이것이 도파민 시스템의 무서움이다. 지식으로는 막을 수 없다. 환경이 바뀌면 뇌는 자동으로 반응한다.

왜 이런 일이 벌어졌을까. 이를 이해하기 위해 도파민의 회계 구조부터 알아야 한다. 도파민의 '보상 예측 오차' 시스템은 당신의 은행 계좌와 똑같이 작동한다. 2가지만 알면 된다. '베이스라인'과 '피크'.

베이스라인은 보통 예금처럼 평상시에 유지되는 도파민의 기본 수치다. 건강한 사람의 베이스라인을 100이라고 할 때, 이 수치가 유지되어야 일상에서 동기와 집중력, 안정감을 느낀다. 아침에 일어나 '오늘도 괜찮은 하루가 될 것 같다'고 느끼는 힘, 지루한 업무를 버텨내는 힘, 저녁에 가족과 대화하며 느끼는 잔잔한 즐거움. 이 모든 것이 도파민 베이스라인에서 나온다.

피크는 다르다. 예상치 못한 보너스처럼 특정 활동으로 인해 도파민이 급격히 치솟는 순간이다. 사냥 성공, 맛있는 음식, 성관계, 그리고 스마트폰 스크롤. 여기서 10만 년 된 뇌의 불변의 법칙이 등장한다. '모든 피크는 베이스라인에서 에너지를 끌어다 쓴다. 피크가 높을수록, 그 직후 베이스라인은 반드시 일시적으로 떨어진다.' 이것이 바로 생물학적 대출이다. 당신은 미래의 동기, 즉 베이스라인을 담보로 현재의 쾌감인 피크를 빌려 쓰는 것이다. 그리고 대출에는 반드시 이자가 따른다.

원시인의 일주일에는 분명한 피크가 있다. 사냥 성공. 더 중요한 건 그다음이다. 사냥이 끝나면 원시인은 쉰다. 걷고, 잠들고, 불을 바라보고, 아무 일도 하지 않는다. 이 충분한 회복 구간 덕분에 도파민은 다시 베이스라인으로 돌아온다. 안정된 베이스라인은 지루함이 아니라, 언제든 재미가 시작될 수 있는 상태다. 삶이 억지로 버텨야 할 시간이 아니라, 움직이고 싶게 만드는 에너지로 채워진다.

현대인의 주말에는 피크는 넘치지만 회복이 사라졌다. 도파민은 계속해서 피크를 찍지만, 그 대가는 곧바로 베이스라인에서 빠져나간다. 80, 50, 30… 결국 15까지 추락한다. 이렇게 무너진 상태에서 맞는 월요일은 유난히 무겁게 느껴진다. 일상이 갑자기 달라진 게 아니라, 뇌가 반응할 연료를 잃은 탓이다.

우울증 걸린 연예인 = 복권 당첨자

내 경우는 3일간의 급성 파산이었다. 하지만 더 무서운 건 현대인들의 만성 파산이다. 도파민 피크가 수개월, 수년간 반복되면 뇌는 스스로를 보호하기 위해 도파민 수용체D2 Receptor의 개수를 줄여버린다. '이렇게 도파민이 쏟아지면 시스템이 감당할 수 없어!' 이것이 흔히 말하는 '내성' 혹은 '수용체 하향조절Downregulation'이다. 수용체가 줄어들었다는 것은 같은 양의 도파민이 분비되어도 예전만큼 느낄 수 없다는 의미다. 이제 당신의 뇌는 물리적으로 변했다.

현대인은 10년 전 친구의 문자 한 통에 설렜다. 지금은 인스타그램 '좋아요' 100개를 받아도 5분 뒤면 공허하다. 20대에는 클럽에 가는 것만으로 신났다. 지금은 더 비싼 술, 더 자극적인 장소를 찾아야 겨우 비슷한 쾌감을 느낀다. 이것은 적응이나 익숙해짐의 문제가 아니다. 신경회로 자체가 변하는 구조적 변화다. 그래서 더 강한 자극, 더 빠른 자극, 더 많은 자극을 찾게 된다. 하지만 이것은 밑 빠진 독에 물 붓기다. 베이스라인은 계속 낮아지고, 피크의 역치만 높아진다.

이는 삶 전체를 무너뜨리기 시작한다. 일에서 동기가 사라진다. 일은 본질적으로 '지연된 보상'이다. 보고서를 쓰고, 프로젝트를 진행하고, 결과를 기다리는 과정에서 즉각적인 보상이 없는 시간을 견뎌야 한다. 베이스라인 100인 사람은 이 '지연된 보상'을 기다릴 수 있다. '이 보고서를 완성하면 뿌듯할 거야'라고 생각하며 3시간쯤은 집중한다. 하지만 베이스라인 15인 당신은 다르다.

쓰레기 도파민 : SNS 스크롤

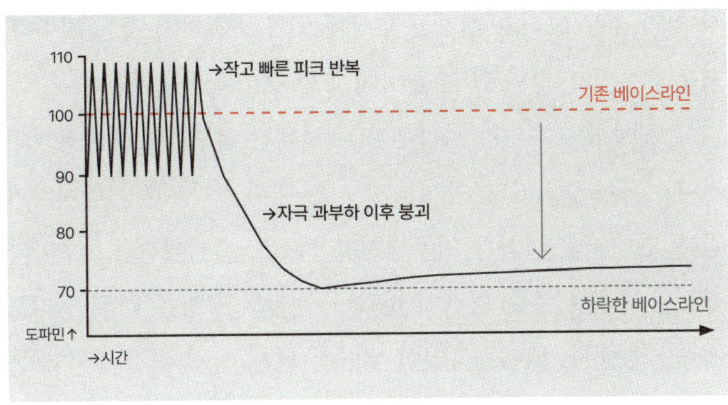

건강한 도파민 : 10km 러닝

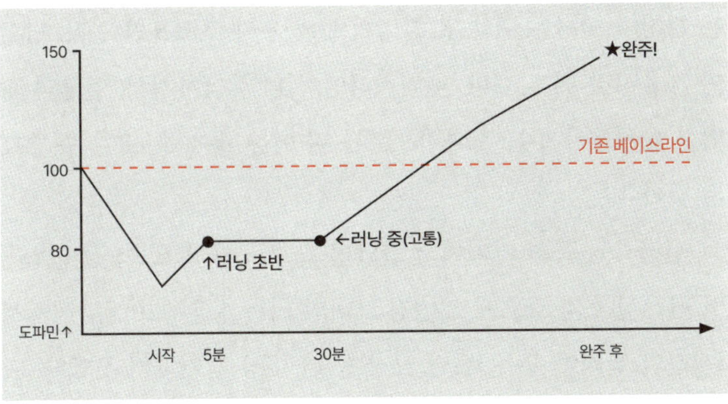

노트북을 켠다. 5분 후 무의식적으로 인스타그램을 열고 10분 후에는 유튜브 쇼츠를 본다. 30분 뒤 원래의 일로 돌아오지만 집중은 이미 깨져 있고 뇌는 반응하지 않는다. 사람들은 이것을 번아

웃이라고 부르지만, 정확히는 도파민 베이스라인이 너무 낮아져서 일이 주는 느리고 건강한 보상에 뇌가 반응하지 않는 것이다. 책은 물론이고, 영화 한 편 끝까지 보는 것조차 힘들어진다.

관계에서도 재미가 사라진다. 예전에는 친구들이나 가족과의 저녁 식사가 즐거웠다. 이제는 그 시간 내내 스마트폰을 만지작거린다. 연인과의 대화가 지루해지고 섹스도 시시해진다. 3초마다 새로운 자극을 주는 릴스에 비하면, 눈앞의 사람은 너무 느리고 예측 가능하다. 베이스라인이 낮아진 뇌는 '느린 연결'에서 오는 옥시토신에 반응하지 못한다.

취미가 사라진다. 기타를 치고, 그림을 그리고, 운동을 하던 모든 과정이 이제는 귀찮다. 침대에 누워 무한 스크롤만 한다. 당신이 게을러진 게 아니다. 베이스라인이 너무 낮아져서, 일상의 평범한 활동들이 주는 도파민으로는 더 이상 '동기'를 느낄 수 없게 된 것이다.

한강공원 근처 카페에서 만났던 그 친구가 바로 이 상태였다. 몇 년간 릴스와 쇼츠에 절여진 그녀의 뇌는 수용체가 둔감해져서 1시간의 산책이 주는 '느린 보상'을 더 이상 감지하지 못했다. 그것은 그녀에게 휴식이 아니었다. 자극 없음, 즉 고통이었다. 그래서 공포에 질린 표정을 지은 것이다.

가끔 연예인들을 만날 기회가 있다. 다 그런 것은 아니지만 의외로 많은 이들이 우울감을 호소한다. 이유는 많겠지만 핵심은 하나다. 20대 초반부터 감당하기 힘든 큰 관심과 보상을 받아버렸기 때문이다. 수백만 명의 환호, 수억 뷰의 조회수, 갑작스러운 부와 스포트라이트. 그 후 일상에서 다시 그런 보상을 느낄 일은 없다. 하지만 뇌는 이미 학습했다. '나는 이 정도 강도의 자극을 받아야 행복한 존재야.'

복권 당첨자들의 상당수가 2년 후 오히려 불행해지는 이유도 같다. 단지 돈을 잃어서가 아니다. 수십억이라는 전례 없는 도파민 피크를 경험한 뇌는 더 이상 아침 커피의 향, 가족과의 따뜻한 식사, 퇴근길 석양 같은 일상의 소소한 즐거움에서 별 보상을 느끼지 못한다. 도박 중독자들도 비슷한 증상을 겪는다. 가상의 BJ에게 수천만 원, 수억 원을 보낸 후 빚 때문에 삶을 마감하는 사람들도 같은 원리로 설명할 수 있다. 이들이 만약 '진화적 불일치' 개념을 이해하고 도파민을 관리하며 매일 움직임을 수반하며 '건강한 도파민'을 얻었다면, 결과는 달라졌을 것이다.

원시인은 이 대출 시스템을 건강하게 운영했다. 월요일에 사냥에 성공해 도파민 피크를 찍었다면, 화요일과 수요일은 동굴에서 쉬거나 가벼운 채집을 하며 베이스라인을 회복했다. 그들의 피크는 언제나 '노력'을 통해 얻어졌고, 피크 사이에는 '회복'의 시간이 충분했다. 도파민 계좌는 항상 흑자였다.

지금의 당신은 어떤가. 월요일부터 금요일까지 이어지는 업무 스트레스, 마감, 회의, 이메일, 메신저 알림. 그때그때 쳐내보지만,

결국 '성취'라기보다는 끊임없는 '반응'일 뿐이다. 지속적인 코르티솔과 함께 도파민을 소액 결제처럼 계속 갉아먹는다.

퇴근 후에는? 휴식은 없다. 스마트폰, 넷플릭스, 유튜브, 인스타그램은 회복이 아니라 '추가 도파민 폭탄'이다. 적당히 즐기는 건 괜찮다. 나도 매일 유튜브와 넷플릭스, 인스타그램을 본다. 하지만 통제한다. 1시간 넘게 쇼츠와 릴스 화면을 위로 올리며 수백 번 쓰레기 도파민을 얻는 건 의식적으로 자제해야 한다.

쓰레기 도파민 vs 건강한 도파민

모든 도파민이 똑같지 않다. 도파민에는 두 종류가 있다. 쓰레기 도파민은 노력 없이 얻어지는 도파민이다. 스마트폰 스크롤, 넷플릭스 정주행, 배달 음식 주문, 음란물 시청, 게임, 소셜미디어의 '좋아요'까지. 손가락 하나로, 클릭 한 번으로, 누워서 얻을 수 있다. 뇌는 이것을 '공짜'로 인식하며 '이건 가치 없는 보상이야'라고 판단한다. 그래서 피크는 주지만 성취로 기록하지 않는다. 결과적으로 이 도파민은 베이스라인을 갉아먹는다.

건강한 도파민은 노력을 통해 얻어지는 도파민이다. 10km 달리기를 완주했을 때, 어려운 프로젝트를 끝냈을 때, 악기 연습으로 새로운 곡을 연주할 수 있게 되었을 때의 도파민은 고통, 인내,

집중을 요구한다. 뇌는 이것을 '성취'로 인식한다. '나는 어려운 것을 해냈어.' 그래서 이 도파민은 베이스라인을 강화한다. 피크도 주지만 동시에 베이스라인 자체를 올려준다.

10만 년 전 원시인의 도파민은 100% 건강한 도파민이었다. 사냥, 채집, 무거운 것 운반, 장거리 이동처럼 고된 노력 뒤에야 보상이 주어졌다. 그래서 그들의 베이스라인은 항상 높았고, 삶은 동기로 가득했다. 반대로 2026년 당신이 얻는 도파민의 80%가 쓰레기 도파민이다. 그래서 베이스라인은 무너졌고, 삶은 무기력으로 가득하다.

여기서 많은 사람들이 착각한다. '그럼 도파민을 아예 안 쓰면 되는 거 아니야?' 아니다. 도파민은 생존의 연료이기에 우리는 도파민 없이 하루도 살 수 없다. 핵심은 어떤 도파민을 어떻게 쓰느냐다.

당신의 뇌는 무한한 원료 창고가 아니다. 당신의 뇌는 정원이다. 잘 가꾸면 풍성한 열매를 맺지만 방치하면 잡초만 무성해진다. 쓰레기 도파민은 잡초다. 빠르게 자라고 토양을 황폐화시킨다. 건강한 도파민은 과일나무다. 자라는 데 시간이 걸리지만 토양을 비옥하게 변화시키고 지속 가능한 수확을 준다.

2시간 만의 회복

오사카에서 도파민 파산을 경험한 후 나는 입국하자마자 양평 별장으로 향했다. 스마트폰을 끄고 차에 놔뒀다. 창밖의 숲을 멍하니 바라봤다. 아무것도 하지 않았다. 3시간이 지나자 신기한 일이 벌어졌다. 머릿속이 맑아지기 시작했다. 책을 펼쳤더니 글자가 눈에 들어왔다. 집중할 수 있었다. 글을 쓸 수 있었다. 단 3시간 만에 회복되었다.

스탠퍼드 의대 신경과학자 앤드루 휴버만은 이렇게 조언한다. "도파민 베이스라인이 무너진 사람이 완벽하게 회복하려면, 최소 2주의 '도파민 디톡스'가 필요하다. 그리고 그 이후에는 평생 '도파민 위생'을 유지해야 한다." 나는 3시간 만에 급성 파산에서 회복했다. 하지만 만성 파산 상태라면 수주, 수개월의 디톡스가 필요하다. 방법은 간단하다.

첫째, 쓰레기 도파민을 최소화하라. 스마트폰 사용 시간을 제한하라. 잠금 앱을 깔거나 '몰입의방' 같은 디지털 디톡스 제품을 사용해라. 소셜미디어를 끊거나 줄여라. 넷플릭스 자동재생 기능을 꺼라. 보지 말라는 게 아니라 절반으로 줄여보라는 말이다.

둘째, 건강한 도파민을 늘려라. 운동하라. 어려운 일을 해내라. 새로운 것을 배우고 창작하라. 사람들을 직접 만나라.

셋째, 베이스라인을 회복할 시간을 가져라. 주말에 '아무것도 안

'하는' 시간을 확보하라. 산책하며 마음을 비우거나 목욕탕에서 멍하니 1시간을 보내라. 30분 만이라도 자연을 보라. 이러한 '도파민 관리' 없이는, 당신은 평생 월요일 아침의 지옥을 반복할 것이다.

이 모든 행동의 공통점은 '원시인 모드'다. 원시인들은 사냥, 이주, 과일 따기 등 움직임을 동반하여 도파민을 충족시켰다. 원시인은 밤에 모닥불을 바라보고 별을 바라보며 멍 때렸다. 자연의 바람과 달빛을 느끼며 잠에 들었다.

나는 절대 현자가 아니다. 나도 쓰레기 도파민에 취약하다. 안 보는 게 최선이겠지만, 하루 30분 이상은 숏폼과 릴스를 본다. 하지만 약간의 원칙이 있다.

SNS를 보려면 가능한 한 하루 일과를 모두 끝내고 저녁 6시 이후에 본다. '노력 후 보상'의 순서를 지키는 것이다. 주말에도 마냥 평온하지 않지만, 각각 1시간씩이라도 완전히 아무것도 안 하는 시간을 갖는다. 정 안 된다면 사우나나 목욕탕에 가서 1시간 정도 완전히 자극을 차단한다. 멍하니 앉아 있으면 일주일간 쌓인 생각이 자동으로 정리되고, 잊었던 중요한 일이 떠오르며, 안 풀렸던 문제가 자동으로 해결되기도 한다. 도파민 베이스라인이 회복된다.

이렇게 작은 성취를 쌓다 보면 왜 도파민 디톡스가 중요한지가 몸으로 느껴진다. 도파민 디톡스를 하고 싶다는 기대가 발생하면서 어느 순간, 재미가 붙는다. 마치 러닝을 죽어도 하기 싫던 사람이 기안84나 션처럼 1분씩 달리다가 완전히 중독되는 것과 같은 이치다. 도파민 관리는 '완벽한 행복'을 위해 반드시 필요한 행동이다. 우리가 마약을 하지 않는 이유는 단순하다. 순간의 쾌감은 강렬하지만, 그 대가로 일상의 행복을 잃기 때문이다. 인위적으로 끌어올린 도파민은 자연스러운 보상 체계를 무너뜨린다. 문제는 쾌감 그 자체가 아니라, 뇌의 균형을 깨뜨린다는 점이다. 반복될수록 자연적인 즐거움은 점점 무뎌진다.

도파민 관리를 하지 못한 채 숏폼 영상, 과도한 음주, 도박 등 인위적인 보상 체계에 기대면 순간적인 쾌락은 얻을 수 있다. 하지만 그 피크는 결국 베이스라인을 갉아먹는다. '평생 행복해지기 게임'의 관점에서 보면 완전히 불리한 선택이다. 그렇기에 도파민 관리를 이해하는 것은 선택이 아니라 조건이다. 완벽한 원시인이 되기 위한 최소한의 전제다.

음식의 배신

가공식품이 대부분의 정신질환을 만든다

나는 인생을 후회 없이 살아왔다고 생각했다. 하지만 2년 전, 딱 2가지 후회가 밀려왔다. 원시시대에 없던 음식을 수십 년간 매일 먹은 것과 밥을 먹기 전에 샐러드를 먹지 않은 것이다.

2026년 나는 마흔이 되었다. 내 책 『역행자』에서도 고백했듯이 내 10대 때의 외모는 심각하게 안 좋았다. 20대와 30대, 나름 괜찮아졌다고 생각했지만 거울 앞에 설 때마다 어딘가 마음에 들지 않았다. 턱선은 희미했고 얼굴은 부어 보였다. 하지만 내 인생에서 제일 나이가 많은 지금, 상태는 가장 좋다. 근육량도, 얼굴도, 전체적인 인상도. 10년 전부터 쭉 봐온 지인들은 하나같이 말한다. "지금이 외모가 제일 낫다. 가장 젊어 보이고 턱선도 살아났다." 피부와 눈빛은 건강함을 반영하며, 현재 컨디션을 반영한다.

마흔이 된 지금, 20대 때의 나보다 더 좋다. 이 모든 변화는 '원시인의 식습관'을 이해한 뒤에 벌어진 일이다. 그리고 이것은 단순히 외모의 문제만이 아니다. 식습관은 노화, 뇌 효율, 행복도, 인간관계 등 삶 전반에 절대적 영향을 준다.

나 또한 이 원리를 이해하자마자 단 3개월 만에 88kg에서 81kg으로 체중이 자연스레 빠졌다. 요즘에는 오히려 '살이 너무 빠지는데 어떻게 더 찌울까'를 고민하고 있다. 아래 내용을 이해하는 순간 당신의 삶은 완전히 뒤바뀐다. 살이 문제가 아니다. 먹는 것은 삶의 컨디션 전체에 영향을 준다.

당신의 뇌와 턱선을 무너뜨리는 식탁

콜라 한 캔, 떡볶이 한 접시, 편의점 삼각김밥과 라면. 정말 맛있다. 나도 좋아한다. 어젯밤에는 떡볶이도 먹었다. 문제는 이 음식들이 배 속으로 들어가는 순간 어떤 짓을 저지르는지 당신이 모른다는 점이다. 아는 것과 모르는 것은 천지 차이다.

원시인은 콜라를 마시지 않았다. 떡볶이를 먹지 않았다. 라면을 끊이지 않았다. 10만 년 된 당신의 뇌는 이것들을 음식으로 인식하지 않는다. 조금 과장하면 '독'으로 인식한다. 뇌는 독을 감지하면 즉시 방어 태세에 돌입하는데, 그것이 바로 염증이다.

염증은 노화의 주범이다. 염증이 생기면 피부가 처지고, 턱선이 사라지며, 얼굴이 붓는다. 뇌는 흐릿해지고, 집중력은 떨어지며, 감정은 널뛴다. 당신이 거울을 볼 때마다 드는 '뭔가 안 좋아졌다'는 느낌, 나이 들수록 얼굴이 흘러내리는 듯한 느낌, 그 정체가 바로 만성 염증이다. 당신이 먹은 가짜 음식이 만들어낸 결과물이다.

한 인터뷰에서 연예인 박진영 씨는 이런 말을 해 화제가 되었다. "흰머리를 없애려 온갖 의학적 치료를 다 해봤지만 되지 않았다. 그런데 그저 자연식을 먹기 시작했더니 흰머리가 완전히 사라졌고, 노화가 멈췄고, 스트레스는 줄었고, 지금도 춤을 출 수 있게 되었다."

가짜 음식이란 무엇인가? 원시인이 절대 접할 수 없었던 것들이다. 정제된 밀가루, 액상과당, 트랜스지방, 인공첨가물. 이것들은 자연에 존재하지 않았고, 공장에서 태어났다. 칼로리는 넘쳐흐르지만 뇌가 인식하는 영양은 0에 수렴한다.

나는 약 20년간 '아니, 햄버거랑 콜라, 떡볶이를 먹지 않으면 대체 무슨 재미로 살아? 샐러드를 먹으라고? 난 죽어도 못 해!'라고 항상 생각했다. 하지만 이제는 다르다. 글을 쓰는 이 순간 눈앞

에는 견과류와 채소가 있으며, 밥을 먹기 전에는 웬만하면 채소부
터 먹는다.

원시인이 먹던 것들의 정체

그렇다면 원시인은 무엇을 먹고 살았을까? 이 책을 쓰면서 고
대 인류의 식단을 조사하던 중 흥미로운 사실을 발견했다. 원시인
이 먹던 음식들은 현대 의학에서 슈퍼푸드로 불리며 최상위 등급
이 매겨지고 있었다.

원시인은 강가에서 물냉이 같은 잎채소를 뜯어 먹었다. 들판
에서 야생 시금치와 근대를 채집했고, 산에서는 베리류를 따 먹
고, 강에서는 연어를 잡았으며, 나무에서 떨어진 견과류를 주워
먹었다. 딱히 건강을 챙기려던 게 아니다. 그저 자연에서 구할 수
있는 것을 먹었을 뿐이다. 그런데 이 음식들이 현대 과학에서 어
떤 평가를 받는지 보라.

분류	음식	원시인 섭취 방식	영양·과학적 평가	점수/지표
채소류 (잎·뿌리 채소)	물냉이	강가에서 채집	항산화 물질 밀도 높음, 염증 억제, 세포 보호	CDC, 영양밀도 100점 (1위) '파워하우스 채소' 1위
	청경채/배추	야생 채집	미네랄 풍부, 면역 기능 보조	CDC 91.99점 (2위) WHO 권장 녹색 채소
	근대	야생 채집	비타민·미네랄 밀도 높음, 대사 효율 개선	CDC 89.27점 (3위) 하버드, '10대 슈퍼푸드'
	비트잎	야생 채집	혈관 기능 지원, 항산화 작용	CDC 87.08점 (4위)
	시금치	야생 채집	철분·엽산 풍부, 심혈관 기능 지원	CDC 86.43점 (5위) WHO·AHA 권장
	케일	야생 채집	항산화 성분 풍부, 세포 노화 억제	CDC 49.07점 하버드, '10대 슈퍼푸드'
	당근	야생 뿌리 채집	베타카로틴 풍부, 시각·면역 기능 지원	CDC 22.60점 WHO 권장
	고구마	야생 뿌리 채집	비타민 A 풍부, 면역·피부 기능 유지	CDC 10.51점 CSPI 선정
과일류	베리류	야생 채집	폴리페놀·항산화제 밀도 높음	하버드, '10대 슈퍼푸드'
	레몬/라임	야생 채집	비타민 C 풍부, 산화 스트레스 감소	CDC 18.72점(과일 중 최고) WHO 권장
	딸기	야생 채집	항산화·항염 작용, 대사 건강 지원	CDC 17.59점 UCSF 권장
	사과	야생 채집	폴리페놀·식이섬유 풍부, 장 건강	WHO 하루 400g 과일·채소 권장

단백질류	연어	강/바다 포획	오메가-3 풍부, 염증 억제·심혈관 보호	AHA, 주 2회 섭취 권장
	고등어/ 정어리	해안가 포획	오메가-3 지방산 풍부, 혈관 건강	FDA, 건강 강조 표시 승 인
	자연산 고기	사냥	고단백·저포화지방, 근육 유지	PMC 연구, '구석기 육류는 현대 육 류보다 포화지방 낮음'
	조개류	해안 채집	칼슘·비타민 D 풍부, 골격 건강	하버드 권장 단백질원
견과류 ·씨앗류	아몬드	야생 채집	불포화지방산 풍부, 심혈관 보호	BBC 영양점수 97점 (전체 식품 1위)
	호두	야생 채집	식물성 오메가-3 풍부, 뇌 기능 지원	하버드 권장
	치아 씨드	야생 채집	식이섬유·단백질 ·오메가-3 풍부	BBC 영양점수 85점
	피스타 치오	야생 채집	9종 필수아미노산 포함, 완전 단백질	메이요 클리닉 권장

* CDC : 미국 질병통제예방센터, WHO : 세계보건기구, AHA : 미국심장협회, CSPI : 공익과학센터, UCSF : 캘리포니아대 샌프란시스코 캠퍼스, FDA : 미국식품의약국, PMC : 미국 국립보건원 산하의 의생명 논문 원문 저장소

미국 질병통제예방센터CDC가 선정한 '파워하우스(발전소) 채소' 상위 15개가 전부 녹색 잎채소다. 모두 원시인의 주식이었다. WHO가 권장하는 식단 역시 채소, 과일, 견과류, 생선, 불포화지방 등 원시인이 먹던 것들뿐이다. 반대로 WHO가 제한하라고 권고하는 가공식품, 정제당, 트랜스지방은 원시시대에 존재하지 않

았던 것들이다. 우연의 일치가 아니다. 우리의 뇌와 몸이 애초에 원시인이 먹던 음식들에 맞춰 설계된 까닭이다.

진화와 적응의 증거는 또 있다. 바로 우유를 소화하는 능력이다. 본래 인간은 성인이 되면 유당 분해 효소(락타아제)가 자연스럽게 감소하여 우유를 마시면 배가 아프고 설사를 한다. 그런데 계속 목축업을 해온 유럽 일부 지역 사람들은 우유를 계속 마셔온 덕에 성인이 되어서도 락타아제가 감소하지 않는다. 그래서 어떤 인종은 우유를 잘 마시고, 어떤 인종은 못 마신다. 이것은 문화가 몸을 바꾸고, 환경이 유전자를 선택했다는 증거다.

비슷한 사례로 '회'를 떠올릴 수 있다. 나는 종종 몽골인의 얼굴과 체형을 가진 사람에게 "회 못 드시죠?"라고 묻곤 한다. 그들은 "어떻게 알았어요?"라고 신기해하며 되묻는다. 100% 맞히는 건 아니지만 확률적으로 높다. 바다와 가까운 지역에서는 생선을 날것으로 먹는 문화가 오래 지속되며, 미생물·기생충·조리 방식에 대한 적응과 지식이 축적되었다. 반면 내륙 유목 문화를 가진 몽골처럼 생선을 거의 접하지 않았던 집단에서는 날생선 먹는 문화가 발달하지 않았다. 지금도 몽골인 중에는 회를 먹으면 속이 불편해지거나 구토를 하는 사람들이 있다. 바다가 없던 환경에서 날생선을 먹을 수 없었기 때문에 단단히 발효된 유제품과 육류가 주식으로 남았을 뿐이다.

결국 음식도 예외가 아니다. 우리가 어떤 음식을 먹어왔는가는 몸에 그대로 기록된다. 인류는 원시시대의 환경·식단·미생물·기후·문화를 기준으로 적응해온 존재이며, 앞선 사례들이 이를 뒷받침한다. 그렇기에 '원시인의 식단'은 현대인에게도 최적의 선택에 가깝다.

가짜 음식의 3가지 공격 루트

뇌의 가장 중요한 목적은 '신체 에너지 예산 관리'다. 뇌는 당신 몸의 최고재무책임자CFO로서 10만 년간 단 하나의 원칙을 따르도록 설계되었다. 에너지 수입과 지출을 관리해서 당신을 살아남게 하는 것이다.

이 관점에서 현대인의 식탁을 바라보면 끔찍한 진실이 드러난다. 인류 역사상 지금처럼 많이 먹는 시대는 없었다. 그런데 역설적이게도 우리의 뇌는 역사상 가장 굶주려 있다. 당신의 뇌는 지금 이 순간에도 '기근이다!'라고 비명을 지르고 있다.

어떻게 이런 일이 가능할까? 에너지는 들어오는데 재료는 없는 상황이기 때문이다. 마치 회사에 돈은 들어오는데 원자재가 없어서 제품을 못 만드는 것과 같다. 뇌는 이것을 '최악의 사냥 실패' 혹은 '대기근'으로 해석한다. 그리고 즉시 비상 프로토콜을 가동한다. 그 결과가 바로 당신이 지금 겪는 만성 피로, 우울감, 원인 모를 통증, 그리고 뱃살이다.

공격 루트 1 : 혈당 롤러코스터

가짜 음식은 3가지 경로로 당신의 뇌를 공격한다. 첫 번째 공격 루트는 '혈당 롤러코스터'다. 원시인은 공복에 가공당을 절대 먹지 않았다. 그들에게 단맛이란 오직 과일뿐이었고 그마저도 섬유질과 함께 천천히 소화되었다. 나무에 올라가 과일을 따는 수고로움도 동반되었다. 현대인은 다르다. 편의점에서 산 크림빵을 뜯는다. 달콤한 커피를 한 모금 마신다. 당신은 '아침을 먹었다'라고 생각하지만 당신의 뇌는 환호하지 않는다. 공포에 질린다.

정제된 밀가루와 설탕은 10만 년 된 뇌에 낯선 물질이다. 섬유질, 지방, 단백질이 거의 없어서 소화 과정을 거치지 않고 혈액으로 즉시 쏟아져 들어간다. 혈당이 수직으로 치솟는다. 뇌는 이 상황을 응급으로 판단한다. 혈당이 너무 높으면 혈관이 손상되어서다. 췌장은 비명을 지르며 인슐린을 과다 분비하고, 인슐린은 포도당을 닥치는 대로 세포에 밀어 넣는다. 남은 것은 모조리 지방으로 바꿔 복부에 저장한다.

문제는 그다음이다. 인슐린이 너무 많이, 너무 급하게 작동한 탓에 2시간 뒤 혈당은 정상 수치 아래로 곤두박질친다. '반응성 저혈당'이다. 뇌는 에너지의 대부분을 포도당에 의존한다. 저혈당 상태가 되는 순간 뇌는 즉시 패닉에 빠진다. '연료 고갈! 굶어 죽

기 직전!'

당신도 경험해봤을 것이다. 오후 3시, 회의 중인데 눈꺼풀이 천 근만근이다. 상사가 뭐라고 하는데 귀에 들어오지 않는다. 책상에 엎드리고 싶다. '누구나 겪는 식곤증'이라고 핑계 대며 하루가 망가지는 정확한 원인도 모른 채 매일 살아간다. 이것은 의지 박약이 절대 아니다. 당신의 뇌가 굶주려서 벌이는 생화학적 발작이다.

뇌는 즉시 생존 모드로 전환한다. 스트레스 호르몬인 코르티솔을 분비해 어떻게든 혈당을 끌어올리려 한다. 당신은 이유 없이 불안하고 초조해진다. 손이 떨리고, 집중이 안 되고, 사소한 일에 짜증이 치민다. 동시에 뇌는 기쁨이나 동기부여처럼 사치스러운 감정 시스템을 꺼버린다. 에너지 위기 상황에서 행복은 사치다. 이것이 '저혈당성 약한 우울'이다.

뇌는 이 고통에서 벗어날 방법을 본능적으로 찾는다. '더 많은 설탕을 당장 투입해!' 당신은 미친 듯이 초콜릿과 과자를 찾아 헤매고, 그것을 입에 넣는 순간 잠시 평화를 얻는다. 하지만 2시간 뒤 더 깊은 저혈당 쇼크가 찾아온다. 악순환이다. 아무리 다이어트를 해도 뚱뚱한 사람들은 이 원리를 모르고 있다. 빈속에 케이크를 갑자기 때려 넣는다.

내 지인 여성 또한 지속적인 다이어트로 삶이 우울해지고 커리어가 꼬이고 있었다. 자세히 식습관을 물어보니 "저녁에 다이어트하고 낮에 보상으로 아이스크림을 먹는다"라고 답했다. 게임

오버. 아침에 아이스크림 가공당을 먹으면 하루 종일 정크푸드를 흡입할 수밖에 없다. 어느 순간 폭식을 할 수밖에 없다. 의지로 해결할 수 있는 문제가 아니다.

나는 그녀에게 "아이스크림이 너무 좋으면 저녁밥을 먹고 나서 먹어. 대신 낮에는 자연식 위주로 먹어. 그것만 지켜도 지금보다 훨씬 빠질 거야"라고 조언했다. 그리고 1년 뒤 다시 만난 그녀는 완전히 다른 사람이 되어 있었다. 군살 하나 없는 모습으로 내게 인사를 건넸다. "2년간 그렇게 고생했는데, 덕분에 성공했어요. 진짜 고마워요."

하루 종일 롤러코스터를 타는 동안 당신의 뇌와 몸은 만신창이가 된다. 반면 진짜 음식을 먹으면 혈당은 완만한 언덕처럼 오르고 내린다. 오후 3시의 지옥이 사라진다.

공격 루트 2 : 장-뇌 축 파괴

가짜 음식이 당신을 공격하는 두 번째 루트는 '장-뇌 축 파괴'이다. '장이 건강한 사람은 행복도가 높고, 장이 안 좋은 사람은 불행도가 높고 부정적이다'라는 말을 한번쯤은 들어봤을 것이다. 이에 관해 설명을 해보겠다.

원시인은 하루 50~100g의 섬유질을 먹었다. 현대인은 15g도 못 먹는다. 양배추 반 통이 섬유질 약 15g이다. 원시인은 매일 양배추 7~10통에 해당하는 섬유질을 먹은 셈이다. 현대인은 양배추

반 통도 못 먹고 있다. 원시인 대비 3분의 1에서 7분의 1 수준이다.

당신은 세로토닌이 뇌에서 만들어진다고 생각할 것이다. 틀렸다. 행복 호르몬 세로토닌의 90%는 장에서 만들어진다. 장은 1억 개의 신경세포를 가진 '제2의 뇌'다. 당신의 장 속에는 약 40조 마리의 미생물이 산다. 이들은 두 편으로 나뉘어 24시간 전쟁을 벌인다. 섬유질을 먹고 사는 유익균, 설탕과 가공식품을 먹고 사는 유해균이다.

10만 년 전 원시인의 장은 유익균의 천국이었다. 유익균은 매일 섬유질이 풍부한 거칠고 질긴 뿌리채소와 열매를 먹고 세로토닌을 생산해 뇌로 보냈다. 그래서 원시인은 안정적이고 행복했다. 심리적으로 강해서가 아니라 장이 건강해서였다.

테니스 선수 노박 조코비치의 사례가 이를 증명한다. 세계 랭킹 1위를 다투던 이 선수는 한때 원인 모를 컨디션 난조에 시달렸다. 경기 중 갑자기 힘이 빠지고, 집중력이 무너지고, 감정 조절이 안 됐다. 검사 결과, 글루텐 불내증이었다. 글루텐은 밀가루에 들어 있는 단백질로, 장벽을 손상시켜 장 누수를 일으킨다. 그가 글루텐을 끊고 식단을 정비하자 경기력이 완전히 달라졌다. 이후 그랜드 슬램을 휩쓸기 시작했다. 운동 능력의 문제가 아니었다. 장이 뇌에 보내는 신호가 달라진 것이다.

반면 당신이 저녁으로 라면과 콜라를 먹을 때, 장 속에서는 전쟁이 벌어진다. 섬유질은 0이다. 유익균은 굶어 죽는다. 반면 유해균은 설탕과 정제 밀가루라는 완벽한 먹이를 만나 폭발적으로 증식하며, 세로토닌 대신 독소를 뿜어낸다. 이 독소는 장벽을 공격해 '장 누수 증후군'을 일으킨다. 장벽에 구멍이 뚫리는 증상이다. 장은 뇌로 이어지는 미주신경을 통해 긴급 신호를 보낸다. '독극물에 감염됐다! 당장 모든 활동을 중단하고 쉬어라!'

뇌는 이 신호를 받고 즉시 당신을 우울하고, 불안하고, 무기력하게 만든다. 10만 년 전 썩은 고기를 먹었을 때와 똑같은 생존 프로토콜이 작동하기 때문이다. 감염되면 동굴 구석에 웅크리고 쉬어야 생존할 수 있었다. 더 끔찍한 사실이 있다. 당신은 매일 세 끼 유해균에게 먹이를 준다. 전쟁은 끝나지 않는다. 장은 계속해서 '감염됐다! 쉬어라!'는 신호를 보낸다. 당신의 우울과 불안은 뇌가 아니라 장에서 시작되었을 수 있다.

공격 루트 3 : 뇌 안의 산불

원시인의 염증은 급성이었다. 현대인의 염증은 만성이다. 장 누수를 통해 혈관으로 새어 들어간 독소들은 면역 시스템을 깨운다. 면역 세포들이 몰려들어 침입자들과 전쟁을 벌이는데, 이것이 염증이다.

원시인에게 염증은 치유 과정이었다. 상처가 나면 며칠간 붓고 붉어졌다가 사라졌다. 하지만 현대인의 염증은 다르다. 매일 세 끼 가짜 음식을 먹는 한 전쟁은 365일 멈추지 않는다. 당신의 온몸은 지금 낮은 수준의 불길에 휩싸여 있다.

만성 염증은 조용한 살인자다. 아프지 않고 증상도 없다. 하지만 10년, 20년에 걸쳐 몸을 서서히 파괴한다. 혈관을 공격해 동맥경화를, 관절을 공격해 관절염을 일으킨다. 피부를 공격해 노화를 앞당긴다. 그리고 마침내 뇌 장벽을 뚫고 뇌로 들어간다.

혈액-뇌 장벽은 뇌를 지키는 마지막 방어선이다. 하지만 만성 염증은 이 장벽마저 무너뜨린다. 염증 물질과 독소가 뇌 조직 안으로 스며들기 시작한다. 나는 이것을 '뇌 안의 산불'이라 부른다. 겉으로는 보이지 않지만 안에서 조용히 타들어간다. 뇌세포가 파괴되고, 시냅스 연결이 끊어진다. 우울증, 불안장애, 집중력 저하, 그리고 결국 치매로 이어질 수 있다.

과학이 증명한 원시인 식단

여기서 한 가지 의문이 들 수 있다. "원시인 식단이 좋다는 게 그냥 느낌이 아니라 과학적으로 검증된 건가?" 검증되었다. 그것도 압도적으로.

하버드대가 32년간 12만 명을 추적한 연구가 있다. 견과류를 주 5회 이상 먹는 사람은 심혈관 질환 위험이 14% 감소했고, 관상동맥 질환은 20% 감소했다. 견과류는 원시인이 매일 주워 먹던 음식이다. 미국심장협회AHA는 연어 같은 기름진 생선을 주 2회 섭취하면 심장마비와 뇌졸중 위험이 20~40% 감소한다고 발표했다. 연어는 원시인이 강에서 잡아먹던 음식이다.

10만 년 전 원시인이 먹던 음식들이 현대 의학에서 '세계에서 가장 건강한 음식'으로 평가받고 있다. 이것은 우연이 아니다. 우리의 뇌와 몸이 바로 그 음식들에 맞춰 설계되었기 때문이다. "엄격히 원시인이 먹던 대로 드세요"라고 말하지 않겠다. 나도 절대 못 지킨다. 다만 자연식을 평생 싫어했던 내게는 몇 가지 특별한 방법이 있었다.

1. 밥 먹기 전 가능한 한 채소를 먹는다.
2. 저녁에 가공식을 먹을 거라면, 낮에는 샐러드나 건강식 위주로 먹는다.
3. 라면, 피자 같은 고탄수화물 음식을 먹을 때도 채소를 먼저 먹는다. 섬유질이 탄수화물 흡수를 늦춰 혈당 급등을 완화해준다. 식사 후 10~30분 사이에는 5분 정도 빠르게 걷거나 맨몸 스쿼트 20회를 한다. 근육이 포도당을 직접 흡수해 혈당 급등을 막는다.
4. 일주일에 하루는 자유식을 먹는다. 이때는 마음대로 먹어라.

솔직히 나는 4번은 굳이 챙기지 않는다. 어느 정도 자연식을 낮에 먹은 후에는 딱히 자극적인 게 당기지 않는다. 지난 36년간 매끼 콜라를 마시고, 가공식품만 먹었다. 매끼를 먹은 후에 디저트나 젤리, 마카롱도 먹었다. 이제 이런 음식이 전혀 당기지 않는 이유는 낮에 자연식을 먹으면 혈당이 급하게 오르내리지 않고 장내 미생물도 섬유질을 먹고 안정되기 때문이다. 뇌의 보상회로(단 음식 찾는 회로)가 잠잠해지고 렙틴과 그렐린 같은 식욕 호르몬이 제자리로 돌아와 자극적인 가공식을 덜 찾게 된다.

앞선 장에서 나는 핵심 원칙을 말했다. 밥 먹기 전에 샐러드 한 줌. 쿠팡에서 3천 원짜리 샐러드를 사면 일주일은 먹을 수 있다. 가공당은 공복에 절대 넣지 않는다. 채소 먼저, 단백질, 탄수화물 순서. 이제 당신은 '왜' 그래야 하는지 안다. 샐러드를 먼저 먹으면 섬유질이 위장에 깔린다. 이후 들어오는 탄수화물의 흡수 속도가 느려진다. 혈당이 천천히 오르고 천천히 내려간다. 롤러코스터가 완만한 언덕길로 바뀐다. 오후 3시의 지옥이 사라진다.

채소에 포함된 섬유질은 유익균의 먹이다. 유익균이 번성하면 세로토닌이 만들어진다. 장이 뇌에 '안전하다'는 신호를 보낸다. 우울과 불안이 줄어든다. 가공식품을 줄이면 만성 염증이 줄어든다. 뇌 안의 산불이 꺼진다. 뇌의 효율은 높아지고, 감정 기복이 안정되고, 피부가 맑아진다. 젊어 보이게 되고, 뱃살이 나오지 않게 된다.

어떤 음식을 먹을지 그래도 고민인가? 이 질문 하나면 된다. '원시인이 당신의 식단을 본다면, 원재료를 알아볼 수 있는 음식인가?' 원시인은 떡볶이나 피자, 케이크 등은 상상조차 할 수 없을 것이다. 반대로, 과일이나 견과류, 고기 등은 알아볼 것이다. 원시인이 원재료를 알아볼 수 있는 음식은 대부분 우리 몸에 좋다.

구체적인 식단과 실천법은 다른 파트에서 자세히 다룬다. 내가 마흔에 인생 최고의 외모와 컨디션을 갖게 된 비밀은 거창하지 않았다. 10만 년 전 조상의 식탁으로 돌아간 것뿐이다. 그것도 엄격히 할 필요는 없고 '적당히'만 지키면 된다.

LEVEL 0

생존

고장 난 엔진을
다시 켜는 법

앞서 우리는 문제의 원인을 찾았다. 당신이 고장 난 게 아니라, 환경이 당신을 고장 냈다는 것. 이제 다시 태어날 차례다.

복원 방법은 단순하다. 목줄에 묶인 보더콜리를 초원에 풀어주듯, 우리 몸을 원시 환경에 맞춰주는 것이다. 그 순간 뇌는 속는다. '지금은 안전하다. 지금은 살아 있어도 된다.' 그러면 도파민, 세로토닌, 엔도르핀, 옥시토신 같은 행복 회로가 자동으로 작동한다. 행복은 쟁취하는 게 아니다. 뇌를 원시인 모드로 전환시키는 것이다. 그 상태에 들어가기 위해서는 15개의 버튼을 눌러야 한다.

여기서 중요한 점이 있다. 버튼에는 순서가 있다. 뇌는 한 번에 완성된 장치가 아니다. 약 10억 년에 걸쳐 아래에서 위로 층층이 쌓인 구조다. 기초 회로가 꺼져 있으면 그 위의 어떤 버튼도 눌리지 않는다. 많은 사람이 "운동도 해봤고, 명상도 해봤는데 저는 안 돼요"라고 말하는 이유가 바로 여기에 있다. 잠이 부족하면 삶의 의미가 흐려진다. 수분이 부족하면 의욕이 마른다. 호흡이 얕으면 감정 조절이 안 된다. 그들은 버튼을 안 누른 게 아니라 잘못된 순서로 눌렀을 뿐이다.

그래서 나는 15개 버튼을 5개의 레벨로 다시 정렬했다. 이 구분은 당신이 회복할 순서이자, 뇌가 진화해온 역사적 층위이기도 하다.

- **Level 0. 생존** : 수면·물·호흡 버튼이 해당한다. 죽지 않기 위한 최소한의 조건부터 갖춘다.

- **Level 1. 항상성** : 햇빛·걷기·영양 버튼이 해당한다. 몸의 균형을 유지하고 에너지를 일정하게 보정하는 회로다.

- **Level 2. 성장** : 의도된 불편함·근력 운동·고강도 운동 버튼이 해당한다. 강한 개체만 살아남던 시절의 발달, 강화 회로를 현대에서도 켤 수 있다.

- **Level 3. 연결** : 부족·대면·기여·섹스 버튼이 해당한다. 사회적 동맹 없이는 생존할 수 없었던 영장류의 핵심 시스템이다.

- **Level 4. 초월** : 탈집중·몰입 버튼이다. 인간만이 가진 상위 운영 체제로, 창의성과 의미를 만들어내는 회로다.

가장 기초적인 층위가 불안정하면 최상의 컨디션은 만들어지지 않는다. 이것이 지금까지 당신이 실패한 원인이다. Level 0의 버튼들이 꺼져 있는데 Level 2나 3을 추구했기 때문이다. 기초 체력이 없는데 고강도 운동을 하면 성장이 아니라 파괴된다. 에너지가 고갈된 상태에서 깊은 관계를 유지하려 하면 짜증과 오해가 폭발한다. 그래서 우리는 순서대로 버튼을 누를 것이다. Level 0에서 시작한다.

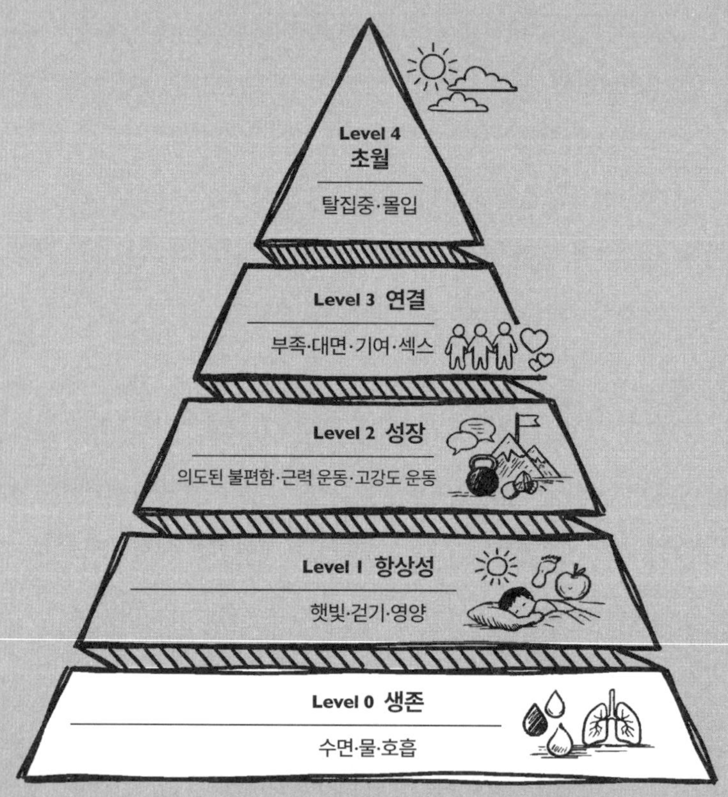

Level 4
초월
탈집중·몰입
Level 3 연결
부족·대면·기여·섹스
Level 2 성장
의도된 불편함·근력 운동·고강도 운동
Level 1 항상성
햇빛·걷기·영양
Level 0 생존
수면·물·호흡

밤늦게 찾아오는
청소부, 수면

뇌가 독소를 씻어내는 유일한 시간

세상에서 가장 멍청한 조언 중 하나는 '잠은 죽어서 자라'다. 스물한 살 겨울에 우연히 수면 관련 책을 10권 이상 읽으며 얻은 지식과 19년간의 시행착오로 알게 된 이 진실은, 내 인생에서 가장 큰 행운이나 다름없다. 잠이란 삶에서 그만큼 중요하기 때문이다.

잠을 줄이면 단순히 피곤한 것에서 끝나지 않는다. 뇌는 자는 동안 낮에 배운 정보를 장기기억으로 전환한다. 하버드 의대를 비롯한 여러 연구기관에 따르면, '기억 응고화Memory Consolidation'는 수면 중에 가장 활발하게 일어난다. 이 과정이 생략되면 하루의 기억이 머릿속에 제대로 저장되지 않는다. 어제 뭘 했는지 가물가물해지고, 지난달은 더 흐릿해지며, 1년이 훌쩍 지나간 것처럼 느껴진다.

잠을 줄인 사람은 더 오래 깨어 있고 싶고, 더 많은 성취를 바랄 것이다. 하지만 결과는 정반대다. 오히려 '덜 살아버린' 결과지를 받는다. 피로한 뇌는 멍청해진다. 판단력은 흐려지고, 참신한 아이디어는 말라버린다. 결국 성과는 떨어지고 행복도는 바닥을 치는데, 정작 본인은 자신이 점점 예민해지고 악화되고 있다는 사실을 인지하지 못한다. 그러다 어느 순간, 건강 문제가 한꺼번에 몰려온다. '나는 누구보다 열심히 살았는데 왜 이렇게 된 걸까…?' 하고 한탄만 하게 될 뿐이다.

아마존 창업자 제프 베이조스는 하루 8시간 이상 수면을 고수하는 것으로 유명하다. 그는 2018년 인터뷰에서 이렇게 말했다. "잠을 충분히 자면 생각이 더 명료해지고, 에너지가 넘치며, 기분도 좋아집니다. 잠을 줄이면 몇 시간을 더 벌 수 있겠지만, 그 생산성은 환상에 불과합니다. 하루에 내리는 결정의 양보다 질이 더 중요합니다." 세계 최고의 부자는 시간이 없어서 잠을 못 자는 게 아니다. 잠을 자야 시간의 밀도가 높아진다는 사실을 아는 것이다.

뇌의 효율은 부차적인 이야기다. 진짜 문제는 잠을 충분히 자지 않으면 행복한 삶의 기초가 흔들린다는 데 있다. 잠의 원리를 제대로 이해하고 나면, 잠을 줄여야 한다는 강박에서도 자연스럽게 벗어날 수 있다.

왜 동물마다 수면 시간이 다를까

'생물은 왜 잠을 잘까?' 이 단순한 질문이 수십 년 동안 생물학자와 신경과학자들을 괴롭혀왔다. 야생에서 잠을 잔다는 것은 곧 포식자에게 등을 내어주는 일이다. 죽을 위험을 감수하면서도 거의 모든 동물은 잠을 잔다. 생존 전략은 수면을 없애는 데 있지 않았다. 수면 시간을 어떻게 쓰느냐에 있었다.

기린은 하루 1~2시간밖에 자지 않는다. 그마저도 여러 번 나누어 쪽잠을 잔다. 깊이 잠들면 잡아먹힐 수 있어서다. 초식동물에게 생존의 핵심은 '경계'다. 그래서 이들은 수면을 극도로 줄이는 방향으로 진화했다.

반대로 사자는 하루 14~20시간을 잔다. 이유는 2가지다. 우선 상위 포식자는 잠들어 있어도 위협이 없다. 그리고 사자는 5~20초 동안 전력을 쏟아붓는 단기 폭발형 사냥을 한다. 짧은 순간에 에너지를 모두 태우므로 근섬유 회복과 신경계 안정화를 위해 긴

수면이 필수다. 고양잇과 동물이 오래 자는 이유는 게을러서가 아니라 사냥 전략 때문에 '오래 자야만 유지되는 구조'를 타고나서다.

인간은 어디에 속할까? 인간은 기린처럼 거의 안 잘 수도 없고, 사자처럼 하루 대부분을 잠으로 보낼 수도 없다. 인간에게 필요한 평균 수면 시간은 7~9시간이다. 이유는 단순하다. 인간의 뇌는 지구상에서 가장 복잡한 회로로 구성되어서다. 언어, 감정 조절, 판단, 미래 계획, 타인과의 관계. 이 모든 과정에서 방대한 양의 시냅스가 연결되고 재구성된다. 이 회로를 유지하려면 매일 엄청난 수준의 정비 작업이 필요하다.

뇌의 야간 청소부, 글림프 시스템

강남 빌딩은 새벽에 청소부들의 손길로 깨끗해진다. 낮 동안 수천 명이 오가며 남긴 커피 자국과 먼지, 쓰레기가 새벽 4~6시 사이에 말끔히 치워진다. 덕분에 직장인은 매일 아침 반짝이는 로비로 출근할 수 있다. 우리 뇌에도 이와 비슷한 청소 시스템이 있다.

깨어 있는 동안 뇌는 끊임없이 독성 부산물을 만들어낸다. 대표적인 것이 피로 물질인 아데노신, 세포를 녹슬게 하는 활성산소, 그리고 가장 위험한 베타아밀로이드다. 베타아밀로이드는 제때 치우지 않으면 뇌에 축적되어 알츠하이머, 즉 치매 위험을 높인다. 당신이 머리를 쓰고, 스트레스를 받고, 결정을 내릴 때마다 이 쓰레기들은 차곡차곡 쌓인다. 이 쓰레기를 치우는 청소 시스템이 '글림프 시스템Glymphatic System'이다. 이 시스템은 우리가 깨어 있을 때는 거의 작동하지 않다가 오직 깊은 잠에 들어야만 가동된다.

원리는 이렇다. 깊은 수면에 들어가면 뇌세포가 수축하면서 세포 사이에 공간이 생긴다. 사람들이 퇴근한 사무실에 밤새 청소 인력이 투입되는 것과 같다. 그 틈으로 뇌척수액이 흘러 들어가 독소를 씻어낸다. 로체스터대·코펜하겐대 연구팀에 따르면, 이 청소 시스템은 깨어 있을 때보다 깊은 수면 중에 10배 이상 활성화된다.

10만 년 전 원시인은 해가 지면 동굴로 들어갔다. 선택지가 없었다. 어둠 속을 돌아다니다가는 맹수에게 잡아먹히거나 낭떠러지에서 떨어질 수 있었다. 그래서 밤이 되면 잤고, 글림프 시스템은 매일 밤 충실히 작동했다. 원시인에게 치매가 드물었던 이유 중 하나다. 반면 당신이 새벽 2시까지 스마트폰을 보고 있다면 어떻게 될까? 청소부는 출동하지 못한다. 뇌세포는 수축하지 않고, 뇌척수액은 흐르지 않으며, 베타아밀로이드는 그대로 남는다. 다음 날 아침, 당신은 쓰레기 더미가 쌓인 뇌를 이고 출근하는 셈이다. 머리가 멍하고 집중이 안 된다고 의지력을 탓해서는 안 된다. 청소되지 않은 뇌로 하루를 시작했으니 당연한 결과다.

청소만 하는 게 아니다. 잠자는 동안 뇌는 구조도 다시 정리한다. 낮 동안 뇌는 무수히 많은 시냅스 연결을 만들지만, 개중에는 쓸모없는 정보도 많다. 잠자는 동안 뇌는 '시냅스 가지치기Synaptic Pruning'를 통해 불필요한 연결은 제거하고 핵심만 남긴다. 마치 정원사가 잔가지를 쳐내 나무의 형태를 다듬는 것과 같다. 동시에 해마에 임시 저장해두었던 정보를 대뇌피질이라는 깊은 토양으로 옮긴다. 이 과정이 없다면 뇌는 뒤엉킨 정보 속에서 길을 잃고, 정작 중요한 일에 집중할 힘을 잃는다.

"3시간 덜 자고 3시간 더 공부하겠다"고 말하는 사람이 있다. 헛수고다. 그 3시간 동안 뇌는 오히려 어제 배운 정보를 삭제한다. 물론 내일 당장 볼 쪽지 시험 정도라면 벼락치기가 통할 수도 있다. 하지만 수능이나 고시처럼 2~3년 이상 가야 하는 장기 레이스 혹은 고도의 판단력이 필요한 사업과 투자 분야라면 이야기가 다르다. 잠을 길게 자야 유리하다. 충분히 자야만 정보가 장기 기억으로 저장되고, 결정적인 순간에 꺼내 쓸 수 있는 진짜 지식이 된다.

2007년, 안산 상록도서관

『역행자』에서도 얘기했듯 내 인생은 스무 살까지 최악이었다.

그런 내가 처음으로 책을 집어 든 건 순전히 우연이었다. 안산 상록도서관, 낡은 서가 사이를 헤매다 수면에 관한 책을 발견했다. 한 권으로 끝나지 않았다. 책을 덮자마자 다음 책을 찾았고, 그렇게 수면 관련 서적을 스무 권 넘게 탐독했다. 오후 햇살이 쏟아지던 창가에 앉아 책장을 넘기던 기억이 지금도 선명하다.

그때 내가 얻은 깨달음의 핵심은 7가지다.

1. 수면 필요량은 사람마다 다르다. 흔히 말하는 '하루 8시간'은 평균치일 뿐이다. 누구는 6시간이면 충분하고, 누구는 9시간을 자야 제정신을 차린다. 중요한 건 내 몸이 몇 시간 수면에 최적화되어 있는지 직접 실험해보는 것이다. '4시간만 자고 성공했다'는 말은 생체적 한계를 넘어섰기에 거의 헛소리다.

2. 잠은 뇌의 저장 버튼이다. 뇌는 자는 동안 오늘 입력된 정보를 장기기억으로 옮긴다. 밤새워 공부하는 건 USB에 파일을 복사하다가 강제 종료를 반복하는 셈이다.

3. 잠이 부족하면 뇌는 저전력 모드로 전환된다. 배터리가 20% 남은 스마트폰을 떠올려보라. 켜지긴 하지만 모든 기능이 느려진다. 뇌도 똑같다. 특히 감정 조절 기능이 먼저 망가진다. 별것 아닌 일에 짜증이 폭발한다. 실제로 수면 부족 상태에서는 편도체 반응성이 60% 이상 증가한다는

연구가 있다.

4. 렘수면은 뇌의 정리정돈 시간이다. 수면은 약 90분 주기로 반복된다. 그래서 알람이 렘수면 한가운데서 울리면 유난히 피곤하다. 이 리듬이 깨지면 아무리 오래 자도 개운하지 않다.

5. 낮잠은 뇌의 리부팅이다. 나사NASA 연구에 따르면, 26분간의 낮잠은 조종사의 수행 능력을 평균 34% 향상시켰다. 낮잠은 게으름이 아니라 전략이다.

6. 꿈은 버그가 아니라 백그라운드 작업이다. 꿈을 꾼다고 해서 뇌가 쉬지 못하는 것은 아니다. 오히려 낮 동안 입력된 정보들을 정리하고 연결하는 과정이다. 악몽을 꿔도 '저장 작업 중이구나' 정도로 받아들이면 된다.

7. 너무 많이 자는 것도 문제다. 10시간 이상 자고 일어나면 오히려 더 찌뿌둥하고 머리가 잘 돌아가지 않는다. 약에 적정 용량이 있듯, 수면에도 적정량이 있다. 실제로 9시간 이상 습관적으로 과수면하는 사람들은 심혈관 질환과 사망 위험이 높아진다는 연구도 있다.

이것이 스물한 살의 내가 깨달은 것들이었다. 당시 내 인생은 바닥이었지만, 수면의 원리를 이해하고 행동한 것이 인생의 가장 큰 변곡점이 되었다.

최근 나는 여기서 한 단계 더 나아가 보기로 했다. 바로 적정 수면 시간보다 1시간을 더 자는 실험이다. 7시간에서 8시간으로, 단순히 1시간을 늘렸을 뿐이었다.

2주 후, 내 삶은 몰라보게 달라졌다. 점심 후 몰려오던 졸음이 사라졌다. 3시간짜리 회의가 끝나도 머리가 맑았다. 예전 같았으면 회의 중반도 못 가 집중력이 바닥났겠지만, 이제는 끝까지 모든 내용이 귀에 들어왔다. 퇴근 후에도 책을 읽거나 운동할 에너지가 남았다. 이전에는 소파에 누워 스마트폰만 보다 잠드는 게 일상이었다. 가장 놀라운 변화는 기분이었다. 더 여유롭고 행복해지고 집중도가 높아졌다.

1시간을 더 자면 깨어 있는 시간의 질이 완전히 달라진다. 수면은 15개 버튼 중 마스터 버튼이다. 이 버튼이 꺼져 있으면 나머지 14개를 아무리 눌러도 효과는 반감된다.

수면 시간의 개인차: 당신은 몇 시간이 필요한가

"나는 6시간만 자도 충분해요." 자신 있게 말하는 사람들이 있다. 정말 그럴까? 과학적으로 불가능한 일은 아니다. 2009년 발견된 DEC2-P384R 유전자 변이 보유자라면 가능하다. 이들은 타고난 '숏 슬리퍼Short Sleeper'다. 남들보다 2시간 덜 자도 뇌가 완벽하게 회복되고, 인지 능력 저하도 없다. 성격도 긍정적이고 체력도 좋다.

하지만 문제는 확률이다. 이 유전자를 가진 사람은 전체 인구의 3%도 되지 않는다. 100명 중 3명꼴이다. 나머지 97%는 7~8시간을 자야 한다. 2003년 펜실베이니아대 연구팀은 참가자들을 8시간, 6시간, 4시간 수면 그룹으로 나눠 2주간 관찰했다. 결과는 충격적이었다. 6시간 수면 그룹의 인지 기능은 이틀 밤을 꼬박 새운 사람과 똑같은 수준으로 곤두박질쳤다. 7~8시간 자던 것을 2주만 6시간으로 줄였을 뿐인데, 술에 만취한 상태와 다름없는 뇌가 되어버렸다. 더 충격적인 사실은 이들이 자신의 인지 능력 저하를 전혀 알아차리지 못했다는 점이다. 그들은 괜찮다고 했지만, 테스트 결과는 전혀 괜찮지 않았다.

그렇다면 내 몸의 적정 수면 시간은 어떻게 찾을 수 있을까? 가장 정확한 방법은 2주간 알람 없이 자는 것이다. 휴가 기간에 실험해볼 수 있다. 밤 10시에 모든 불을 끄고 잠자리에 든다. 스마트폰은 다른 방에 두고, 알람은 설정하지 않는다. 자연스럽게 눈이 떠질 때까지 잔다.

처음 며칠은 그동안 부족했던 잠을 보충하느라 10시간 이상 잘 수도 있다. 하지만 일주일이 지나면 패턴이 안정된다. 알람 없이 깨어나는 날, 그 전날 당신이 잔 시간이 바로 생물학적 적정 수면 시간이다. 대개 7시간 반에서 8시간 반 사이일 것이다. 이는 유전자가 정한 값이다. 의지력으로 줄이거나 늘릴 수 있는 대상이 아니다.

솔직히 고백하면, 나는 모든 버튼 중에서도 수면을 가장 잘 지키지 못하는 편이다. 수면의 중요성을 또래 중 누구보다 먼저 알았지만, 정석대로 지키지 못했다. 20대 이후 평균 새벽 4시에 잠들었다. 지금은 새벽 2시로 앞당겼고, 8시간을 확보하려 노력한다. 완벽하진 않지만, 이 2시간의 변화만으로도 삶의 질이 크게 달라졌다. 이 책을 쓰는 동안은 밤 10시, 11시에 잠들기도 했다. 그저 일찍 잠들게 하는 버튼을 몇 개 눌렀을 뿐이다. 그 신기한 해결책은 역시나 원시인에게 있다.

불면증은 어디서 오는가
: 원인 모르고 얻어터지는 현대인들

불면증에 시달리는 친구들을 보면 반드시 원인이 있다. 그것을 제거하는 버튼만 누르면 회복된다는 뜻이기도 하다. 정신과 약을 수년간 먹던 친구에게 나는 말했다. "골프가 완벽한 해결책은 아니야. 하지만 네가 좋아하잖아. 일단 필드에 나가. 햇볕 쬐고, 잔디 밟고, 18홀 내내 걷고, 사람들이랑 웃고 떠들면서 라운딩 돌아봐." 친구는 반신반의하며 다시 골프채를 잡았다. 1년 뒤 다시 만난 친구는 더 이상 약을 먹지 않았고, 손 놓았던 일도 다시 시작했다. 얼굴에는 생기가 돌았고, 눈빛에서 불안이 사라졌다.

원시인의 밤을 떠올려보자. 해가 지면 세상은 칠흑 같은 어둠에 잠겼다. 빛이라곤 달빛과 모닥불뿐. 뇌는 어둠을 감지하면 자동으로 멜라토닌을 분비했다. 잠은 노력이 아니라 자연스러운 현상이었다. 해가 지면 졸렸고, 졸리면 잤다. 원시인에게 불면증이라는 개념 자체가 없었다.

왜 그랬을까? 단순히 어두워서만이 아니다. 그들은 낮 동안 지쳐 있었다. 사냥감을 쫓아 하루 2만 보를 걸었고, 무거운 것을 들어 나르고, 강을 건너고, 나무에 올랐다. 해가 질 무렵이면 몸 전체가 피로 신호를 보냈다. 뇌와 몸이 함께 지쳐야 깊은 잠이 온다. 원시인에게 그 조건은 매일 자동으로 충족됐다. 내가 수면 문제를 완전히 극복하지는 못해도 최악까지 가지 않게 만들어준 노하우도 원시인의 삶에서 가져왔다. 딱 5가지다. 이것만 지켰는데도 평생 새벽 4시에 잠들던 나도 2시간 앞당겨 푹 잘 수 있었다.

1. 원시인처럼 낮에 햇볕을 15분 쬐자.
2. 원시인처럼 하루 중간에 유산소 운동을 10분 이상 하자.
3. 원시인은 사냥이 끝난 저녁엔 차분히 있었다. 모든 일이 끝난 후에는 '전투'나 '흥분'을 일으키는 유튜브나 콘텐츠를 자제하자.

4. 원시인의 밤처럼, 어둠이 내려앉은 곳에서 잠들자. 밤 10
   시가 되면 침대에 누워 평온하게 몸을 가라앉히자. 모닥불
   의 잔상 같은 노란 무드등만 켜둔 채, 가만히 멍을 때리는
   것이다.

5. 원시인에게는 계속 알림을 전하는 스마트폰이 없었다. 스
   마트폰은 꺼두고 디지털 디톡스 상자에 넣거나 다른 방에
   두자.

현대인은 하루 종일 의자에 앉아 있다. 뇌는 회의와 이메일, 마감에 시달리며 과부하 상태지만 몸은 거의 움직이지 않는다. 퇴근할 즈음이면 머리는 터질 것 같은데, 다리는 멀쩡하다. 이 불균형이 불면증의 가장 큰 원인 중 하나다. 뇌는 "지쳤으니 자야 해"라고 말하지만, 몸은 "나는 아직 에너지가 남았는데?"라고 반박한다. 이 두 신호가 충돌하면 잠은 쉽게 오지 않는다. 마치 운동량을 채우지 못한 강아지가 밤이 되면 집 안을 돌아다니거나, 주인을 깨우며 놀아달라고 보채는 것과 같다. 몸이 쓸 에너지를 남겨둔 채 하루를 끝내면, 종은 달라도 반응은 비슷하다.

의지와 무관하게 환경만 바뀌면 잠은 반응한다. 지인 중에 심각한 불면증을 호소하던 어린 동생이 있었다. 그는 전형적인 현대인이었다. 낮에는 거의 움직이지 않았고, 밤에 깨어 있었다. 밤마다 천장만 보다가 새벽 4시가 되어서야 겨우 잠들었고, 수면제

없이는 그마저도 힘들어했다. 그 친구가 입대하고 2주쯤 지나 연락이 왔다. "나 여기서는 머리 닿자마자 기절해. 불면증이 뭐였는지 모르겠어." 당연한 일이다. 새벽부터 구보를 뛰고, 종일 훈련을 받으며, 몸 전체가 녹초가 된다. 불면증이 치료된 게 아니다. 하루 동안 써야 할 신체 에너지를 전부 사용했을 뿐이다. 그리고 스마트폰 없이 자연을 보며 움직였기에 쉽게 잠드는 건 자연스러운 결과다.

불면증이 사라지는 조건은 무엇일까? 시골 생활을 떠올리면 쉽다. 낮에는 밭일과 산책을 하고, 장작을 팬다. 와이파이는 원활하지 않아 스마트폰으로 무언가를 오래 들여다보기도 어렵다. 해가 지면 네온사인 하나 없는 칠흑 같은 어둠이 내려앉는다. 장담하건대, 사흘째부터는 저녁 9시면 눈이 감길 것이다. 몸이 쓰러질 정도로 피곤하면 잠은 저절로 온다.

이 조건은 현실에서 아주 쉽게 깨진다. 해가 져도 형광등은 환하게 켜지고, 손에는 스마트폰이 들려 있다. 대낮의 빛과 맞먹는 6천 켈빈의 블루라이트가 망막을 때린다. 뇌는 착각한다. '아직 낮이구나.' 멜라토닌 분비가 2~3시간씩 밀린다. 유튜브의 자극적인 영상을 보고, 뉴스에서 끔찍한 사건을 접하고, SNS에서 누군가의 성공을 보며 비교한다. 뇌는 '경계하라'는 신호를 보내고, 코르티솔이 분비되며 교감신경이 활성화된다. 잠자리에 누운 몸은 잠들 준비를 마쳤지만, 뇌는 각성 상태다. 최악의 조합이다.

잠이 오지 않으니 술을 마신다. 뒤척이다 보면 담배를 피우러 가고 싶어진다. 술과 담배는 이 악순환을 더 깊은 수렁으로 밀어 넣는다. 알코올은 깊은 수면과 렘수면을 방해하고, 새벽 3시쯤 뇌를 깨워버린다. 또한 니코틴은 각성제다. 한 모금 들이마시면 일시적으로 정신이 맑아지는 느낌이 든다. 하지만 니코틴의 반감기는 약 2시간이다. 밤이 되면 뇌는 금단 증상으로 다시 각성 상태에 들어간다. 그러니 또 잠이 오지 않는다. 스트레스가 쌓인다. 스트레스를 풀기 위해 다시 술을 마신다.

악순환의 바퀴가 돌아간다. 술과 담배에 절여지고, 쓰레기 도파민만 반복된다. 진짜 보상을 주는 활동에는 뇌가 반응하지 않게 된다. 운동? 귀찮다. 독서? 집중이 안 된다. 새로운 도전? 엄두가 안 난다. 결국 일은 하기 싫어지고, 인생에서 목표로 삼았던 것들은 하나둘 손에서 멀어진다.

정리하면 현대인의 불면증은 3가지 층위로 쌓인다. 첫째, 낮 동안 몸을 충분히 쓰지 않아 신체 에너지가 남아 있다. 둘째, 밤의 빛과 자극이 뇌를 각성 상태로 유지한다. 셋째, 술과 담배가 이 패턴을 고착시킨다. 원시인의 하루에는 이 3가지 문제가 전혀 없었다.

"퇴근하면 잘 시간인데요", "저는 움직이기 싫은데요", "움직여도 불면인 친구가 있는데요?" 이런 변명을 하는 이유는 단순하다. 도파민 보상 체계가 무너진 상태에서는 움직임이 유난히 싫어진다. 보상은 안 보이고 비용만 크게 느껴지니까, 하기 전부터 핑계를 찾는다. 이런 말들은 대부분 문제의 핵심을 비껴간다.

신체 활동 없이 수면제에만 의존하는 것은 수면-각성 리듬을 무시하는 행위다. 낮 동안 심박수와 체온이 충분히 오르지 않으면 밤에 내려올 준비도 되지 않는다. 코르티솔 리듬이 낮에 제대로 형성되지 않으면 멜라토닌 역시 제때 분비되지 않는다. 여기에 하나 더, 낮에 햇빛을 충분히 쬐지 않아도 같은 일이 벌어진다. 멜라토닌은 세로토닌에서 전환되는데, 세로토닌은 강한 빛이 망막을 자극해야 활성화된다. 낮에 햇빛을 거의 보지 않았다면, 밤에 사용할 멜라토닌의 재료가 충분히 마련되지 않은 셈이다. 반대로 말하면 단순하다. 하루 15분의 햇빛, 20분의 가벼운 유산소 활동만으로도 리듬은 다시 움직이기 시작한다. 약이 필요하다면, 최소한 이 2가지와 함께 가야 한다.

불면증을 고치겠다고 술과 수면제부터 찾기 전에 먼저 질문해야 한다. '나는 오늘 햇빛 아래에 15분이라도 서 있었는가?' '나는 오늘 몸을 얼마나 썼는가?' '나는 저녁에 스마트폰을 보거나 술·담배로 뇌를 흥분시키지 않았는가?' 몸을 쓰지 않았고, 밤에 빛과 자극에 노출됐고, 술과 담배로 덮으려 했다면 불면은 당연한 결과다. 원시인의 하루에는 이런 문제가 없었다. 낮에 햇볕 아래서 몸을 쓰고, 해가 지면 어둠 속에서 잠들었다. 불면증은 '치료'하는 것이 아니다. 원래 잠들던 방식으로 돌아가는 일이다.

가장 값싼 최고급 연료, 물

탈수 2%가 당신의 지능을 훔쳐 간다

사바나에서 고요함은 죽음 직전의 정적이다. 풀숲 어딘가에는 사자가, 물 표면 아래에는 악어가 기다리고 있을지도 모른다. 그럼에도 얼룩말은 물웅덩이로 나아간다. 물을 마셔야 하기 때문이다. 무리 중 한 마리가 앞으로 나온다. 한 발, 또 한 발. 마침내 물가에 선다. 고개를 숙이는 순간, 그때가 바로 죽을 수 있는 순간이다. 얼룩말은 몇 모금만 마시고 즉시 고개를 든다. 주변을 훑고 다시 몇 모금 마신다. 다큐멘터리에서 흔히 볼 수 있는 이 장면에 진실이 하나 있다. 목숨을 걸고 마시는 물. 생존에서 물은 딱 그만큼 중요하다.

그래서 신경 쓰지 않았다. '인간도 동물이고, 목마르면 알아서 먹게 되어 있으니 본능에 맡기자.' 목마르면 마시고, 식사할 때도, 운동할 때도 마시니 그 정도면 충분하다고 여겼다. 나는 물을 충분히 마신다고 생각했다. 하루 1.5L쯤이면 나쁘지 않다고 여겼다. 나를 박살 낸 건 AI였다.

2025년 어느 날, 나는 나를 관리하는 AI를 세팅했다. 운동 능력, 건강 상태, 뇌 사용법을 최적화하기 위한 AI였다. 스마트워치로 측정한 심박수, 수면 패턴, 활동량, 인바디 결과, 체중 83kg, 근육량 42.3kg, 체지방률 15%, 하루 운동 시간 1시간, 주로 배드민턴과 웨이트. 식단 그리고 물 섭취량 1.5L까지 내 모든 데이터를 입력했다. 그리고 물었다. "내 모든 정보를 분석해서 더 완벽한 인생을 위해 내가 놓치고 있는 게 뭔지 알려줘." AI의 답변은 예상 밖이었다. "만성 탈수 상태입니다. 현재 수분 섭취량은 체중과 활동량 대비 N% 부족합니다."

만성 탈수? 나는 목마름을 거의 느끼지 않았는데 탈수라니. AI는 설명을 이어갔다. 갈증을 느끼는 시점은 이미 체내 수분이 1~2% 감소한 후라고. 그 시점에서는 이미 인지 기능이 저하되기 시작한다고. 목마름은 '지금 물이 필요하다'는 신호가 아니라 '이미 늦었다'는 경고라고. 나는 '괜찮다'고 착각하며 매일 나의 성능을 갉아먹고 있었다.

뇌의 성능이 떨어진다

대부분 사람들은 충분히 물을 마신다고 착각한다. 커피, 차, 음료, 국물을 마시며 '마셨다'고 판단한다. 수분 변화에 가장 민감한 뇌부터 고장 난다. 몸은 이미 수분이 부족한데 뇌는 아직 괜찮다고 착각한다. 그래서 탈수는 조용히 시작되고, 눈치채기 어렵다. 갈증을 느낄 때면 벌써 체내 수분은 1~2% 줄었고, 뇌는 둔해진 상태다. 주의력은 흐려졌고, 반응은 느려졌으며, 판단은 둔해졌지만 본인은 모른다. 고장 난 뇌로 인생의 중요한 결정을 하고 있다는 사실조차 모른다.

사막에서 사람들이 죽는 이유는 탈수 때문만은 아니다. 탈수가 만든 판단 착오가 원인인 경우가 많다. 길을 잘못 들고, 쉬어야 할 때 이동을 강행하며, '조금만 더 가면 된다'는 결정을 반복한 결과, 열사병, 심부전 등으로 사망한다. 실험실에서도 같은 결과가 나온다. 미 육군 환경의학 연구를 포함한 여러 연구에 따르면, 체내 수분이 1%만 감소해도 주의력과 작업 기억, 반응 속도가 눈에 띄게 저하된다. 2%에 이르면 인지 기능 저하는 통계적으로 뚜렷해지며, 잘못된 판단이 누적될 가능성이 커진다.

우리는 사막에 있지 않다. 하지만 뇌는 매일 사막에 있다. 오후 3시, 회의 중인데 머리가 멍하다. 상사의 말이 귀에 잘 들어오지 않는다. 보고서를 쓰며 같은 문장을 세 번째 고치고 있다. 이것을 '피곤함'이나 '집중력 부족'이라고 말한다. 하지만 진짜 원인은 탈수일지도 모른다. 매일 조금씩 탈수된 상태로 사는 365일과 뇌가 제대로 작동하는 상태로 사는 365일은 전혀 다른 삶을 만든다. 아침에 물 한 잔이면 된다. 그 한 잔이 뇌의 속도를 결정한다.

생명은 물 위에 세워졌다

왜 모든 생명체에게 물이 필요할까. '갈증을 해소하기 위해서'라는 설명으로는 부족하다. 물은 생명 그 자체다. 38억 년 전, 지구 최초의 생명은 물속에서 탄생했다. 세포막이 형성되고, RNA가 자기 복제를 시작하고, 단백질이 3차원 구조로 접히는 모든 과정은 물속에서 일어났다. 38억 년이 지난 지금도, 당신의 몸속에서는 같은 일이 반복되고 있다. 당신의 세포는 여전히 38억 년 전 바다 환경을 재현하며 살아간다.

당신의 몸은 얼마나 많은 물로 이루어져 있을까? 뇌의 75%, 근육의 75%, 혈액의 90%가 물이다. 심지어 딱딱한 뼈조차 22%는 물이다. 물은 세포를 채우는 액체가 아니다. 세포가 기능할 수 있게 만드는 조건이다. 당신의 몸에서 일어나는 모든 화학 반응—소화, 에너지 생성, 해독, 생각—은 물이라는 환경에서만 가능해진다.

효소는 물이 있어야 작동한다. 영양소와 산소를 실어 나르는 것도 물이고, 세포에서 나온 노폐물을 배출하는 것도 물이다. 체온 조절도 물의 몫이다. 인간의 뇌는 약 37도에 최적화되어 있다. 단 1도만 벗어나도 효소의 반응 속도가 달라진다. 물은 열을 잘 버텨서 체온을 흔들리지 않게 붙잡는다. 필요할 땐 땀으로 열을 빼앗아 간다. 이 특성 덕분에 인간은 10만 년 전 뜨거운 사바나에서도 장시간 움직일 수 있었고, 다른 포유류보다 오래 버텼다.

신경신호조차 물 없이는 전달되지 않는다. 뉴런과 뉴런 사이의 시냅스는 물로 채워져 있다. 도파민, 세로토닌, 가바, 글루타메이트 등 기분과 집중력, 기억력을 좌우하는 모든 신경전달물질은 물에 녹아 이동한다. 탈수 상태가 되면 이 확산 속도가 느려지고, 뇌의 반응도 늦어진다. 멍해지고, 집중이 안 되고, 짜증 나는 이유가 여기에 있다.

결론은 명확하다. 물은 생명을 유지하는 데 필요한 영양소가 아니다. 그 자체가 생명이 작동하는 운영체제다.

2L의 진실

'물을 얼마나 마셔야 할까?'라는 논란을 정리해본다. 흔히 알려진 '하루 2L'라는 권장량의 출처를 추적하면 흥미로운 사실이 드러난다. 이 기준은 1945년 미국 식품영양위원회가 제시했다. 여기에는 중요한 단서가 붙어 있었다. '음식을 통해 섭취되는 수분을 포함한다.' 문제는 이 문장이 거의 읽히지 않았다는 사실이다. 숫자만 살아남고 맥락은 사라졌다. 사람들은 이 부분을 무시하고 '순수한 물만 2L'로 받아들였다. 일부 의사는 이 오해를 바로잡으려 했고, 다른 일부는 현대인의 만성 탈수를 경고했다. 논쟁이 이어지는 동안 우리는 혼란스러워졌다.

답은 생각보다 단순하다. 2L는 평균일 뿐이다. 체중 120kg인 남성과 40kg인 여성이 같은 양의 물을 마셔야 할 근거는 없다. 근육량도, 활동량도, 땀 흘리는 정도와 사는 기후도 다르다. 조건이 모두 다른데 동일한 숫자를 적용하는 게 오히려 비과학적이다.

중요한 건 '정확한 숫자'가 아니다. 당신의 몸이 필요로 하는 양을 이해하고, 지금보다 조금 더 마시는 것이다. 대부분의 사람은 이 기준에 미치지 못한다. 자기 몸이 요구하는 수분량보다 늘 적게 마신 채 살아간다. 나도 그랬다. 당신도 이미 오래전부터, 생각보다 훨씬 적게 마시고 있다.

원시인의 물, 현대인의 물

10만 년 전 원시인은 물을 얻기 위해 움직여야 했다. 강까지 몇 km를 걸어가야 했고, 물을 저장할 용기도 마땅치 않았다. 동물의 가죽 주머니에 담아도 오래 보관할 수 없었다. 그래서 강가에 도착하면 배가 불룩해질 때까지 마셨다. 그리고 다음 기회가 올 때까지 버텼다.

원시인의 뇌는 이 리듬에 맞춰 설계되었다. 갈증을 느낀다는 것은 이미 탈수가 진행되었고, 다음 강까지 도달하지 못하면 죽을 수도 있다는 뜻이었다. 그래서 갈증은 '긴급 경보'로 설계되었다. '지금 당장 물을 찾아라. 생존이 달렸다.'

현대인은 이 시스템을 쓸 이유가 사라졌다. 정수기, 편의점, 자판기, 수돗물. 몇 걸음만 걸어가면 물이 있다. 역설적으로, 그래서 우리는 물을 마시지 않는다. 갈증이 생길 만큼 기다리지 않아도 되고, 생존이 걸린 문제도 아니기 때문이다. 물이 희귀했을 때 인류는 물을 갈망했다. 물이 넘쳐날 때 인류는 물을 잊었다.

결정적인 문제는 가공 음료다. 원시인은 물과 과일 속 수분으로 갈증을 해결했다. 현대인은 커피, 콜라, 술, 에너지드링크처럼 카페인, 알코올, 고당분이 섞인 액체를 물 대신 마신다. 이런 음료는 체내 수분 균형 신호를 교란한다. 뇌는 액체가 들어왔다는 신호와, 여전히 부족하다는 신호를 동시에 받는다. 뇌는 여전히 갈증 난 상태로 잘못된 판단을 내린다.

물론 당신이 탈수 상태로 쓰러질 일은 없다. 당장 죽지도 않는다. 하지만 최상의 상태는 아니다. '완벽한 컨디션'을 유지하고 '완벽한 하루'를 보내기 위해서는 물을 의식적으로 마셔야 한다.

물을 제대로 마시는 심플한 방법

체중(kg) × 30~35mL

우리가 얼마큼 물을 마셔야 할지를 알려주는 가장 쉬운 공식이다. 복잡한 계산은 필요 없다. 체중 70kg 성인이라면 기본은 약 2.1L다. 여기에 3가지 변수가 있다. 근육이 많을수록, 활동량이 많을수록, 커피를 많이 마실수록 물은 더 필요하다. 이런 경우 기준을 35mL로 잡는 게 현실적이다. 내 경우를 예로 들면 이렇다. 83kg × 35mL = 약 2.9L가 기본이다. 여기에 하루 1시간 운동, 커피 2.5잔을 고려하면, 이론상 약 3.5L를 마셔야 한다. 하지만 나는 그만큼 다 마시지 못한다. 현실적으로 2.5~3L 사이를 유지한다. 이것만으로도 충분히 효과가 있다.

중요한 것은 '정확한 숫자'가 아니다. 방향이다. 지금보다 조금 더 마시는 것. 계산기를 두드리며 2.847L를 맞출 필요는 없다. 지금 1.5L 마신다면 2L로 늘려라. 2L 마신다면 2.5L로 늘려라. '물을 많이 마셔야지'라는 다짐은 오래가지 않는다. 의지력은 수분만큼이나 금방 증발한다. 환경 설계로 물을 마시게 만들어야 한다.

예전에 나는 책상 위에 물컵을 두지 않았다. 하지만 지금은 500mL 컵을 항상 눈앞에 둔다. 글을 쓰다가 손을 뻗으면 닿는 거리다. 생각하지 않아도 마시게 된다. 한 잔을 비우면 쉬는 김에 다시 채운다. 아침에 일어나서도 가장 먼저 물 500mL부터 마신다. 우리는 자는 동안에도 약 300~500mL의 수분을 호흡과 땀으로 잃는다. 뇌는 탈수 상태로 아침을 시작한다. 커피 마시기 전에 물부터 마셔라. 잠자기 전에도 한 잔. 하루에 1L를 더 마시는 건 일일이 계산할 수 없으니, 그냥 일어나서 500mL 마셔라. 잠자기 전에 500mL. 이 모든 게 환경 설계다.

"물을 많이 마시면 신장에 안 좋은 것 아니냐"라고 우려하는 사람들도 있다. 하지만 신장이 건강한 성인의 경우 항이뇨호르몬 ADH 조절과 함께 시간당 약 0.8~1.0L의 수분을 배출할 수 있다. 일상적으로 물을 자주 마시는 것은 대부분의 사람에게 문제가 되지 않는다. 물 중독, 즉 저나트륨혈증은 짧은 시간에 과도한 양을 빠르게 마실 때 발생한다. 일반적인 음수 습관과는 다른 상황이다. 물고문 수준으로 들이붓지 않는 이상 물을 마시다 문제가 생길 가능성은 매우 낮다.

사람들은 건강해질 수 있다면, 뭐든 한다. 기를 준다는 목걸이를 걸고, 옥장판에 눕고, 이름도 낯선 알약을 삼킨다. 하지만 정작 몸이 보내는 가장 기본적인 신호는 무시한다. 머리가 멍해지고, 집중력이 흐려지고, 판단 속도가 느려져도 그냥 '피곤한가 보다'

하고 넘긴다. 스마트폰 배터리 알림에는 즉각 반응하면서 말이다.

우리는 늘 복잡한 해결책을 찾는다. 하지만 정작 합리적인 선택은 아주 사소하다. 아침에 일어나 물 한 잔을 마시는 것. 물은 가장 저렴하고, 가장 단순하며, 가장 과소평가된 뇌 각성제다. 어떤 영양제나 보약도 탈수 상태의 뇌를 깨울 수는 없다. 하지만 음수 버튼을 누르는 순간, 뇌는 깨어난다. 의지도 필요 없다. 큰돈도 들지 않는다. 아침에 평소보다 물 한 컵, 잠들기 전에 평소보다 물 한 컵 정도만 추가하라. 그리고 기억하라. 원시인은 물뿐만 아니라 과일과 채소로 늘 수분을 섭취한 반면, 현대인은 술과 커피, 단 음료를 마시며 물을 마셨다고 착각한다는 사실을. 가벼운 탈수가 일상이 된 당신을 위한 해결법은 단순하다. 아침과 저녁, 물 한 컵. 이 버튼이면 충분하다.

5초의 마법, 호흡

생각으로는 감정을 막을 수 없다

솔직히 고백하면 나는 '호흡법'이라는 단어에 거부감이 있다. 복식 호흡, 명상 호흡, 단전 호흡. 좋다는 건 안다. 근데 뭔가 거창해서 거부감이 들었다. '복식 호흡을 배우라고? 흠… 굳이…?' '어차피 숨은 저절로 쉬는 건데, 뭘 또 배워야 해?' 싶었다.

하지만 이런 생각은 반은 맞고 반은 틀렸다. 고상한 호흡법을 배울 필요는 없지만 30초만 신경 써서 호흡하면 삶이 바뀌는 걸 직접 느낄 수 있다. 발표 직전 심장이 터질 것 같은 긴장 상태에서 30초 만에 평정심을 되찾을 수 있다. 미치도록 화가 나는 상황에서 1분 안에 냉철해질 수 있다. 잠이 오지 않는 밤, 10분 안에 기절하듯 잠들 수 있다. 정말이다.

방법을 알기 전에 원리를 먼저 이야기하려 한다. 호흡이 무너지면 문제가 생기는 이유는 단순하다. 뇌가 그 상태를 곧바로 위기로 해석하기 때문이다. 선사시대에 호흡이 가빠진 상황은 대부분 호랑이에게 쫓기거나, 전쟁터에서 싸우거나, 죽을지도 모르는 순간이었다. 호흡이 가빠지는 것은 '도망'이나 '전투' 직전에 심장을 펌프질해 즉각 움직이도록 하는 동물의 생리 반응이다.

그래서 호흡이 빨라지면 뇌는 '지금 싸우거나 도망가야 한다'고 판단해서 심장 박동을 높이고, 아드레날린을 분출하고, 소화·면역·수면 같은 비생존 기능을 일시적으로 꺼버린다. 그래서 스트레스받는 사람들이 밥을 먹으면 "소화 안 된다"고 말하는 것이다. 호랑이가 덮쳐올 수 있는 상황이니 신체는 '소화'보다 '생존'에 에너지를 더 투입한다.

우리는 호랑이에게 쫓기지 않는데도, 호흡이 가쁘다. 스트레스, 끊임없는 카톡 알림, 소음에 둘러싸인 현대인의 뇌는 24시간 '전시 상황'이다. 사자에게 쫓길 때나 나와야 할 가쁜 숨(분당 20회 이상)을 평생 쉬고 있다. 이 상태를 '만성 과호흡'이라 부른다. 숨을 너무 빨리 쉬면, 뇌는 오히려 숨이 막힌다고 느낀다. 숨을 많이 쉴수록 이산화탄소가 과도하게 배출되어 혈관이 수축하고, 결과적으로 산소 공급은 줄어든다. 오후만 되면 머리가 멍하고 왠지 불안한 것은 당신의 뇌가 만성적인 저산소 상태에 놓여 있어서다. 감정을 생각으로 다스리려 해도 안 먹히는 이유도 같다. 이미 뇌는 '전투 모드'인데, 생각으로 '진정하자'는 건 커다란 파도 앞에서 모래성을 쌓는 것과 같다. 그래서 먼저 호흡을 되돌려야 한다. 호흡은 뇌와 몸이 합의하는 가장 빠른 언어다.

심장을 조종하는 유일한 방법

심장 박동을 의지로 늦출 수 있는가? '심장아, 천천히 뛰어'라고 명령해서 되는가? 불가능하다. 소화 속도도 혈압도 체온도 마찬가지다. 생존에 직결된 기능은 뇌가 자동으로 통제한다. 의지가 끼어들 틈이 없다. 하지만 호흡만은 예외다. 평소엔 자동이지만, 원할 때는 수동 조작이 가능하다. 그리고 여기에 비밀이 있다. 호흡은 심장과 직접 연결되어 있다.

숨을 들이마시면 심장이 빨라진다. 내쉬면 느려진다. 비유가 아니라 생리학적 사실이다. 들숨 때 횡격막이 내려가면서 흉강 압력이 바뀌고, 심장으로 돌아오는 혈류량이 증가하면 심장은 더 빨리 뛴다. 반대로 날숨 때 횡격막이 올라가면 심장이 살짝 눌리고, 미주신경이 활성화되며 심박이 느려진다. 호흡은 심장의 리모컨이다. 날숨을 길게 쉬면 심장이 느려지고, 심장이 느려지면 뇌는 판단한다. '지금 안전하구나.' 감정이 가라앉는다.

원리는 기계적일 만큼 단순하다. 숨을 들이마시면 교감신경, 즉 긴장이 켜진다. 내쉬면 부교감신경, 즉 이완이 켜진다. 특히 날숨을 길게 뱉을 때 횡격막이 올라가며 심장을 압박하면, 뇌는 이렇게 반응한다. '혈압이 높네? 속도 낮춰.' 그래서 숨을 길게 내쉬는 것만으로도 뇌의 작동을 바꿀 수 있다. 불안 회로가 켜졌을 때 호흡 패턴만 바꿔 뇌에 역명령을 내리는 것이다. '야, 지금 안전해. 진정해.' 이것은 정신 승리가 아니다. 지극히 생물학적인 메커니즘이다.

그래서 사람은 위기 앞에서 본능적으로 한숨을 쉰다. 짧게 들이마신 뒤, 길게 내쉬는 그 숨 말이다. 이는 감정 표현처럼 보이지만, 실제로는 날숨을 늘려 심박과 각성을 떨어뜨리는 반사적 동작이다. 이 동작은 눌려 있던 폐포를 다시 펼치고, 혈액 속 이산화탄소 농도를 정상으로 되돌리며, 심박을 빠르게 낮춘다. 그 결과 뇌는 '공기가 충분하다', '지금은 안전하다'는 신호를 받는다. 이 반응은 생각이나 의지와 무관하다. 뇌에 '지금은 안전하다'는 신호를 보내는 가장 빠른 방법이다. 폭주한 신경계를 정상 상태로 되돌리기 위해 몸에 기본값처럼 내장된 복구 장치다.

문제는 이 한숨이, 필요할 때 필요한 만큼 나오지는 않는다는 점이다. 몸이 급할수록 호흡은 오히려 흐트러진다. 위급한 순간일수록 반사 기제는 오작동하거나 무력해지기 마련이다. 그래서 필요한 건 새로운 호흡법이 아니다. 이미 작동하는 이 반사를 안정적으로 호출하는 방법이다. 무의식에 맡기지 않고, 의식적으로 같은 신호를 보내는 것. 생리학적 한숨이 뇌를 멈추게 하는 '자연 반사'라면, 이제부터 소개할 호흡은 그 반사를 언제든 꺼내 쓸 수 있게 하는 호흡 버튼이다.

3가지 상황, 3가지 증명

호랑이에게 쫓기던 원시인이 간신히 도망쳐 나무 그늘에 주저앉는다. 그리고 본능적으로 긴 한숨을 내쉰다. 후우우. 날숨이 길어지면서 심장이 느려지고, 몸 전체가 이완된다. 위기 해제. 원시인의 뇌는 이 신호를 정확히 알아들었다. 빠른 호흡은 위험, 느린 호흡은 안전.

현대인에게는 이 '회복의 한숨'이 없다. 호랑이는 사라졌지만, 대신 카톡 알림이 24시간 울린다. 추격전은 끝났는데 나무 그늘에 앉아 쉴 틈이 없다. 그래서 우리는 의도적으로 그 한숨을 재현해야 한다. 원시인이 호랑이를 따돌린 뒤 자연스럽게 했던 그 호흡을 우리는 수동으로 눌러야 한다.

5·5·5 호흡은 일상용이다. 5초 들숨, 5초 멈춤, 5초 날숨. 코로 천천히 들이마시면서 배를 부풀리고, 잠시 멈춘 뒤 입으로 천천히 내뱉는다. 3번 반복하면 총 45초. 회의 전 긴장될 때, 짜증이 치밀 때 써라.

4·7·8 호흡은 긴급용이다. 4초 들숨, 7초 멈춤, 8초 날숨. 4~5번 반복한다. 날숨을 들숨보다 2배 길게 유지하는 것이 핵심이다. 극도의 불안이나 분노, 불면이 덮칠 때 이 호흡은 심박수를 낮추고 뇌에 '완전히 안전하다'는 신호를 보낸다.

당신은 언제 가장 감정에 휘둘리는가. 그날 하루의 일이 한꺼번에 떠오르는 잠들기 직전? 화가 머리끝까지 치밀 때? 사람들 앞에 서기 직전? 이 3가지는 전혀 다른 상황처럼 보이지만, 몸에서 일어나는 현상은 동일하다. 심장이 경직되고 뇌가 '아직 위험하다'고 판단하는 것. 그래서 나는 감정을 다스리지 않는다. 심장의 리듬을 바꿀 뿐이다. 잠도, 분노도, 긴장도 해결했다. 지금부터 심장의 리듬을 바꾸는 것만으로 무슨 일이 일어나는지 보여주겠다.

첫째, 잠이 오지 않는 밤. 어젯밤에도 글을 쓰다 흥분해서 새벽 2시까지 잠들지 못했다. 머릿속에서 문장이 계속 돌아갔다. 4·7·8 호흡을 시작했다. 4초 들이마시고, 7초 멈추고, 8초 내쉬고. 다섯 번 반복했을 때 눈꺼풀이 무거워졌다. 평소라면 1시간은 뒤척였을 텐데, 10분 만에 기절하듯 잠들었다.

둘째, 미치도록 화나는 상황이 있을 수 있다. 얼굴이 달아오르고 심장이 쿵쿵거린다. 예전 같았으면 책상을 내리치고 화를 냈을 수 있다. 대신 1분간 호흡한다. '플라세보 효과인가?' 싶을 정도로 감정은 빠르게 차분해진다. 스스로 놀라고 대견하게 느껴진다. 감정을 섞지 않으니, 오히려 대화에서 더 좋은 결과를 낸다.

셋째, 공식석상에서 발표를 앞두거나 남들 앞에 섰을 때. 5천 명이 유튜브 라이브에 들어오면, 긴장하게 된다. 하지만 당황하지는 않는다. 들어가기 전 30초간 5·5·5 호흡을 한다. 심장이 느려지고, 목소리가 안정되고, 생각이 정리된다. 신기하게도 긴장은 가라앉고, 그 자리는 자신감으로 채워진다. '난 감정을 컨트롤할 수 있고 긴장을 컨트롤할 수 있는 사람이야.'

3가지 상황 모두 생각을 바꾼 게 아니다. 심장의 리듬을 바꿨을 뿐이다.

Zone 2 : 심장을 속이는 법

심장의 리듬을 바꾸는 가장 확실한 방법은 하나다. 천천히 달리는 것. Zone 2 달리기다.

3년 전 『내면소통』의 저자 김주환 교수님께 흥미로운 이야기를 들었다. 심장이 기계처럼 너무 일정하게만 뛰면 뇌는 '아직 위협이 있다'고 해석한다. 반대로 심장이 유연하게 뛰면서 박동 간격이 자연스럽게 오르내리면, 뇌는 '호랑이가 사라졌구나'라고 인식하고 안정된다. 이 박동 간격의 자연스러운 흔들림을 심박변이도HRV라고 부른다. 현대인의 심장은 이 흔들림을 거의 잃어버렸다. 만성 스트레스에 시달리면 심장은 빠르든 느리든 비슷한 간격으로만 뛴다. 변화가 없다는 건 긴장을 풀 수 없다는 신호다. 뇌는 같은 결론을 반복한다. '아직 위험하다. 아직 달릴 준비를 해라.' 아무 일도 없는데 심장은 경직되고, 뇌는 24시간 호랑이가 근처에 있다고 착각한다.

Zone 2 달리기는 이 경직을 풀어준다. 천천히 달리면 심장은 너무 빠르지도, 너무 느리지도 않은 적당한 강도로 뛴다. 이 상태가 지속되면 심장의 유연성이 회복된다. 달리기를 마치고 돌아오면 심장은 더 부드럽게 뛰고, 뇌는 '이제 안전하다'고 판단한다. 호흡이 자연스럽게 깊어지고, 머리가 맑아지며, 불안이 사라진다.

나는 글을 오래 쓴 날이면 반드시 15분간 천천히 달린다. 돌아오면 뇌의 전투 모드가 해제되어 있다. 하지만 무엇보다 심장이 굳지 않게 관리하고 호흡이 망가지지 않는 환경을 만드는 게 더 중요하다.

첫째, 앉아 있는 시간을 줄여라. 하루 8시간 앉아 있으면 횡격막이 8시간 동안 감옥에 갇혀 있다는 뜻이다. 하루 종일 사무실 의자에 구겨져 앉아 있으니 복부가 눌린다. 횡격막이 아래로 내려

갈 공간이 없다. 그 결과 가슴으로만 깔짝거리는 '흉식 호흡'을 한다. 폐는 구조적으로 하부에 혈관이 더 밀집해 있어, 아래쪽까지 써야 산소 교환 효율이 높다. 하지만 가슴으로만 숨을 쉬면 폐 용량의 50%도 쓰지 못한다. 50분마다 일어나라. 서 있기만 해도 척추가 펴지고 횡격막이 해방되어 호흡이 깊어진다. 나는 50분 앉아 있었다면 10분은 잠시 걷거나 가볍게 스트레칭을 한다. 비행기를 탔을 때도, 50분에 한 번은 화장실 앞에서 스튜어디스에게 양해를 구하고 1분간 스트레칭을 한다.

둘째, 다른 버튼들을 눌러라. 호흡이 가빠지는 근본 원인은 불안한 뇌에 있다. 수면, 햇빛, 걷기 버튼을 눌러 편도체를 진정시키면 호흡은 저절로 따라온다.

호흡은 뇌와 몸이 합의하는 가장 빠른 언어다. 생각은 0.2초 후에야 도착하지만, 호흡은 즉시 심장을 바꾸고, 심장은 즉시 뇌를 속인다. 복식 호흡, 명상 호흡 같은 거창한 이름은 잊어라. 딱 한 문장만 기억해라.

"깊게 들이마신다. 멈춘다. 천천히 내쉰다. 5회."

LEVEL 1

항상성

뇌가 다시 움직이기 시작했다

삶이 흔들릴 때 가장 먼저 무너지는 것은 생각이나 의지가 아니라, 몸과 뇌의 기본 작동이다. 햇볕 쬐기, 걷기, 영양 섭취는 그래서 중요하다. 이것들은 성실한 사람만 실천하는 자기관리 항목이 아니다. 뇌가 하루를 시작해도 좋다고, 이제 깨어나 움직여도 된다고 판단하게 하는 가장 원초적인 신호들이다.

이 신호가 부족해지면 뇌는 자동으로 속도를 낮추고, 에너지를 아끼는 쪽으로 기울어진다. 그러면 우리는 스스로가 예전 같지 않다고 느끼게 된다. 집중력은 흩어지고, 의욕이 떨어지고, 이유 없이 피곤하다. 그래서 마음가짐을 바꾸려 해도 소용없다.

햇빛은 거의 못 보고, 하루 종일 앉아 있고, 몸에 들어오는 연료는 들쭉날쭉하다. Level 1의 버튼들이 꺼진 상태에서는 어떤 결심도 오래 버티지 못한다. 그 위에 아무것도 쌓이지 않는다. 의욕도, 집중도, 관계도, Level 1 버튼이 켜진 그다음의 일이다.

그래서 Level 1은 출발선이다. 이 선에 서지 못하면, 레이스는 시작조차 할 수 없다. 다음 단계로 가는 사람과 제자리에서 맴도는 사람의 차이가 대부분 여기서 갈린다.

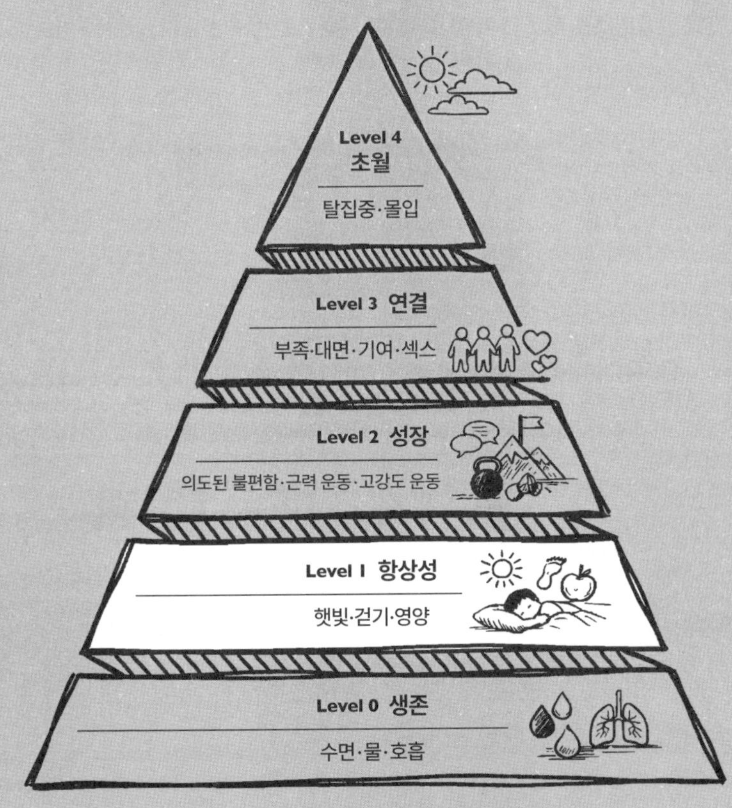

Level 4
초월
탈집중·몰입
Level 3 연결
부족·대면·기여·섹스
Level 2 성장
의도된 불편함·근력 운동·고강도 운동
Level 1 항상성
햇빛·걷기·영양
Level 0 생존
수면·물·호흡

생체 시계의 지배자, 햇빛

아침 15분이 24시간을 결정한다

"명진아, 아침에 일어나면 커튼 좀 열어라."

어릴 때부터 귀에 못이 박히도록 들은 말이다. 늘 귀찮았다. 딱히 이유도, 설명도 없이 그저 하라는 말뿐이었으니까. 하지만 지금 와서 보니, 그 말 한마디로 하루가 달라졌다. 아침에 햇볕을 쬐지 않는 건 뇌에 대한 죄악이다.

2024년 5월 어느 화요일 아침, 나는 처음으로 스마트폰 대신 햇빛을 선택했다. 베란다에 서서 눈을 감고 15분간 햇볕을 받았다. 그 순간 변화가 시작됐다. 늘 할 일들이 뒤죽박죽 엉켜 마음만 급했던 아침이었는데, 그날은 달랐다. 하루에 할 일이 자동으로 정리되기 시작했다. 전날 남아 있던 생각들까지 깔끔하게 정돈됐다. 아무것도 하지 않았는데 진작 정리되어 있었다. 명상도 하지 않았는데 마치 명상한 것 같았다.

나는 그때 몰랐다. 사람의 망막에는 강렬한 햇빛을 감지하는 특수 세포가 있다. 이 신호가 들어오면 뇌는 즉시 판단한다. '지금은 낮이다.' 세로토닌 합성 공장은 15분간 전력으로 가동된다. 세로토닌이 충분히 분비되면 전전두엽이 활성화되어 우선순위를 명확하게 판단할 수 있다. 머릿속이 맑아지는 이유다. 동시에 이 세로토닌은 밤이 되면 멜라토닌으로 전환되어 숙면을 유도한다. 아침의 햇빛이 그날 밤 수면의 질까지 결정하는 것이다.

햇볕 쬐기는 기분의 문제가 아니다. 10만 년 된 뇌의 생체 시계를 다시 맞추는, 지극히 생물학적인 조작이다.

가로등에 부딪혀 죽는 나방

10만 년간 인류의 뇌를 지배한 시계는 단 2가지 신호로 움직였다. '밝은 푸른빛'과 '완전한 어둠'. 여기서 말하는 '밝다'는 느낌이 아니다. '럭스lux'다. 럭스는 전구의 밝기가 아니라, 망막에 실제로 도달한 빛의 양이다. 뇌가 '지금이 언제인가'를 판단할 때 사용하는 기준이다. 10만 럭스는 뇌에 '완전한 낮'이고, 500럭스는 '흐리고 위험한 날'이며, 0.1럭스는 '완전한 밤'이다. 10만 년 동안, 단 한 번도 바뀐 적이 없다. 낮의 밝은 태양(10만 럭스)은 망막을 때려 뇌에 신호를 보낸다. '지금은 사냥할 시간이다. 세로토닌을 분비하라.' 밤의 완전한 어둠(0.1럭스)은 또 다른 신호를 보낸다. '지금은 쉴 시간이다. 멜라토닌을 분비하라.'

현대의 빛은 이 모든 것을 배신했다. '가로등에 부딪혀 죽는 나방'의 운명이 이미 당신에게도 와 있다. 밤, 한 마리 나방이 숲속을 날아간다. 수백만 년간 나방의 조상들은 달빛을 항해의 나침반으로 삼았다. 낮엔 포식자가 많아 위험했다. 달은 무한히 먼 곳에 있지만, 일정한 각도만 유지하면 나방은 항상 직선으로 날 수 있었다. 하지만 어느 순간, 인류가 '인공 달'을 만들어냈다. 나방에게는 비극인 가로등이다.

나방의 눈에 또 다른 '달'이 보인다. 본능적으로 그 빛을 향해 일정한 각도를 유지하며 날아간다. 나방이 각도를 유지하려 할수록 비행 경로는 나선형으로 휘어지고, 결국 가로등 불빛에 부딪힌다. 떨어진다. 다시 날아오른다. 또 부딪힌다. 수십 번 반복하다 탈진해 죽는다.

이처럼 과거에는 생존에 유리했던 본능이, 시대가 변하면 오히려 삶을 망치는 기제로 바뀌기도 한다. 인간도 마찬가지다. 형광등과 스마트폰은 '가짜 낮'을 만들어 10만 년 된 뇌의 시계를 파괴하고 있다. 당신의 불면, 불안, 만성 무기력은 바로 이 빛의 배

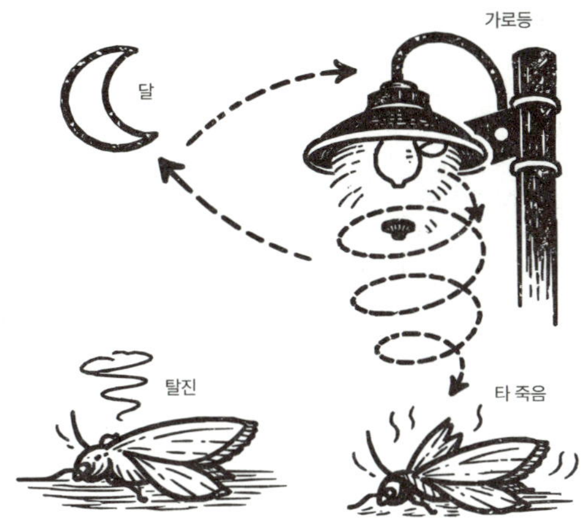

신에서 시작된다.

아침, 형광등이 만드는 영구적 우기 모드

10만 년 전 원시인이 아침에 눈을 떴을 때, 그의 눈에 들어오는 것은 10만 럭스의 압도적인 태양빛이었다. 이 강렬한 빛은 뇌에 '낮이 시작되었다'는 명확한 신호를 보낸다. 뇌는 즉시 세로토닌 합성을 시작한다. 이것이 '사냥 준비 완료' 신호다. 세로토닌이 충분히 생산되면 집중할 수 있고, 안정감을 느끼며, 불안이 억제된다.

같은 하루, 완전히 다른 빛의 리듬

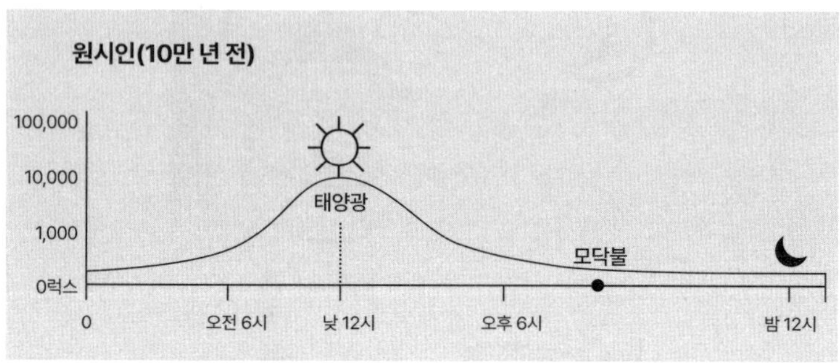

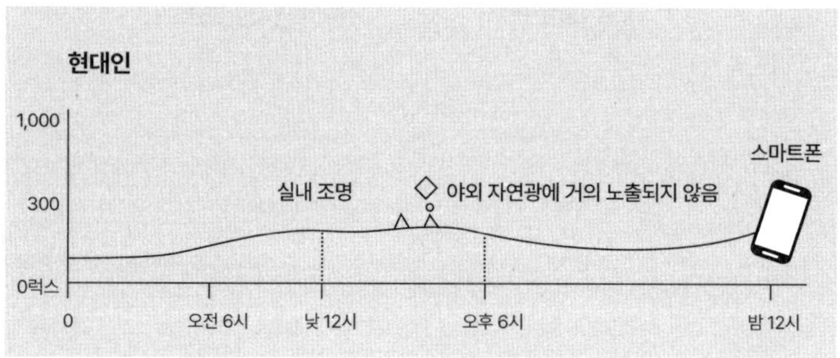

2026년 당신의 아침은 이렇다. 암막 커튼이 쳐진 어두운 방에서 눈을 뜬다. 스마트폰을 켜고 실내조명을 켠다. 당신의 뇌가 감지하는 빛의 세기는 고작 300에서 500럭스 정도다. 뇌는 혼란에 빠진다. 뇌에 10만 럭스가 '맑은 날'이라면, 300럭스는 '폭풍우가 치는 어두운 날' 또는 '해 뜨기 직전의 흐린 새벽'이다. 뇌는 스마트폰의 빛을 '우기 모드'로 받아들인다. 사바나 초원에서 흐린 날과 비 오는 날에는 사냥감이 숨었다. 시야가 제한되고 빗속에서 체온이 급격히 떨어지면 목숨이 위험했다. 원시인은 동굴에 틀어박혀 에너지를 최소화해야 했다. 이 시기 뇌는 의욕을 낮추고, 움직임을 최소화하며, 미래에 대한 낙관론을 차단한다. 선택이 아니라 생존 전략이었다.

문제는 현대인의 우기가 절대 끝나지 않는다는 것이다. 형광등(약 500~800럭스)은 뇌가 세로토닌을 폭발적으로 생산하기에는 턱없이 부족하지만, 밤에는 멜라토닌 분비를 방해할 정도로 밝다. 한마디로 애매하고 해로운 가짜 낮과 같다. 당신이 아침에 겪는 그 만성적인 무기력, 커피 없이는 뇌가 깨어나지 않는 듯한 몽롱함은 절대 게으름이 아니다. 당신의 뇌는 10만 년 전부터 작동해온 '약한 빛 = 휴식 모드'라는 프로토콜을 충실히 따르고 있을 뿐이다.

이 패턴은 다른 생명체에서도 똑같이 나타난다. 겨울잠을 자는 곰은 겨울 직전 평소보다 훨씬 많은 양을 먹어치운다. 가을이 되면 곰의 신체는 줄어든 일조량을 감지하고, 배부름을 느끼게 하는 호르몬을 차단해버리기 때문이다. 그 결과, 곰은 겨울잠에 들기 전까지 체중을 40%나 불린다. 곰이 현명해서가 아니다. 수백만 년간 그렇게 반응한 개체만이 겨울을 버텨냈고, 자연선택을 통해 모든 곰의 뇌에 이 생존 알고리즘이 새겨졌다.

여성의 몸도 마찬가지다. 성관계 빈도가 증가하면 야식을 먹게 되고 먹는 양이 많아진다. 피임을 했더라도 식욕 조절 체계가 변화한다. 뇌는 피임이라는 인위적 개입을 인식하지 못하기에 '성관계 = 임신 가능성'이라 여기고 몸에 영양분을 비축하려 한다.

곰, 여성, 그리고 당신의 아침. 3가지 모두 같은 원리다. 환경 신호를 감지한 뇌가 생존에 유리한 명령을 내리고, 몸은 자동으로 반응한다. 아침에 일어나 진짜 햇볕을 쬐어야 하는 이유가 여기 있다.

낮, 60cm의 감옥

한 친구가 이런 이야기를 한 적이 있다. "중학생만 돼도 대부분 안경을 쓰고, 30세쯤 되면 라식이나 라섹 수술을 하는데, 옛날 사람들은 도대체 어떻게 살았던 거지? 안경도 없었잖아." 현대인이라면 이렇게 오해할 수 있겠지만 사실 원시인의 눈이 더 좋았던 게 아니다. 우리가 눈을 망가뜨리는 환경에서 살고 있을 뿐이다.

10만 년 전 원시인의 눈은 포식자의 눈이었다. 전방에 달린 두 눈은 1km 밖의 지평선을 훑으며 먹잇감이나 위협을 찾는 데 쓰였다. '멀리 보는 것'은 뇌의 기본 휴식 상태다. 눈의 초점을 조절하는 모양체근이 이완되고, 뇌는 '지금 안전한 곳에서 넓은 시야를 확보하고 있다'고 인식한다. 우리가 산 정상에 가거나 바닷가, 광활한 대지를 볼 때 평온한 감정이 드는 것도 바로 그래서다.

하지만 현대인의 눈은 60cm 앞 스크린에 감금되어 있다. 하루 평균 10시간. 모양체근은 마치 단단히 쥔 주먹처럼 경직된다. 이 긴장은 두통, 목과 어깨 결림, 집중력 저하로 퍼진다. 문제는 더 크다. 가까운 거리만 지속적으로 보면, 눈이 초점을 맞추기 위해 안구 자체의 길이를 늘이는 방향으로 적응한다. 이렇게 늘어난 안구는 원래 길이로 돌아가지 않아 근시로 고착된다.

이 변화는 유전 문제가 아니다. 명백한 환경 문제다. 시드니대 연구팀이 시드니와 싱가포르에 사는 중국계 아이들을 비교했다. 같은 유전적 배경, 부모의 근시 비율도 거의 동일했다. 그러나 아이들의 근시 비율은 시드니 3.3%, 싱가포르 29.1%였다. 차이는 오직 야외 활동 시간이었다. 시드니 아이들은 주당 13.75시간, 싱가포르 아이들은 3.05시간. 야외의 1만 럭스 이상의 빛이 망막에서 도파민 분비를 촉진하고, 이 도파민이 안구 길이 증가를 억제한 것이다.

원시인에게 안경이 필요 없었던 이유는 유전자가 우월해서가 아니다. 10만 년 진화 역사상, 포유류가 하루 10시간 동안 60cm 앞 한 점에 시선을 고정한 적은 단 한 번도 없었다. 근시가 발생할 환경 자체가 존재하지 않았다.

해결책은 단순하다. 눈이 원래 하던 일을 다시 하게 만드는 것이다. 내가 쓰는 방법은 간단하다. 20분마다 20초간 6m 밖을 보는 것. 그 순간, 눈의 모양체근이 이완되고 뇌는 '지평선 스캔' 모드로 잠시 돌아간다. 뇌는 속삭인다. '아, 동굴 밖이구나. 안전하구나.' 교감신경이 잠시 꺼진다. 엄격하게 할 필요는 없다. 그저 생각날 때, 20분이든 50분이든 집중한 시간 후에 먼 곳을 바라보면 된다. 가능하다면 점심시간에 밖으로 나가 먼 곳을 보며 걸어라. 잠깐의 '지평선 스캔'이 오후 내내 또렷하고 초롱초롱한 눈 컨디션을 선물한다.

밤, 한밤중의 태양

'빛의 배신'은 밤에도 계속된다.

10만 년 전, 해가 지면 유일한 빛은 모닥불이었다. 모닥불의 붉은빛은 멜라토닌 분비를 방해하지 않는다. 뇌는 '안전한 불빛이다. 이제 잘 시간'이라고 인식하고 멜라토닌을 분비하기 시작한다. 멜라토닌은 단순한 수면 호르몬이 아니다. 뇌의 '야간 정비 시스템'을 가동하는 마스터 스위치다.

이제 2026년의 밤이다. 밤 11시, 침대에 누워 스마트폰을 본다. 당신의 망막에 쏟아지는 빛은 블루라이트가 풍부한 태양의 색이다. 뇌는 이렇게 받아들인다. '한밤중의 태양이다! 지금은 정오다! 사냥할 시간이다! 멜라토닌 생산을 즉각 중단하라!'

하버드 의대 연구팀은 밤 11시의 블루라이트 노출이 멜라토닌 분비를 억제하고, 수면의 정비 시간을 뒤로 밀어버린다는 사실을 증명했다. 멜라토닌이 없으면 깊은 수면에 들지 못한다. 7시간을 자도 깊은 수면은 30분에 불과할 수 있다. 깊은 수면 중에만 작동하는 뇌의 청소 시스템, 글림프 시스템이 멈춘다. 낮 동안 뇌가 쏟아낸 독성 단백질 쓰레기를 청소해야 하는데, 스마트폰 불빛이 하수 처리장 문을 걸어 잠그는 것이다.

하룻밤이면 '뇌 안개'가 시작되고, 10년 뒤에는 인지 기능이 저하된다. 30년 후, 도착지는 치매다. 당신이 잠이 안 와서 폰을 보는 게 아니다. 폰을 보기 때문에 뇌는 '지금 잠들면 위험하다'고 판단하는 것이다.

'그럼 밤에 스마트폰도 보지 말고 유튜브나 넷플릭스도 보지 말라고?' 솔직히 나도 이 부분을 완벽하게 제어하지 못한다. 침대에 누워 영상 한 편만 보겠다고 스마트폰을 집어 들었다가, 정신 차려보면 1시간이 훌쩍 지나 있는 경험을 나 역시 반복한다. 하지만 알고 하는 것과 모르고 당하는 것은 천지 차이다.

나는 습관 개선을 위해 물리적 장치를 사용한다. 첫 번째 방법은 '잠금앱'이다. 설정한 시간이 되면 특정 앱이 강제로 차단된다. 두 번째 방법은 '몰입의방' 같은 디지털 디톡스 상자에 폰을 가두는 것이다. 스마트폰을 넣고 타이머를 맞추면 시간이 지나기 전에는 절대 열 수 없다. 잠들기 1시간 전, 나는 스마트폰을 이 상자에 넣고 8시간 타이머를 맞춘다.

스마트폰을 상자에 넣고 타이머를 눌렀던 첫날, 나는 주체할 수 없는 희열을 느꼈다. 기존에는 차에 두거나 사무실에 스마트폰을 두고 오는 극단적인 방법을 썼지만, 오래 버티지 못했다. 완전한 차단은 갈망을 잠재우는 대신 증폭시켰다. 그러나 이 상자는 달랐다. 침대 옆에 두었지만 손이 닿을 수 없는 세계를 만들어냈다. 이것은 단순한 습관 개선이 아니었다. 매일 밤 내 뇌의 하수구를 여는 생존 의식이었다.

빛에 배신당한 뇌를 구하는 3가지 방법

당신의 불행은 단순하다. 당신의 뇌는 10만 년 된 설계도대로 빛을 원한다.

첫째, 아침의 뇌는 10만 럭스의 태양을 원한다. 형광등이 아니다. 일어나자마자 커튼을 열고 햇볕을 15분 쬐라. 뇌의 세로토닌 공장이 가동을 시작한다. 흐린 날도 야외는 1만 럭스로, 형광등의 20배에 가깝다. 맑은 날은 10만 럭스, 형광등의 200배다. 단 15분만으로 급했던 마음이 가라앉고, 하루에 할 일이 자동으로 정리되며, 전날 정리되지 않았던 생각들이 깔끔하게 정돈된다.

둘째, 낮의 뇌는 1km 밖 지평선을 원한다. 60cm 스크린이 아니다. 틈날 때마다 6m 밖을 보라. 뇌가 감옥에서 풀려나 교감신경을 끈다. 가능하다면 점심시간에 밖으로 나가 먼 곳을 보며 걸어라.

셋째, 밤에는 0.1럭스의 완전한 어둠을 원한다. 블루라이트가 아니다. 잠들기 1시간 전, 모든 스크린을 꺼라. 뇌의 글림프 시스템이 당신의 뇌를 청소할 시간을 허락하라. 스마트폰을 끊기 어렵다면 물리적 장치를 사용하라. '스마트폰을 안 봐야지!'라는 의지에 맡기면 반드시 진다.

끝으로, 처음부터 너무 완벽하게 하려고 하지 마라. 나도 어제 잠잘 때까지 유튜브를 보다 잠들었다. 우선은 이전보다 시간을 줄여보자. 일주일에 한두 번이라도 완전히 차단하고 잠에 들어라.

아침에 커튼을 열고, 낮엔 먼 곳을 보고, 밤에는 스마트폰을 끄는 것. 이 3가지 행위만으로 당신의 10만 년 된 생체 시계는 다시 돌아가기 시작한다. 2주면 충분하다. 빛의 배신을 끝내고 10만 년 된 빛의 축복을 되찾을 때, 형광등 아래서 무기력했던 '우기 모드'의 뇌는 사라지고, 사바나의 태양 아래 세로토닌이 넘쳤던 '사냥 모드'의 뇌가 깨어난다.

나방의 비극을 기억하라. 나방에게는 없지만 인간에게 자각이
라는 특권이 있다. 본능을 뒤집는 순간 결과도 뒤집힌다. 가로등
을 끄는 나방은 없다. 그러나 당신은 끌 수 있다.

원시인 모드의 핵심, 걷기

보더콜리에게 2시간, 인간에게는 몇 시간?

나는 걷는 걸 싫어했다. 도파민형에 ADHD여서 즉각적인 보상이 없는 자극을 견디지 못했다. 걷기는 나에게 최악의 선택지였다. 어릴 때는 자전거로 이동했고, 스물다섯에 사업이 잘되자마자 차를 샀다. 지하철이나 버스를 탈 일이 없으니 걸을 필요도 없었다. 걷기를 이렇게 분류했다. '느리다, 생산성이 없다, 걷기로 얻는 건강은 할아버지 할머니의 영역이다.' 하지만 요즘 나는 매일 걷는다. 황금인 걸 알고도 줍지 않는 사람은 없다. 황금인지 몰라서 줍지 않을 뿐이다. 걷기도 그렇다. '건강이 좋아진다' 수준의 '황금'을 넘어선 '다이아몬드'다.

'고작 걷는다고 인생이 뭐가 바뀌겠어.' 나는 이 믿음을 30년 넘게 붙들고 살아왔다. 지금은 이 글을 더 잘 쓰기 위해 10분 정도 걸었다. 제주도에 머물며 일부러 먼 곳에 있는 카페까지 걸어왔다. 걷기 시작하면 가장 먼저 바뀌는 건 생각이 아니다. 혈류다. 다리 근육이 반복해서 수축하면 심박수가 조금씩 올라가고, 뇌로 가는 혈류도 함께 증가한다. 그만큼 산소와 포도당 공급이 늘어난다. 연구에 따르면 가벼운 유산소 활동만으로도 전두엽과 해마의 활성도가 높아질 수 있다. 판단과 언어, 기억을 담당하는 영역들이다. 멍했던 생각이 또렷해지는 이유다. 그리고 이 글은 그 10분의 결과다.

걷기 총량의 법칙

보더콜리는 목장에서 양을 몰도록 설계된 품종이다. 하루 2시간 이상 뛰어야 정상이다. 권장 사항이 아니라 최소 작동 조건이다. 아파트에 가두면 가구를 물어뜯고, 제자리를 빙빙 돌며 미쳐간다. 보더콜리의 성격이 이상해서가 아니다. 설계된 환경에서 벗어났기 때문에 그런 행동을 하는 것이다. 인간도 마찬가지로 기본 운동량이 존재한다.

10만 년 전 원시인은 하루 평균 15~20km를 걸었다. 사냥감을 추적하고, 물을 찾고, 열매를 채집하고, 안전한 잠자리로 이동했다. 걷기는 선택이 아니라 생존 그 자체였다. 농업혁명 이후에도 그랬다. 밭을 갈고, 물을 긷고, 가축을 몰았다. 움직인 사람만 살아남았다. 인류 역사 전체를 통틀어, 하루 8시간 이상 의자에 앉아 지낸 시대는 없었다.

뇌는 이런 정적인 상태를 위기로 해석한다. 움직임이 없으면 뇌는 묻는다. '다쳤나? 위험에 처했나? 아니면 먹을 게 없어서 에너지를 아껴야 하나?' 그 결과 우울, 무기력, 집중력 저하가 찾아온다. 가장 큰 원인은 BDNF가 분비되지 않는다는 점이다.

BDNF는 뇌세포를 키우는 비료다. 식물에 비료를 주면 잎이 무성해지고 뿌리가 깊어지듯, BDNF는 뉴런 사이의 연결을 더 강하게, 더 오래 지속되게 만든다. 뇌에는 약 860억 개의 뉴런이 있고, 이 뉴런은 시냅스로 연결된다. 그 연결 패턴이 당신의 기억과 학습, 생각과 감정을 형성한다. 자주 쓰는 시냅스는 강화되고, 쓰지 않는 것은 약화된다. 이것을 신경가소성이라 부른다.

우울증 환자에게는 해마 부피가 평균적으로 감소하는 경향이 나타난다. 장기간 스트레스로 증가한 코르티솔은 BDNF 발현을 낮추고, 해마에서 새로운 신경세포가 태어나는 것을 방해한다. 그 결과 기억력이 떨어지고 감정 조절이 어려워질 수 있다.

그런데 BDNF는 걷기만 해도 나온다. 약이 아니라 움직임이, 돈이 아니라 걸음이 뇌를 바꾼다. 일리노이대 연구팀에 따르면,

60~80세 노인들이 주 3회 40분씩 1년간 걸었을 때 해마 부피가 평균 2% 증가했다. 일반적인 뇌의 퇴화 속도를 고려하면 무려 12년 치의 노화를 거꾸로 돌린 셈이다. 반대로 스트레칭만 한 그룹은 해마 부피가 1.4% 감소했다.

BDNF가 올라가면 뇌의 기본 성능이 바뀐다. 학습은 빨라지고 기억은 오래 남고, 스트레스에도 쉽게 무너지지 않는다. 시냅스가 촘촘해지고 강화되면서 사고 유연성이 올라가고, 복잡한 문제 해결력이 눈에 띄게 좋아진다. 즉, 머리가 좋아진다.

'바쁜 일상에 운동까지 끼워 넣어야 하나?' 대부분의 사람은 운동을 바쁜 일상에 '추가하는 것'이라 생각한다. 틀렸다. 움직임이 기본이고 앉아 있는 것이 결핍 상태다. 운동을 추가하는 것이 아니라 결핍을 채우는 것이다. 보더콜리에게 2시간 산책이 사치가 아니듯 인간에게 30분 걷기는 운동이 아니라 최소 작동 조건이다.

Zone 2, 뇌가 '사냥 중'이라고 믿는 강도

모든 걷기가 같은 효과를 내는 건 아니다. 원시인은 사냥감을 추적할 때 전력으로 달리지 않았다. 전력 질주는 사냥감을 낚아채는 최후의 순간, 단 몇 초간 사용하는 비상수단이다. 대부분은 너무 빠르지도, 너무 느리지도 않은 속도였다. 몇 시간이고 유지할 수 있는 이 사냥의 강도가 바로 Zone 2다.

Zone 2를 어렵게 설명하는 사람이 많다. '최대 심박수의 60~70% 구간', '대화는 가능하지만 노래는 힘든 강도' 등 이런 말들 때문에 나도 1년 넘게 혼란스러웠다. 직접 경험하고 연구해본 결과, 일반인에게 Zone 2는 '빠르게 걷는 느낌'이다. 빠르게 걷는 속도 수준으로 아주 천천히 달리면 Zone 2 달리기가 된다. 너무 느려서 불안해질 정도, '이렇게 느리게 달려도 되나? 거의 걷는 거 아닌가?' 싶을 속도. 숨이 차지 않아야 한다. 스마트워치가 있다면 심박수로 확인할 수 있다. 계산법은 간단하다.

$$(220 - \text{나이}) \times 0.6 \sim 0.7 = \text{Zone 2 심박수(bpm)}$$

30세라면 최대 심박수가 190이고, Zone 2는 114~133bpm이다. 심박수가 130을 넘으면 더 천천히, 110 아래로 떨어지면 조금 더 빠르게. 8만 원짜리 갤럭시핏만으로도 충분히 측정할 수 있다. 하지만 진짜 중요한 건 숫자가 아니다. 숫자는 확인용일 뿐이다. 핵심은 Zone 2라는 최적의 상태다. 이 상태가 왜 결정적인지, 이유는 3가지다.

첫째, Zone 2는 코르티솔을 올리지 않는다. 무거운 중량 훈련처럼 고강도 운동은 코르티솔을 급등시킨다. 가끔은 좋지만, 매일 하면 만성 스트레스 상태에 빠진다. 코르티솔이 계속 높으면 BDNF의 분비가 억제되고 해마는 줄어든다. 반면 Zone 2는 코르티솔 수치를 안정적으로 유지하면서도 뇌를 깨운다. 매일 해도 안전하다. 오히려 매일 해야 한다.

둘째, 미토콘드리아 효율이 극대화된다. 미토콘드리아는 세포의 발전소다. Zone 2 강도로 움직이면 미토콘드리아의 밀도와 기능이 함께 올라간다. 뇌세포도 더 오래, 더 강하게 작동한다. 집중력, 기억력, 창의력 모두 미토콘드리아가 만들어내는 에너지 효율에 달려 있다.

셋째, 연료가 바뀐다. Zone 2에서는 지방이 주 연료가 되고 케톤체가 생성된다. 케톤체는 뇌의 슈퍼 연료다. 포도당보다 효율적으로 타고, BDNF의 분비까지 촉진한다.

Zone 2로 20분 이상 움직이면 이 3가지 기제가 동시에 작동한다. 심박수가 안정적으로 유지되고, 뇌는 이 리듬을 '지금 안전하다'고 해석한다. 편도체는 조용해지고, 전전두엽이 다시 켜진다. 바로 이 상태에서 BDNF가 분비된다. 뇌는 이렇게 결론 내린다. '사냥하러 가는 중이다.'

한 번에 걷기 vs 쪼개서 걷기

Zone 2를 이야기하면 사람들은 보통 이렇게 반응한다. "저 하루에 만 보 걷는데요?" "엘리베이터 안 타고 계단으로 다녀요." "주말마다 등산 가요." 만 보, 계단 층수, 등산 횟수. 이 숫자에는 핵심이 빠져 있다. 바로 지속성이다. 걷고 있느냐가 아니라 끊기지 않고 이어서 걷고 있느냐가 중요하다.

그 착각이 가장 잘 드러나는 도구가 스마트폰 만보기 앱이다. "오늘 만 보 채웠다"면서 뿌듯해하는 이들의 기록을 뜯어보면 이렇다. 집 안에서 왔다 갔다 500보. 화장실 다녀오며 300보. 점심 먹으러 가며 400보. 이렇게 조각난 걸음들을 모아 만 보를 채운다. 이건 걷기가 아니다. 뇌에는 거의 아무 신호도 전달되지 않는다.

극단적으로 반대인 사례도 있다. 배달 라이더나 택배 기사님들은 하루 2만 보를 걷는다. 하지만 이것도 Zone 2 운동은 아니다. 무거운 짐을 들고 계단을 오르내리며 동작은 수시로 끊긴다. 심박수는 들쭉날쭉하고 회복할 틈이 없다. 이건 운동이 아니라 노동이다. 뇌는 이것을 '생존 위협'으로 받아들인다. 코르티솔이 올라가고 BDNF가 억제된다.

"하루에 20분이나 달리라고요?" 완전히 습관이 되기 전까지는 쉽지 않을 것이다. 그래서 더더욱 간단하게 시작해야 한다. 초기에는 3분 정도, 5분 정도 카페 가는 길에 빠르게 걷는 것부터다. 그러면 뇌가 즉각 반응할 것이다. '빠르게 걷기 시작했네? 먹이를 찾으러 나섰구나? 집중력을 높여줄게. 기분을 끌어올려 줄게.' 실제로 저강도 유산소는 교감신경을 깨우고 BDNF·노르에피네프린·도파민을 분비시켜 전두엽 각성도를 높인다.

"저는 달리기가 싫은데요." 괜찮다. 달리지 마라. Zone 2의 핵심은 동작이 아니라 심박수다. 운동을 안 하던 사람은 빠르게 걷기만 해도 심박수가 120~130bpm까지 충분히 오른다. 나는 보통 걷듯이 천천히 달린다. 옆사람이 "저 사람 왜 저렇게 느리게 뛰지?" 할 정도다. 하지만 심박수는 125bpm. 완벽한 Zone 2다.

원시인 모드에 들어가는 3가지 방법

원시인 모드는 철학이 아니라 습관이다. 내가 실제로 쓰는 방법은 3가지다.

첫째, 출근길에 한 정거장 일찍 내리기. 지하철이나 버스를 한두 정거장 전에 내려서 회사까지 걷는다. 보통 15~20분 거리다. 이때 스마트폰은 가방에 넣는다. 그냥 걷는다. 하늘을 보고, 나무를 보고, 지나가는 사람들을 본다. 뇌가 깨어난다. 퇴근길에도 같은 방식으로 걸으면 하루에 30~40분이 확보된다. 이것만으로도 뇌는 '오늘은 사냥에 나갔다'고 판단한다.

둘째, 점심시간에 15분 걷기. 점심을 먹고 바로 사무실로 돌아가지 않는다. 15분만 밖에서 걷는다. 햇볕을 쬐고, 몸에 움직임을 주며, 소화도 돕는다. 오후 졸음이 확 줄어든다. 동료들이 커피를 마시며 졸고 있을 때, 당신은 맑은 정신으로 일하게 된다.

셋째, 생각이 막힐 때 즉시 걷기. 글을 쓰다가, 기획안을 짜다가, 코드를 짜다가 막히면 의자에 앉아 고민하지 않는다. 일어나서 10~15분 걷는다. 돌아오면 해결책이 보인다. 나는 이 방법으로 이 책에서 수없이 막혔던 문장들을 풀어냈다. 이건 기분 전환이 아니다. 걷기로 켜진 사냥 모드는 뇌를 깨우고, 뇌의 디폴트 모드 네트워크DMN는 그 순간 작동한다. DMN은 멍하니 있을 때, 샤워할 때, 산책할 때처럼 뇌가 안전하다고 판단한 상태에서 열리는 연결 회로다. 이때 뇌는 억지로 생각하지 않는다. 대신 서로 무관해 보이던 정보들을 연결하고, 무의식 속에 남아 있던 문제를 스스로 정리한다. 그래서 아이디어는 책상에서가 아니라 걷는 중에 튀어나온다. 스탠퍼드대 연구에 따르면 걷는 동안 창의적 사고 능력은 평균 60% 증가한다. 의자에 앉아 4시간 고민하는 것보다, 15분 걷고 돌아와 10분 집중하는 편이 훨씬 효율적이다.

트레드밀 vs 자연

트레드밀에서 걷거나 뛰는 것도 나쁘지 않다. 심박수를 정확히 맞출 수 있고, 날씨와 상관없이 할 수 있다. 하지만 트레드밀 위에서 스마트폰을 보며 걷는 것은 최악이다. 뇌는 항상 한 가지만 묻는다. '지금 안전한가, 아니면 쫓기고 있는가.' 스마트폰 화면은 '지금도 경계해야 한다'는 신호다. BDNF가 억제되고, 생각은 정리되지 않는다. 트레드밀보다는 도심이, 도심보다는 자연이 낫다. 내가 굳이 남산도서관까지 가서 책을 쓰는 이유도 여기에 있다. 뒷마당에는 단풍잎이 깔려 있고, 바로 뒤로 남산 숲이 이어진다. 숲은 '기분'이 아니라 신경계를 바꾼다.

일본 니혼 의대 연구팀은 성인들을 2박 3일 동안 숲에서 지내게 한 뒤 면역 기능을 비교했다. 숲에 다녀온 사람들은, 바이러스와 암세포를 잡는 면역세포인 NK세포의 활성도가 평균 약 50% 높아졌다. 이 효과는 숲을 떠난 뒤에도 최대 한 달까지 유지되었다. 후속 실험에서는 숲 향에 포함된 피톤치드를 실내에 퍼뜨렸는데, 그것만으로도 NK세포 활성 증가와 스트레스 호르몬 감소 효과가 나타났다. 숲에 들어가는 순간, 뇌는 안전한 장소로 판단하고 신체 시스템을 회복 모드로 돌린다.

설계된 환경으로 돌아간 생물은 설명 없이도 안정된다. 인간 역시 자연 속에 있을 때 가장 본래의 상태로 돌아간다. 숲길을 걷는 것은 단순한 산책이 아니라 과학적으로 증명된 '신경계 재부팅'이다.

맨발 걷기: 필수가 아니라 선택

맨발 걷기, '어싱Earthing'에 대해 짧게 다루겠다. 솔직히 말하면, 나는 어싱 옹호자들의 주장 중 상당 부분이 과장되었다고 본다. '땅의 자유전자가 활성산소를 중화시킨다', '맨발로 걸으면 염증이 사라진다' 같은 주장들은 아직 과학적 검증이 충분하지 않다.

그럼에도 신체적 측면에서는 맨발 걷기를 권할 만하다. 발바닥에는 수천 개의 감각 수용체가 밀집해 있다. 10만 년 전 원시인은 하루 종일 맨발로 걸었다. 뜨거운 모래, 차가운 개울, 날카로운 돌, 부드러운 이끼. 발바닥은 매 순간 지형을 읽었고, 뇌는 그 정보를 바탕으로 균형을 잡고 위험을 피했다. 반면 현대인의 발은 두꺼운 신발 속에 갇혀 있다. 편안해진 대신, 뇌로 전달되던 감각 정보의 상당 부분이 차단되었다.

맨발로 걸으면 '발바닥의 눈'이 떠진다. 발바닥 근육이 깨어나고, 뇌의 운동 피질도 활성화되며, 균형 감각이 좋아진다. 이것은 해부학적 사실이다. 나는 러닝머신에서 맨발로 걷거나, 기회가 될 때 공원이나 해변에서 흙과 잔디를 맨발로 밟는다. 솔직히 매일 하기는 어렵다. 일주일에 한두 번 정도다. 그래도 괜찮다. 맨발 걷기는 필수가 아니라 선택이다. 이미 하루 30분 정도의 Zone 2 걷기를 실천하고 있다면, 가끔 신발을 벗어보라. 감각 자극이 달라지고, 뇌가 이전과는 다른 방식으로 반응하는 것을 느끼게 된다. '원시인 모드'로 들어가는 의식을 장난처럼 해보는 것도 좋다.

BDNF의 복리 : 10년 후에 벌어지는 일

BDNF의 진짜 마법은 복리 효과에 있다. 처음에는 작은 변화에 불과하지만, 시간이 지날수록 그 차이는 확실하게 벌어진다.

일주일 후, 기분이 먼저 바뀐다. 아침에 일어나는 일이 조금 덜 괴롭다. 집중력이 약간 높아진 것 같고, 새벽에 깨는 횟수도 줄어든다. '요즘 컨디션이 왜 이렇지?' 싶을 정도의 미세한 변화다.

한 달 후, 리듬이 달라진다. 자고 싶을 때 잠들고, 깨어 있어야 할 때는 지치지 않는다. 스트레스도 눈에 띄게 줄어든다. 상사가 짜증을 내도 예전만큼 가슴이 쿵쾅거리지 않고, 동료의 사소한 말을 밤새 곱씹지 않는다. 창의력도 증가한다. '아, 이렇게 하면 되겠다' 하고 아이디어가 샤워하다가 갑자기 떠오른다.

3개월이 지나면, 거울 속 사람이 달라 보인다. 표정이 밝아지고 눈빛이 살아난다. 주변 사람들이 "요즘 뭐 좋은 일 있어?"라고 묻는다. 특별히 좋은 일은 없는데 그냥 기분이 괜찮다. 체력이 신기할 정도로 좋아진다.

1년 후, 변화는 더 이상 느낌이 아니다. 몸이 다르고, 사고의 탄력이 다르다. 걷기는 뇌의 '전선'을 튼튼하게 만든다. 뇌에는 각 영역을 연결하는 선들이 있다. 백질이다. 이 선이 튼튼해야 생각이 빠르게 흐른다. 정보가 막히지 않고 술술 넘어간다. 꾸준히 걷는 사람들은 이 연결선이 덜 망가진다. 즉, 걷기는 뇌를 젊게 '보이게' 만드는 것이 아니라, 실제로 젊은 뇌처럼 작동하게 만든다. 당신이 10분 걷고 나서 갑자기 머리가 개운해진 이유가 여기 있다.

10년이 지나면, 사람 자체가 달라진다. 2015년의 나는 10분만 걸어도 무릎에 전기가 오는 듯한 통증에 시달렸다. 아침에 눈을 뜨면 허리가 굳어 10분 동안 천장만 바라봐야 했다. 눈빛이 죽어 있었고, 피부는 누렇게 떴으며, 어깨는 구부정했다. 68kg의 해골에 가까운 몸이었다. 지금의 나는 완전히 다르다. 10년 동안 테니스와 배드민턴, 그리고 Zone 2 강도로 움직이며 뇌세포에 비료를 주었다. 근육량 43.4kg으로, 동년배 기준 건강과 근육량은 상위 0.2% 수준이다. 신체 나이는 실제보다 열 살 이상 어리게 나온

다. 매일 아침 눈이 저절로 떠진다. 알람이 필요 없다. 일어나자마
자 하루가 기대된다. 온종일 평온하고 평화롭다.

같은 유전자, 같은 뇌, 같은 사람이다. 달라진 건 BDNF가 쌓인
시간이다. BDNF는 스노우볼이다. 첫 1년에 2% 성장은 작아 보인
다. 하지만 그 2%가 다음 해의 기초가 되고, 그 위에 또 2%가 쌓인
다. 그렇게 10년이 반복되면 완전히 다른 사람이 된다. '빠르게 걷
기'가 모든 변화의 첫 번째 단추다.

© Arnold Tibaijuka, Wikimedia Commons, CC BY-SA 4.0

하드자족. 현존하는 수렵채집 집단 중 하나로, 오늘날에도 하루 평균 10~15km 이상을 이동하며 살아간다. 인류학 연구에 따르면 그들의 일일 신체 활동량은 사무직 성인보다 평균 3~4배 높다. 그들의 뇌와 우리의 뇌는 동일한 진화적 설계 위에 놓여 있다. 환경은 달라졌지만, 인간이 걷도록 설계되었다는 사실은 변하지 않았다.

영양의 본질

뇌는 칼로리를 세지 않는다, 영양을 센다

4년 전, 이효리 님을 제주도에서 만났다. 게스트하우스 스태프의 소개로 우연히 요가원에 갔다. 20여 명의 사람들은 평온하고 자연스러워 보였지만, 나는 1시간 내내 땀을 뻘뻘 흘려도 몸이 풀리지 않아 뻣뻣하게 자세를 취했다. 요가가 끝난 뒤, 모두 둘러앉아 5분 정도 차를 마셨다. 적막을 깨고 이효리 님이 내게 말을 건넸다. "원래 근육이 많으면 요가에 불리해요. 반가워요." 내가 민망할까 봐 건넨 위로였지만 그 말은 오래 남았다.

이전부터 이효리 님을 존경해왔다. 삶의 태도, 타인에게 미치는 영향력, 동물권에 대한 진심, 모두 좋아한다. 하지만 단 한 가지, 과거에 했던 비건에 대한 발언에는 동의하지 않는다. 이 부분에 관해 이효리 님도 "너무 극단적으로 제한하지 않는다"고 이야기한 적 있고, 채식을 중심으로 하되 해산물은 허용하는 페스코 베지테리언임을 밝히기도 했다. 특히 2023년은 그가 한국을 대표하는 동물권 옹호자이자 채식주의 아이콘으로 주목받던 시기였기에 그의 유연해진 식단 고백은 더욱 기억에 남았다. 배우 이하늬 님은 더 직접적이었다. 연예계 대표 채식주의자였던 그는 "건강 문제와 채식에 대한 강박 때문에 채식을 중단했다"고 밝혔다. 완전한 비건은 아니었고, 생선과 유제품을 섭취했음에도 몸은 분명한 신호를 보냈다는 소리다.

여기서 질문이 떠오른다. 문제는 채식일까, 아니면 채식을 둘러싼 오해와 강박일까? 흔히 '육식은 만병의 근원이고 채식은 무조건 선'이라고 믿거나, 반대로 '채식은 기운 없는 사람들의 유난'이라며 조롱하곤 한다. 이런 흑백 논쟁 속에서 놓친 가장 중요한 사실이 있다. 몸이 무엇을, 언제, 어떤 방식으로 필요로 하는가, 생물학적 질문이다. 나는 질문을 바꾸고 싶다. '채식이 옳은가?'가 아니라 '이 식단이 인간의 설계도와 충돌하지 않는가?'라고.

나 역시 두부를 좋아하고, 견과류를 매일 먹으며, 렌틸콩과 고구마를 즐긴다. 식물성 식품이 건강에 좋다는 것도 동의한다. 식이섬유, 항산화제, 피토케미컬. 이 모든 것이 염증을 줄이고 장내 미생물을 건강하게 만든다. 문제는 극단이다. 100% 식물성만 고

집하는 것도, 100% 동물성만 먹는 것도 위험하다. 균형이 무너질 때 비극은 시작된다.

2019년 발리에서 촬영된 한 영상이 있다. 200만 팔로워를 가진 유튜버 '요바나 멘도사'가 생선을 먹고 있었다. 그녀는 6년간 음식을 익히지 않고 자연 그대로 섭취하는 가장 극단적인 형태의 비건 식단인 로Raw 비건을 고수하며 '이것이 인간 본연의 식단'이라고 주장해왔다. 그런 그녀가 생선을 먹는 영상이 퍼지자 팬들은 분노했다. "거짓말쟁이!" "배신자."

며칠 후 그녀는 영상을 하나 올렸다. 변명이 아니라 몸 상태에 관한 고백이었다. "생리가 2년째 없다. 심각한 빈혈에 시달렸고, 호르몬 수치는 폐경 직전 수준까지 떨어졌다. 소장 내 박테리아가 과증식하는 SIBO 진단을 받았고, 의사는 '지금 당장 달걀과 생선을 먹지 않으면 위험하다'고 경고했다. 그래서 먹기 시작했다."

그리고 또 한 사람이 있다. 39세 러시아 인플루언서 잔나 삼소노바는 7년간 열대과일만 먹는 식단을 유지하다가 2023년 7월, 말레이시아에서 사망했다. 지인들의 증언에 따르면 부어오른 다리에서 림프액이 흘러나올 정도였다고 한다.

이들의 공통점은 무엇일까? 극단적 제한이다. 로 비건, 과일만 먹기, 장기 단식. 인류 역사에서 한 번도 기본값이었던 적 없는 식단이다. 원시인은 결코 로 비건이 아니었다. 불을 사용해 음식을 조리했고, 계절과 환경에 따라 구할 수 있는 모든 영양원을 섭취했다.

과학은 이 지점에서 분명한 경고를 보낸다. 여러 연구에서 비건이나 채식주의자 집단은 비타민 B12 결핍을 경험한다. 2019년 옥스퍼드대는 5만 명을 18년간 추적한 연구 결과, 채식주의자는 심장병 위험이 낮았지만, 뇌졸중 위험은 20% 높았고 우울증과 불안장애 발병률도 유의미하게 높았다고 발표했다. 동물성 식품에만 존재하는 B12가 부족하면 빈혈, 신경 손상, 불임, 우울증이 나타난다. 칼슘, 비타민 D, 요오드, 아연, 오메가-3(조류 오일) 지방산도 쉽게 부족해진다. 철분은 식물성 식품에도 있지만 흡수율이 현저히 낮다.

선의나 신념만으로 식단을 결정하면, 그 대가는 결국 몸이 치른다. 비건을 선택한다면 반드시 영양학적 지식으로 무장해야 한다. 지식이 있다면 '건강한 비건'이 될 수도 있다. B12, 비타민 D, 오메가-3, 철분, 아연 관리가 필수다. 다양한 콩류를 조합해 필수 아미노산을 맞춰야 하고, 정기적인 혈액 검사로 결핍을 확인해야 한다. 특히 성장기 어린이, 임산부, 수유부는 전문가 상담이 필요하다. 그렇게 해도 100% 완벽하지는 않다. 식물성 단백질의 흡수율은 동물성의 70% 수준이다. 같은 양을 섭취해도 체내 흡수량은 더 적다. 게다가 식물성 식품에는 피트산, 옥살산 같은 항영양소가 있어서 미네랄 흡수를 방해한다.

인간은 잡식동물이다. 고기와 생선, 채소와 과일을 모두 먹도록 설계됐다. 실제로 인류의 뇌 용량은 육류와 해산물 섭취 증가와 정확히 맞물려 폭발적으로 증가했다. 300만 년 전, 우리 조상의 뇌는 400cc로 침팬지와 비슷한 수준이었다. 그런데 지금은 1,400cc다. 3.5배 커졌다. 무엇이 이 폭발적 성장을 가능하게 했을까? 고기가 게임 체인저였다. 같은 부피 대비 5배 이상의 칼로리, 모든 필수 아미노산, 비타민 B12, 철분, 아연 같은 핵심 영양소를 한번에 공급했다. 하버드대 인류학자 리처드 랭엄 교수는 말한다. "고기와 불, 이 2가지가 인간을 인간으로 만들었다."

"코끼리는 채식하는데 건강한데요?"

"초식동물 보세요. 풀만 먹는데 건강하고, 인간보다 빠르며 근육도 엄청나잖아요?" 좋은 질문이다. 하지만 이 질문에는 결정적인 전제가 빠져 있다. 소는 풀을 먹는다. 하지만 그 풀을 직접 소화하는 게 아니다. 소와 사슴은 반추동물이다. 위가 4개고, 그 안에 수십억 마리의 미생물이 산다. 이 미생물들이 풀의 섬유소를 분해해 에너지원을 만들고, 소는 미생물 자체를 소화해 단백질과 아미노산을 얻는다. 말하자면 소는 초식동물이면서 동시에 거대한 미생물 농장을 운영하는 존재다.

초식 전략의 또 다른 대가는 '시간'이다. 판다는 하루 12시간을 대나무를 씹는 데 쓰고, 소는 하루 8시간 동안 풀을 뜯은 뒤 7시간에 걸쳐 되새김질을 한다. 초식동물은 하루 대부분을 먹고 소화하는 데 써야 한다. 에너지는 풀에서 바로 나오지 않는다. 위와 장에 공생하는 미생물이 섬유질을 분해해 대신 만들어준다. 결국, 초식동물은 풀을 먹는 것이 아니라, 미생물이 만들어준 영양을 기다리는 시스템으로 살아간다.

인간은 다르다. 위는 하나뿐이고, 장내 미생물이 있긴 하지만 소가 가진 것의 1%도 안 된다. 우리는 풀의 섬유소로 단백질을 만들 수 없다. 필요한 영양소는 이미 만들어진 형태로 직접 먹어야 한다. 불로 음식을 조리해 단백질과 전분 구조를 미리 분해함으로써 소화 비용을 낮췄다. 짧은 식사 시간에도 고밀도 칼로리와 필수 아미노산을 얻을 수 있었다. 초식동물은 하루 6시간 이상을 먹어야 하지만, 인간은 고기를 구워 10분 만에 섭취할 수 있다. 이 차이가 곧 큰 뇌를 유지할 수 있는 에너지 잉여를 만들었다.

우리 몸은 그 흔적을 그대로 보여준다. 짧은 장, 작은 턱, 약한 씹는 근육. 모두 날것이 아니라 조리된 음식에 적응한 흔적이다. 조리 덕분에 우리는 하루 4~5시간을 벌었다. 그 시간으로 도구를 만들고, 언어를 발전시키고, 동굴 벽에 그림을 그렸다.

굶기 = 우울 = 폭식

"오늘 30분 달리기도 하고 햇빛도 봤는데, 하루 종일 우울하고 눈물이 나." 어느 날 여자 후배가 메시지를 보내왔다. 나는 물었다. "뭐 먹었는데?"

"오늘 안 먹었어. 내일 촬영이 있어서."

"지금 당장 탄수화물부터 먹어. 그거 하나 먹는다고 살 안 쪄. 지금 우울한 건 단순히 기분 문제가 아니라, 뇌가 '사냥, 채집 실패'로 인식한 거야. 에너지를 아끼려고 일부러 움직이지 못하게 뇌가 우울감을 주는 거야."

1시간쯤 지나 다시 연락이 왔다. "와 진짜, 탄수화물 조금 먹었을 뿐인데 기분이 확 달라졌어. 아침의 나랑 지금의 내가 완전히 다른 사람 같아. 너무 신기한데?"

10만 년 전, 사냥 혹은 채집에 실패한 날을 상상해보자. 원시인은 하루 종일 들소를 쫓아 20km를 달렸고, 창을 던졌고, 함정을 팠다. 에너지를 모두 소진했다. 하지만 사냥에 실패했다. 고기를 먹지 못했다. 그날 밤, 원시인의 뇌에서는 무슨 일이 벌어질까?

뇌는 주된 에너지원으로 포도당을 사용한다. 하루 120g의 포도당이 필요하다. 포도당은 오직 2가지 방법으로 얻는다. 탄수화물을 먹거나 단백질을 분해해서 만들거나. 사냥에 실패하면 단백질이 부족하다. 저장된 글리코겐도 운동으로 다 써버렸다. 뇌는 에너지 부족 상태에 빠진다. 그 순간 뇌는 명령을 내린다. '위험하다. 에너지를 아껴라. 움직이지 마라. 숨어라.' 이 생물학적 명령이 바로 '우울'이라는 감정이다. 이는 우리 몸이 생존을 위해 작동시키는 최적의 반응, 즉 저혈당성 우울이다. 이건 의지박약이 아니다. 생화학이다. 포도당이 떨어지면 세로토닌 합성이 줄고, 도파민 분비가 감소하며, 전전두엽 기능이 약화된다. 기분이 가라앉고, 동기가 사라지며, 모든 게 의미 없어 보인다. 마음이 약해진게 아니다. 에너지가 고갈된 뇌가 유도한 생존 반응이다.

현대인도 마찬가지다. 아침을 거르고 출근한다. 점심은 라면으로 때운다. 저녁은 회식에서 술과 치킨을 먹는다. 결과적으로 단백질은 하루에 30~40g밖에 먹지 않는다. 그런데 운동까지 한다. 근육은 파괴되고, 에너지는 고갈된다. 몸이 묻는다. '원재료도 없는데, 뭐로 회복하라는 거지?' 코르티솔은 치솟고, 근육은 분해되며, 세로토닌은 바닥난다. 운동하고 나서 기분이 좋아지기는커녕 더 우울해진다. 운동은 만병통치약이 아니다. 식사, 수면, 스트레스 관리 같은 다른 버튼들과 함께 눌러야 진짜 효과가 있다. 배고픈 상태에서의 운동을 뇌는 이렇게 해석한다. '사냥에 실패했다.' 그 순간, 몸과 마음은 자동으로 생존 모드로 전환된다. 움직임은 줄이고, 기분은 가라앉히고, 에너지를 아끼는 쪽으로.

사냥 실패로 우울해진 뇌는 정확히 무엇을 원할까? 단백질이다. 기분과 의지를 조절하는 신경전달물질인 도파민과 세로토닌은 모두 아미노산에서 시작된다. 이 아미노산은 단백질이 분해되어야 생긴다. 단백질을 먹지 않으면, 재료가 없는 것과 같다. 도파민은 줄고, 동기는 사라진다. 세로토닌이 떨어지면 기분이 가라앉는다. 밤에는 멜라토닌이 부족해 잠도 깨진다.

많은 사람이 "우울해서 약을 먹는다"고 한다. 항우울제는 세로토닌 재흡수를 억제해서 뇌 안의 세로토닌 농도를 높인다. 그렇게 남은 세로토닌은 불안과 경계를 낮추고 무너지지 않게 받쳐 주는 안전판이 된다. 항우울제가 제대로 작동하려면 전제가 필요하다. 세로토닌이 이미 만들어져 있어야 한다. 애초에 세로토닌을 합성할 원료가 없다면, 약이 붙잡을 대상 자체가 없다. 빈 컵에서 물을 더 짜낼 수 없다. 컵에 물을 먼저 부어야 한다. 실제로 2020년 중국 칭다오대 연구팀이 미국 성인 1만 7,845명을 조사했다. 단백질 섭취가 우울 증상과 밀접한 관련이 있었으며, 단백질을 가장 많이 섭취한 그룹은 가장 적게 섭취한 그룹에 비해 우울 증상 위험이 66% 낮았다. 세로토닌과 도파민 같은 신경전달물질을 만드는 원료가 충분히 공급되었기 때문이다.

아침 공복 = 사냥 실패

'얼마나' 먹느냐만큼 '언제' 먹느냐도 중요하다. 똑같은 단백질과 탄수화물이라도 하루 중 들어오는 시간에 따라 뇌는 전혀 다른 결론을 내린다. 특히 아침에 뇌는 그날이 '사냥 성공'인지 '사냥 실패'인지 판정한다.

아침에 먹는 빵, 시리얼, 과일, 커피는 최악의 선택이다. 빈속에 정제 탄수화물 위주로 식사하면 혈당이 급등했다가 급락한다. 뇌는 혈당이 급락하는 순간을 생존 위기로 판단하고, 코르티솔과 아드레날린을 분비한다. 오전 11시, 뇌는 이미 탈진 상태다. 혈당은 바닥을 치고, 집중력이 무너지며, 단것이 당기고, 또다시 커피를 찾는다. 이 패턴이 반복되면 몸은 그대로 늙는다.

반대로 아침에 단백질을 충분히 먹으면 하루가 바뀐다. 뇌는 그날을 '사냥에 성공한 날'로 분류한다. 가장 먼저 일어나는 변화로, 뇌에 호르몬 원료가 공급된다. 단백질 속 트립토판과 티로신이 뇌로 전달되어 세로토닌과 도파민 합성을 돕는다. 아침에 단백질 30g을 섭취하면 대략 2~3시간 후 세로토닌 농도가 높아지는데, 이때는 한창 오전 업무를 볼 시간이다. 기분이 나아지고 집중력이 오르며, 외부 스트레스에도 덜 흔들린다. 동시에 혈당이 안정된다. 단백질은 소화 속도가 느려 에너지를 천천히, 꾸준히 공급한다. 혈당 급등과 급락이 사라지고 인슐린 반응도 차분해진다. 뇌는 이를 '에너지가 충분하고 안정적인 상태'로 인식한다.

2024년 덴마크 오르후스대 연구팀이 비만 여성 30명을 대상으로 실험했다. 아침 식사에서 단백질 약 30g을 섭취한 그룹은 아침 식사 후 3시간 동안 포만감이 유의미하게 증가했으며, 집중력 테스트에서도 3.5% 더 높은 점수를 받았다. 단백질이 뇌의 신경전달물질 합성을 촉진하고 혈당을 안정시켰기 때문이다. 아침 단백질은 뇌가 하루를 어떻게 운용할지 결정하는 버튼이다. 그래서 기준은 분명하다. 아침마다 단백질 30g을 섭취한다. 삶은 달걀, 닭가슴살, 두부, 참치 캔, 그릭요거트, 콩류를 조합해보자.

음식	100g당 단백질 양	1회 섭취량 예시
닭가슴살	23g	100g → 23g
소고기(살코기)	20~22g	100g → 20g
달걀	6g	1개 → 6g
연어	20g	100g → 20g
두부	8g	반 모 → 8g
참치통조림	20g	반 캔 → 10g

솔직히 말하면, 나 역시 매일 완벽하게 챙겨 먹지는 못한다. 그리고 나는 닭가슴살은 안 먹는다. 하지만 건강의 관점에서 '어떤 걸 먹어야 하는가'는 어느 정도 정해져 있다. 단백질 필요량은 사람마다 다르지만 범위는 명확하다. 일반인은 체중 1kg당 1.2g,

운동하는 사람은 1.6g, 근육을 키우는 사람은 2g이 필요하다. 체중 70kg 성인이라면 하루 84~112g이 필요하다. 하지만 한국인 평균 섭취량은 60g 정도로, 부족하다. 특히 여성과 노인은 더 부족하다. 여성 평균 섭취량은 50g인데 이걸로는 근육을 유지할 수도 없고, 신경전달물질을 만들 수도 없다.

하루 단백질 섭취량 계산이 복잡하면 손바닥을 꺼내보라. 끼니마다 손가락을 제외한 손바닥 크기와 두께만큼의 단백질 음식을 섭취하라. 고기든, 생선이든, 두부든 상관없다. 대략 이 정도 양이면 단백질 20~25g을 섭취할 수 있다. 하루 세 끼를 이렇게 챙기면 60~75g이 채워진다. 여기에 삶은 달걀이나 요거트 같은 간식을 곁들이면 총 80~90g이 되니 하루 섭취량으로 충분하다. 물처럼 단백질도 평소보다 적게 먹는다는 사실을 인식하고 평소보다 많이 챙겨 먹는 게 중요하다.

만약 단백질을 매일 권장량보다 10%씩 적게 먹으면 어떻게 될까? 당장은 아무 문제도 없다. 오늘 단백질을 조금 덜 먹는다고 해서 내일 당장 몸이 무너지지는 않는다. 하지만 결핍은 누적된다. 체중 70kg 성인에게 필요한 단백질이 하루 84g이라고 하면, 10% 부족은 하루 8g이다. 작아 보이지만 한 달이면 240g, 1년이면 3kg에 달하는 단백질 적자가 쌓인다. 몸은 이 부족분을 어디서 메울까? 근육이다. 몸은 뇌와 장기를 살리기 위해 근육을 분해해 아미노산을 끌어다 쓴다. 그 결과 체중은 그대로인데 근육량은 줄고, 체지방률은 높아지며, 기초대사량은 떨어진다. 같은 양을 먹어도 더 쉽게 살이 찌는 이유다.

더 큰 문제는 뇌다. 단백질이 10% 부족하면, 뇌는 세로토닌·도파민 같은 감정 조절 물질을 조금씩 덜 만들기 시작한다. 처음 한두 주는 티가 나지 않는다. 몇 달이 지나면 '요즘 왜 이렇게 피곤하지?'라는 생각이 든다. 1년이 지나면? '나는 원래 이런 사람이야'라고 착각한다. 원래 그런 사람이 아니라, 작은 결핍이 조용히 쌓인 결과다. 따라서 최소한 단백질 90%는 채워야 한다.

아무리 단백질을 챙겨 먹어도 기분이 나아지지 않는다면 이유는 단순하다. 초가공식품 위주의 식단에서는 단백질을 없는다고 판이 바뀌지 않는다. 단백질이 부족해서가 아니라 들어갈 자리가 없다. 혈당 롤러코스터, 장-뇌 축 파괴, 만성 염증. 이 3가지 공격 루트가 뇌를 망가뜨린다. 보통 안 좋은 음식을 계속 먹는 건 도파민 문제다. 초가공식품은 섭취 시 도파민을 급격히 올렸다가 곧바로 떨어뜨려 다시 갈망하게 만든다. 이 패턴이 반복되면 보상 회로는 둔해지고 더 강한 자극만 찾게 된다. 해결책은 자연식으로 돌아가는 것이다. 가공되지 않은 음식, 우리 조상이 10만 년 전부터 먹어온 식단으로 회귀해야 한다. 고기, 생선, 계란, 채소, 과일, 견과류. 단백질·섬유질·미량 영양소가 풍부한 자연식을 하루 한 끼라도 챙겨 먹으면 혈당과 도파민 반응은 훨씬 안정된다. 그러면 인공 자극 음식에 대한 갈망도 자연스럽게 줄어든다.

먹는 순서도 정말 중요하다. 채소를 먼저 먹고, 단백질을 먹고, 탄수화물은 마지막에 먹는다. 같은 음식을 먹어도 순서만 바꾸면 혈당 스파이크가 약 40% 감소한다. 2015년 코넬 의대 연구가 증명했다. 나는 이 순서를 지킨 후 살이 찐 상태도 아니었는데 3개월 만에 7kg이 줄었다. 몸의 컨디션이나 얼굴 상태도 최상으로 변했다. 혈당이 흔들리지 않으니 모든 게 선순환을 그리며 발생한 일이다.

몸에 가장 자연스러운 식사를 이어가다 보면 몸은 가벼워지고 마음은 안정된다. 이 평온함 속에서 우리는 스스로에게 묻게 된다. '내 몸이 왜 이렇게 좋아졌지?' 답은 거창하지 않다. 가공을 줄였고, 자연식에 가까워졌고, 몸이 요구하는 순서를 따랐을 뿐이다. 더 자연스럽게 먹고 싶다는 마음, 불필요한 가공을 줄이고 싶다는 욕구도 살아난다. 누군가는 이 지점에서 동물을 해치지 않고 자연을 살리며 살고 싶다는 가치를 실천하기도 한다.

다만 한 가지는 분명하다. 내 몸에는 설계도가 있고, 그 신호를 무시한 선택은 오래가지 못한다. 인간의 몸은 다양한 영양을 조합해 쓰도록 만들어졌다. 어떤 식단이든, 아무리 좋은 의도라도 특정 영양소를 과하게 줄이거나 한쪽으로 기울면 몸은 반드시 신호를 보낸다. 중요한 것은 균형이다. 당신은 몸의 설계도와 대화하고 있는가. 자연에 가까워지려는 마음만큼이나, 자연의 일부인 내 몸의 신호를 듣는 일도 중요하다. 지속 가능한 식단은 굳은 신

넘이 아니라 내 몸의 목소리를 끝까지 경청하는 태도에서 완성된
다. 그리고 그 신호에는 '무엇을 먹을지'만큼 중요한 질문이 하나
더 남아 있다. 언제 먹지 않을 것인가?

원시인의 공복:
간헐적 단식을 왜 모든 의학인들이 극찬할까?

'안 먹는 게 잘 먹는 것보다 좋다는 게 말이 돼?' '일평생 나는
야식이랑 아침 먹었는데 14시간을 먹지 말라고? 굳이?' 간헐적 단
식을 들을 때마다 나와는 상관없는 이야기라고 생각했다. 그러던
2021년 어느 날, 주변에서 묘한 변화를 발견했다. 평생 과체중으
로 고민하던 친구 2명이 갑자기 살이 빠졌다. 한 친구는 90kg, 다
른 한 친구는 100kg이 넘었는데 3개월 만에 둘 다 10kg 이상 감
량했다. 턱선이 보이고 얼굴이 달라졌다. 피부가 좋아지고, 젊어
지고, 잘생겨졌다. 나는 물었다. "뭐 했어? 운동? 약? 수술?" 대답
은 의외로 단순했다. "일주일에 한 번, 저녁을 안 먹어." 『최강의
식사』를 읽어서 간헐적 단식에 대해 알고는 있었다. 그래도 묻게
됐다. "그게 다야? 그것만으로 그렇게 살이 빠져?"

진짜 그게 전부였다. 하루 종일 굶는 것도 아니고, 극단적인
단식도 아니었다. 그냥 먹지 않는 시간이 조금 길어졌을 뿐이었

다. 그 순간 깨달았다. 나는 간헐적 단식을 알고 있다고 생각했지만 제대로 이해하고 있지 않았다. 그때부터 하나씩 찾아보고 친구에게 조언도 구하고 직접 몸으로 확인했다. 그런 뒤 1~2주마다 14시간 이상 먹지 않곤 한다.

몇 년이 지나고 간헐적 단식은 하나의 열풍이 됐다. 일본 외과 의사이자 유방암 전문의인 나구모 요시노리의 『1일 1식』은 일본에서 50만 부 이상 팔렸다. 그는 실제로 약 30년간 하루 한 끼 식사를 실천하며 간헐적 단식의 효과를 몸소 보여줬다. 30대 후반 과음과 과식으로 체중 87kg, 요통과 부정맥 등 대사증후군을 겪으며 50세를 넘기기 어려울 수 있겠다는 위기의식을 느꼈다. 칼로리 계산식 다이어트에 실패한 끝에 저녁 한 끼만 먹는 방식을 선택했다. 57세 때는 혈관 나이가 26세로 측정되었으며, 70세가 된 지금도 그는 50대 미만으로 보인다.

이런 사례가 알려지면서 사람들은 과거의 나처럼 말하기 시작했다. "그거 굶는 거잖아", "살 빼는 유행 아니야?" 간헐적 단식은 어느새 체중 감량용 도구로 소비되기 시작했다. 반쪽짜리 이해다. 간헐적 단식은 유행도, 새로운 건강법도 아니다. 우리가 잊고 있던 기본값이다.

10만 년 전을 상상해보라. 냉장고가 없었다. 편의점도, 배달 앱도, 24시간 식당도 없었다. 원시인은 사냥에 성공해야 먹을 수 있었다. 성공하면 배가 터지도록 먹어치웠다. 저장할 곳은 오직

하루 종일 먹는 몸 vs 공복이 있는 몸

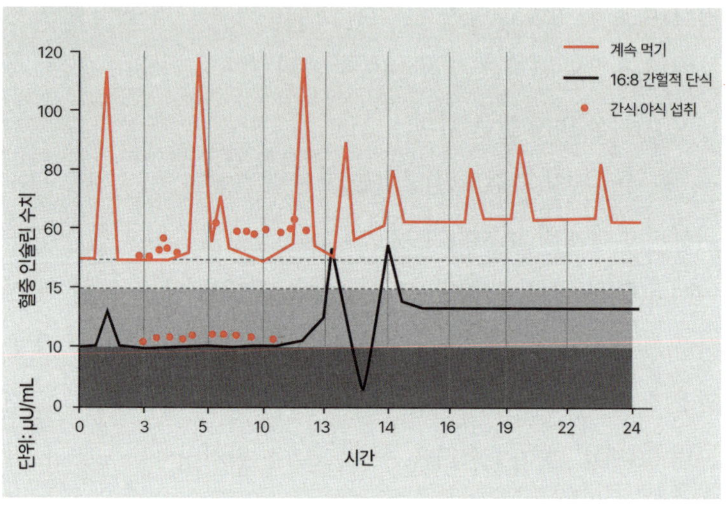

위장뿐이었고, 다음 끼니는 기약이 없었다. 사냥에 실패하면? 12시간, 때로는 24시간을 굶었다. 몸은 이 리듬에 맞춰 설계되어 있다. 포식과 공복의 반복. 인슐린이 급등했다가 급락하고, 글루카곤이 켜졌다가 꺼지고, 오토파지가 활성화됐다가 멈춘다. 이 리듬이 세포를 재생하고, 염증을 낮추며, 뇌를 최적화한다.

현대인은 하루 종일 먹는다. 아침 7시, 점심 12시, 저녁 7시, 야식 11시. 게다가 중간중간 간식까지. 입이 쉴 틈이 없다. 덩달아 췌장도 쉴 틈이 없다. 24시간 내내 인슐린이 분비되고, 세포는 밀려드는 영양소를 처리하느라 과부하가 걸린다. 청소할 시간이 없다.

몸속에 쓰레기가 쌓인다.

간헐적 단식은 오래전에 설계된 리듬을 되찾는 일이다. '사냥에 실패한 날이다. 에너지를 아끼고, 세포를 청소하고, 다음 사냥을 준비하자.' 복잡할 것 없다. 공식은 딱 하나, '16:8'이다. 16시간 비우고 8시간 채운다. 저녁 8시에 숟가락을 놓았다면 다음 날 낮 12시에 다시 든다. 끝이다. 물, 블랙커피, 녹차는 괜찮다. 칼로리가 없으면 된다. 처음에는 배고플 수 있다. 특히 아침 9~10시에는 말이다. 하지만 아침을 거르는 게 아니라 늦게 먹는 것이다. 정오에 첫 끼를 먹으면 그게 아침이다. '배고파 죽겠는데?' 싶더라도 일주일만 버텨라. 몸이 적응한다.

정 어렵다면 14시간의 공복만으로도 충분히 의미가 있다. 변화는 공복 12시간부터 일어난다. 몸속 글리코겐이 바닥나고, 드디어 지방을 태워 에너지로 쓰기 시작한다. 케톤이 나오는 순간이다. 16시간이 되면 마침내 몸속 청소부들이 출근한다. 오토파지가 활성화되면 병들고 늙은 세포를 먹어 치운다.

나도 처음에는 14시간을 목표로 시작했다. 중간에 배고플 땐 방탄커피를 마시며 공복을 버텼다. 방탄커피는 실리콘밸리 기업가 데이브 아스프리가 개발한 커피로, 블랙커피에 버터나 MCT 오일을 넣어 만든다. 신기하게도 지방은 인슐린을 건드리지 않는다. 단식 효과는 유지하면서 허기만 지워준다. 에너지와 집중력은 덤이다.

간헐적 단식은 대부분 사람에게 안전하다. 다만 몸의 신호를 무시하지는 말자. 물은 충분히 마셔라. 여성은 생리 주기에 따라 컨디션 차이가 크다. 임신이나 수유 중에는 하지 않는 게 맞다. 저혈당이 있으면 의사와 상의해야 한다.

이제 질문은 하나로 모인다. 공복 상태에서, 몸 안에서는 정확히 무슨 일이 벌어질까? 간헐적 단식이 살을 빼는 데서 끝나지 않는 이유는, 이 시간이 단순한 '참기'가 아니라 몸의 핵심 시스템을 하나씩 켜기 때문이다. 일정 시간 이상의 공복은 우리 몸의 대사 체계를 바꾼다. 몸은 축적된 에너지를 '저장'만 하지 않고, '소비'하며 낡은 세포를 '청소'하고, 시스템을 '재설계'하는 단계로 이행한다. 이 과정이 가져오는 구체적인 변화는 크게 4가지다.

간헐적 단식의 4가지 효과

효과 1. 오토파지 활성화 : 세포가 스스로를 청소한다

오토파지Autophagy는 '자기Auto'와 '먹다Phagein'가 합쳐진 말이다. 세포가 스스로를 먹는다는 뜻의 무서운 이름이지만, 실제로는 청소 시스템이다. 2016년 일본의 오스미 요시노리 교수는 오토파지 연구로 노벨 생리의학상을 받았다. 이 연구의 핵심은 단순하다.

오토파지는 평소에도 일정 수준 작동하지만, 특히 공복 같은 영양 결핍 상황에서 가장 강하게 유도된다.

배가 고프면 세포는 비상 모드에 돌입한다. '어라? 외부에서 식량이 안 들어오네? 그럼 안에 있는 쓰레기라도 태워서 연료로 쓰자.' 리소좀이라는 소화 기관이 내부를 청소한다. 노화된 단백질은 분해되고, 새로운 단백질 합성을 위한 아미노산 재료가 만들어진다. 헌집을 부수고 그 자재로 새집을 짓는 것과 마찬가지다. 쓰레기를 치웠는데 에너지가 생긴다. 기적 같은 효율이다.

매일 먹기만 하면 오토파지는 거의 활성화되지 않는다. 세포는 쓰레기를 치울 시간이 없다. 10년, 20년 쌓인 세포 찌꺼기는 암, 알츠하이머, 파킨슨병 등과 관련된 만성 질환의 발병 위험을 높인다. 반대로 규칙적인 공복은 이 청소 시스템을 자동으로 가동한다. 쓰레기를 치우는 동안, 몸은 에너지를 다루는 방식 자체를 다시 조정한다. 바로 인슐린이다.

효과 2. 인슐린 감수성 향상: 당뇨를 예방한다

인슐린은 에너지를 어디에 쓸지 결정하는 관리자다. 당신이 무언가를 먹을 때마다 인슐린은 지금 들어온 에너지를 근육에 쓸지, 간에 저장할지, 아니면 지방으로 보낼지 결정한다.

문제는 현대인의 몸이 이 신호를 하루 종일 받는 것이다. 아침, 점심, 저녁, 야식. 쉴 새 없이 먹을 때마다 췌장은 비명을 지르며 인슐린을 뿜는다. 세포는 '또 인슐린이야? 지겹다'며 점차 반응하지 않는다. 이게 인슐린 저항성이다. 같은 양을 먹어도 혈당이 더 오르고, 췌장은 더 많은 인슐린을 분비하며, 악순환이 시작된다. 바로 당뇨로 가는 길이다.

간헐적 단식은 이 관리자에게 휴식을 준다. 16시간의 공복 동안 인슐린 분비는 거의 멈춘다. 세포는 '드디어 쉰다'며 수용체를 복구한다. 다시 인슐린의 지시를 알아듣는 상태로 돌아간다. 같은 음식을 먹어도 혈당이 덜 오르고, 체지방 축적도 줄어든다.

2018년 서턴 등 연구팀은 5주간 16:8 방식의 시간 제한 식사를 시행한 결과, 인슐린 감수성이 유의하게 개선됐다고 보고했다. 체중 감소는 크지 않았지만, 대사 지표는 뚜렷하게 좋아졌다. 내장 지방은 염증 물질을 분비하는 만성 염증의 주요 원인으로 알려져 있다. 간헐적 단식은 이러한 대사 환경에 긍정적으로 작용할 수 있다.

효과 3. 케톤체 생성 : 뇌의 슈퍼 연료가 만들어진다

공복 12시간이 지나면 몸은 에너지원을 바꾼다. 간에 저장된 포도당이 바닥나면, 드디어 지방을 태워 케톤체를 만든다. 케톤체는 뇌의 대체 연료다. 포도당이 매연을 내뿜는 석탄이라면, 케톤체는 깨끗하고 강력한 태양 에너지다. 같은 산소를 써도 훨씬 더 많은 에너지를 뽑아내고, 찌꺼기인 활성산소가 거의 남지 않는다.

이 변화는 뇌에서 가장 분명하게 나타난다. 케톤체는 뇌세포에 쌓인 염증을 가라앉히고 미토콘드리아 기능을 강화한다. 의사들이 간질 환자에게 케토제닉 식단을 처방하는 이유가 여기 있다. 케톤체는 날뛰는 뇌신경을 진정시킨다. 알츠하이머 환자에게도 효과가 있다는 연구가 쌓이고 있다. 포도당을 쓰지 못해 굶어 죽어가는 뇌세포에 케톤체는 유일한 구원 투수다.

나도 경험했다. 간헐적 단식을 하는 날 오전 11시에서 정오 사이에 가장 집중이 잘된다. 글이 술술 써지고, 아이디어가 샘솟으며, 논리가 명확해진다. 뇌가 '배고프다. 사냥하자. 창의력 풀가동'이라고 외치는 것 같다. 실제로 그렇다. 뇌는 공복을 사냥 신호로 인식한다.

효과 4. BDNF 증가: 머리가 좋아진다

앞서 BDNF에 관해 이야기했다. 뇌세포의 비료로, 신경세포를 키우고, 시냅스를 강화하며, 새로운 뉴런을 만든다. 이 BDNF는 공복 상태에서도 증가한다.

왜일까? 10만 년 전 사바나를 상상해보자. 배고플 때 뇌는 어떻게 작동했을까? '배고프다. 음식을 찾아야 한다. 집중하라. 창의적으로 생각하라. 사냥 전략을 짜라.' 뇌를 최대로 가동해야 생존할 수 있었다. 그래서 공복 상태에서 BDNF가 올라간다. 학습 능력이 향상되고, 기억력이 발달되며, 집중력이 극대화된다. 존스홉

킨스 의대의 매트슨 연구팀은 이 효과가 특히 공복 상태에서 두드러진다고 밝혔다. 단식이 뇌를 '사냥 모드'로 전환하며, 생존에 필요한 인지 기능을 끌어올리는 진화적 적응이라는 것이다.

이렇듯 간헐적 단식의 진짜 가치는 살이 빠지는 데 있지 않다. 체중 감량은 보너스다. 핵심은 몸과 뇌가 다시 '설계된 상태'로 돌아간다는 것이다. 오토파지는 켜지고, 인슐린은 쉬며, 케톤체가 생성되고, BDNF가 올라간다. 세포는 청소하고, 염증은 내려가며, 뇌는 또렷해진다. 12시간 공복 후의 뇌는 '지금은 사냥 시간'이라고 인식하며 모든 시스템을 최적화한다. 그래서 간헐적 단식은 마른 사람에게도 유의미하다.

"당신의 미토콘드리아는 괜찮습니까?"

하버드 의대 크리스 팔머 박사는 30년간 약으로도 낫지 않는 환자들을 돌보며 하나의 질문에 매달렸다. "왜 정신질환과 대사질환은 함께 움직이는가?" 왜 우울증 환자에게 비만과 당뇨가 따라오고, 왜 심장병 위험이 높아지는가. 왜 아동기 트라우마는 기분 문제를 넘어 신체 질환 위험까지 끌어올리는가. 왜 운동은 기분을 개선하고, 초가공식품은 기분을 흔들며, 단식은 머리를 맑게 하는가.

그가 주목한 공통 축은 미토콘드리아였다. 미토콘드리아는 '세포의 발전소'라는 교과서적 설명을 훌쩍 넘어선다. 세로토닌과 도파민 합성에 필요한 대사 환경을 조절하고, 코르티솔과 성호르몬 합성의 출발점에 관여하며, 산화 스트레스와 염증 반응에 영향을 미친다. 세포의 에너지 상태는 유전자 발현에도 간접적인 신호를 보낸다. 팔머의 표현을 빌리면 인체는 '미토콘드리아 네트워크'이며, 정신 건강은 그 대사 상태와 깊이 연결되어 있다.

이 관점에서 보면 지금까지 이야기한 영양 버튼이 하나로 연결된다. 단백질이 부족할 때 우울해지는 이유는 미토콘드리아가 신경전달물질의 원료를 공급받지 못하기 때문이다. 초가공식품이 기분을 무너뜨리는 이유는 미토콘드리아에 연료 대신 독성 물질이 밀려들기 때문이다. 채소를 먼저 먹고 탄수화물을 나중에 먹으면 혈당이 안정되는 이유는 미토콘드리아가 에너지 폭주 없이 고르게 일할 수 있기 때문이다. 간헐적 단식이 체중 감량을 넘어 뇌까지 맑게 하는 이유는 오토파지가 결함 있는 미토콘드리아를 걷어내고 새롭고 건강한 미토콘드리아를 만들어내기 때문이다.

기분이 가라앉고, 의욕이 사라지고, 몸이 무거울 때 우리는 습관처럼 의지 탓을 한다. 하지만 팔머 박사라면 이렇게 물을 것이다. "당신의 미토콘드리아는 괜찮습니까?" 자연식을 먹을 때, 세포 안의 불씨는 되살아나고 뇌는 스스로 맑아진다.

LEVEL 2

성장

원시인의 야생성을 되찾는 법

성장하지 않으면 불행해진다. 10만 년 전부터 그랬다. 어제보다 강해지지 않은 원시인은 내일 사냥에서 실패할 확률이 높았다. 어제보다 빨라지지 않은 원시인은 맹수에게 잡아먹힐 확률이 높았다. 성장이 멈춘 개체는 도태되었고, 끊임없이 나아지려는 개체는 살아남았다. 아무리 안전하고 배불러도, 성장하지 않으면 뇌는 불안하다.

기린이나 말은 태어나자마자 걷지만, 인간은 왜 걷기까지 1년이나 걸릴까? 기린 새끼는 태어난 지 30분이면 걷고, 말 새끼도 1시간이면 어미를 따라 달린다. 하지만 인간 아기는 평균적으로 12개월경 첫걸음을 뗀다. 이는 생존 전략의 차이다.

기린과 말은 이미 완성된 몸으로 태어난다. 빠르게 달리고, 포식자를 피하고, 풀을 뜯어 먹는 등 대부분의 능력이 결정되어 있다. 대신 스스로를 바꿀 수 없다. 환경이 조금만 달라져도 적응하지 못한다. 반면 인간은 백지 상태로 태어난다. 특정 뇌를 쓰면 그 뇌가 발달하고, 특정 근육을 쓰면 그 근육이 발달한다. 인간은 추우면 털옷을 만들고, 더우면 그늘을 짓고 에어컨을 만든다. '미완성'이 인간의 무기다. 영하 50도 북극에서도 살고, 영상 50도 사막에서도 산다. 지구상 어떤 생명체도 인간만큼 다양한 환경에 적응하지 못한다.

우리 몸은 수천만 년에 걸친 진화의 산물이다. 가장 빠르게 회복하며, 가장 극단적인 환경에 적응할 수 있도록 설계되었다. 단, 조건이 하나 있다. 몸이 '강해져야 할 이유'를 느껴야 그 설계가 작동한다. 10만 년 전 원시인에게는 선택의 여지가 없었다. 매일 달렸고, 무거운 것을 들었고, 춥고 더운 환경을 견뎠다. 생존이 곧 훈련이었다. 그래서 그들의 몸은 항상 최적의 상태였다. 근육은 단단했고, 심폐는 강했고, 면역 시스템은 완벽했다.

현대인은 어떤가? 22도로 맞춰진 방에서 일어나 엘리베이터를 타고 주차장으로 이동한다. 차를 타고 사무실에 도착해 8시간을 앉아 있는다. 무거운 것을 들 일도 없고, 달릴 일도 없고, 추위나 더위를 견딜 일도 없다. 몸은 이렇게 판단한다. '이 개체는 강해질 필요가 없구나.' 근육이 빠지고, 심폐 기능이 약해지고, 면역이 떨어진다. 30대부터 매년 근육량이 0.5~1%씩 감소한다. 쓰지 않아서 사라지는 것이다.

그래서 현대인에게 역설이 생긴다. 무한정 편해지는 상황을 버리고 의도적으로 불편함을 선택해야 한다. 그러면 포유류의 **DNA**가 깨어난다. 차가운 물에 들어가면 '체온 유지 시스템을 강화하라'며 면역 세포를 활성화한다. 무거운 것을 들면 뇌는 '어? 이 개체는 힘이 필요하구나'라고 판단하고 테스토스테론을 분비한다. 심장이 터질 듯 달리면 '생존 위기다, 심폐를 강화해야겠다'며 **BDNF** 분비를 늘린다. 몸은 정직하다. 견딜 수 있는 도전을 주면 반드시 성장으로 답한다.

보더콜리가 넓은 초원을 뛰어다녀야만 행복하듯, 인간도 '매일 조금씩 성장해갈 때 최상의 컨디션을 갖게 된다. 누군가는 돈을 누군가는 사회적 지위를 누군가는 내적 성장이나 가정의 안정을 원한다. 형태는 다르지만 본질은 같다. 모두 '나아지길' 원한다. 그리고 '나아지고 있다'는 느낌만으로도 뇌는 완전히 바뀐다. 승자의 뇌로 전환된다. 행복감, 안도감, 성취감이 동시에 밀려온다. 이 상태에서 뇌는 최고 출력을 낸다.

이제 다룰 버튼들은 바로 이 성장에 관한 것이다. 단, 운동부터 시작하지 않는다. Level 0은 생존이었다. 죽지 않는 것이다. Level 1은 안정이었다. 기능하는 것. Level 2는 성장이다. 강해지는 것. Level 0에서 우리는 엔진 시동을 걸었다. Level 1에서는 연료를 채웠다. Level 2에서는 최대 출력을 끌어올린다. 포유류의 본능을 깨우고 의도된 불편함으로 뇌에 '평상시가 아니다'라는 신호를 보낸다. 그다음 근력 운동으로 테스토스테론을 폭발시키고, 고강도 운동HIIT으로 사냥꾼의 뇌를 완성한다.

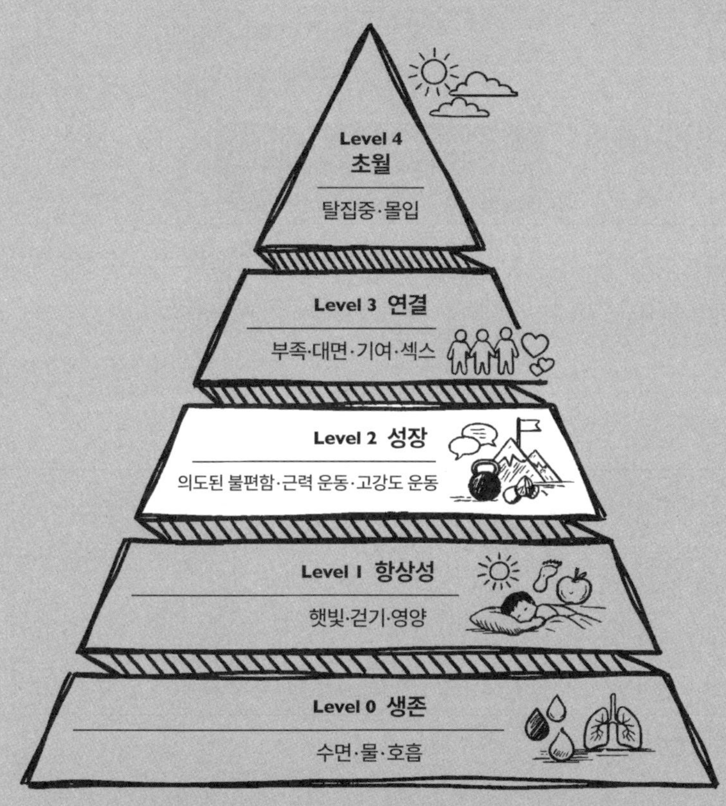

Level 4
초월
탈집중·몰입
Level 3 연결
부족·대면·기여·섹스
Level 2 성장
의도된 불편함·근력 운동·고강도 운동
Level 1 항상성
햇빛·걷기·영양
Level 0 생존
수면·물·호흡

의도된 불편함

**뇌는 편안함 속에서 퇴화하고,
자극 속에서 성장한다**

친형에게는 2명의 아이 서하와 연우가 있다. 내 눈에도 너무나 예쁜데 형과 형수님은 오죽하겠나. 애지중지 키우며, 흙 한 번 안 묻히려 한다. 아이들과 30분만 떨어져 있어도 불안해한다. 형이나 형수님이 덜 스트레스 받았으면 하는 마음에 내가 장난스레 한마디했다.

"형, 그렇게 무균 상태에서만 키우면 오히려 안 좋을 것 같은데."

"왜 그렇지?"

"생각해봐. 과연 원시시대의 삶이 지금과 같은 무균 상태였을까? 흙에서 뒹굴었겠지."

"또라이네, 이거."

물론 형에게 가벼운 농담으로 건넨 말이다. 하지만 반은 진담이다. 과학 연구가 이를 증명한다. 1980년대 런던세인트조지병원의 데이비드 스트라챈 박사는 이상한 패턴을 발견했다. 형제자매가 많은 아이일수록 알레르기와 천식 발생률이 낮았다. 첫째보다 막내가, 외동아이보다 5남매의 막내가 압도적으로 건강했다. 왜일까?

형제자매가 많은 아이는 어릴 때부터 온갖 세균과 바이러스에 노출된다. 형이 감기에 걸리면 동생도 함께 앓고, 더러운 손으로 같은 장난감을 만지며, 서로 침 묻은 과자를 나눠 먹는다. 이러다 아이가 병에 걸릴 듯하지만 그렇지 않다. 실상은 이 과정에서 아이는 면역력이 단련된다. 반대로 지나치게 깨끗한 환경에서 자란 아이의 면역계는 할 일이 없다. 적을 만나본 적이 없으니 과민하게 반응한다. 꽃가루처럼 해롭지 않은 물질을 적으로 착각해 공격하는 게 알레르기다. 자기 몸을 적으로 오인해 공격하는 자가면역질환이다.

너무 깨끗하면 병든다. 이것이 '위생 가설Hygiene Hypothesis'이다. 2020년 로슬룬드 연구팀은 도시 어린이집 마당을 숲과 토양 환경으로 조성하는 개입 실험을 진행했다. 몇 주 후, 아이들의 피부 미생물 다양성이 증가했고 면역 조절과 관련된 지표가 개선됐다. 자연과의 접촉이 면역 체계 형성에 영향을 줄 수 있음을 보여준 연구다. 생명체는 완벽한 무균 상태가 아니라, 적절한 자극 속에서 균형을 배운다.

세계적 석학 재레드 다이아몬드는 『총 균 쇠』를 집필할 때 아주 단순한 질문 하나에서 출발한다. '왜 아메리카 원주민은 유럽을 정복하지 못했는가?' 많은 이가 유럽의 총과 쇠를 이유로 들지만, 결정적 요인은 '균'이었다. 유럽은 농경과 목축이 시작된 이후 수천 년 동안 소·말·돼지와 같은 가축과 함께 살았다. 도시가 형성되고 인구가 밀집되면서 천연두·홍역·독감·흑사병 같은 전염병이 끊임없이 돌았다. 많은 사람이 죽었고, 살아남은 자들만이 면역력을 대대로 물려주었다. 유럽인은 총보다 먼저, 수천 년 동안 가축을 기르고 도시에 모여 살면서 병원체와 싸워왔다. 그 과정에서 '면역 체계'라는 보이지 않는 무기를 갖추었다.

반대로 아메리카 대륙에는 대형 가축이 거의 없었고 도시 규모가 작아 전염병이 풍토병으로 자리 잡지 못했다. 평화롭고 청정했지만 면역학적으로는 취약했다. 1492년 콜럼버스가 도착했을 때 약 5천만 명이던 원주민 인구가 단 100년 만에 500만 명으로 줄어든 이유다. 총과 칼이 아니라 균에 무너진 것이다.

고난은 생존을 요구하고, 그 요구가 몸을 강하게 만든다. 편안함만 추구하는 몸은 반드시 약해진다. 10만 년 전 원시인의 하루를 떠올려보라. 아침에 눈을 뜬다. 배가 고프다. 어제 사냥에 실패했다. 오늘도 먹지 못할 수도 있다. 동굴을 나서면 맨발로 차가운 새벽이슬을 밟는다. 해가 떠오르면 땅은 금세 달아오른다. 발바닥이 타들어가도, 사냥감이 보이면 달려야 한다. 10km를 쫓아야 겨우 한 끼가 생긴다. 성공하면 먹고, 실패하면 또 굶는다. 저녁에는 차가운 강에 들어가 몸을 씻고, 모닥불 옆에서 몸을 녹인다. 굶주림, 추위, 더위, 극단적인 온도 변화. 이것이 인류의 기본값이었다.

현대인의 하루는 어떤가? 아침에 눈을 뜬다. 냉장고를 연다. 먹을 게 가득하다. 에어컨이 사무실 온도를 22도로 유지한다. 점심, 저녁, 야식. 배고픈 순간이 단 1초도 없다. 춥거나 더운 순간도 없다. 모든 것이 편하다. 면역 시스템은 게을러졌다. 작은 스트레스에도 무너진다. 감기에 쉽게 걸리고, 피로에 쉽게 지치고, 정신적 압박에 쉽게 흔들린다. 도전이 사라지자 성장도 멈췄다.

의도적으로 불편함을 선택하면, 우리는 다시 강해진다. 생물학에서는 이를 '호르메시스Hormesis'라고 부른다. 약한 스트레스가 오히려 몸을 단련시킨다는 원리다. 백신은 정확히 이 원리에 따라 만들어졌다. 약화된 바이러스를 주입해서 면역 시스템을 훈련시킨다. 인간은 본래 이렇게 강해지도록 설계되어 있다. 그래서 나는 잃어버린 이 메커니즘을 되살리기 위해 편리함 대신 불편함을 선택하기로 했다.

『편안함의 습격』 저자 마이클 이스터는 이 역설을 몸으로 보여줬다. 그는 매일 술을 마셨다. 부모님도 알코올 중독이었고, 아버지는 어릴 때 가족을 떠났다. 어느 날 아침, 그는 거울 앞에서 깨달았다. '이대로 살다가는 모든 것을 잃는다.' 술을 끊은 후, 자신의 삶 전체가 '편안함'으로 포장되어 있다는 사실을 발견했다. 온도 조절되는 집, 고칼로리 음식, 스트리밍 서비스. 모든 불편함이 제거된 삶. 하지만 여전히 공허하고 행복하지 않았다.

그는 극단적인 실험을 했다. 알래스카 오지에서 33일간 순록 사냥에 나섰다. 텐트 하나와 배낭 하나에 의지해 영하의 황야를 걸었다. 배고프고, 춥고, 두려웠다. 하지만 몸이 불편해질수록 더 살아 있다는 느낌이 들었다. 술 생각이 전혀 나지 않았다. 도파민이 저절로 솟았다. 33일 후 그는 확신했다. 자연으로 돌아가 고난을 겪을 때 가장 행복해진다는 것을. 현대인을 병들게 하는 것은 스트레스가 아니라 과도한 '편안함'이라고. 핵심은 스트레스를 없애는 게 아니라, 어떤 불편함을 선택할 것인가다.

첫 번째 불편함 : 냉수 샤워

나는 작년까지 냉수 샤워가 가장 바보 같은 짓이라고 생각했다. 스탠퍼드 의대 신경과학자 앤드루 휴버먼 교수의 영상을 봤고, '아이스맨' 윔 호프의 주장도 들었다. 냉수 샤워가 면역력을 높이고, 도파민을 올리며 정신력을 강화한다는 걸 알았다. 그런데도 하지 않았다. 완전히 이해되지 않았기 때문이다. '굳이…?'

전환점은 내가 만든 '자청 건강 AI'와의 대화였다. 냉수 자극이 피부를 통해 전해지면 뇌는 이를 위기로 받아들이고 각성 시스템을 가동한다. 노르에피네프린이 분비되고, 몸은 생존을 위해 에너지를 집중 배치한다. 메커니즘을 생리적으로 이해하고 나자 더 미룰 이유가 없었다. 첫 시도로 얼음물에 얼굴만 15초 담갔다. 놀랍게도 잠에서 금방 깨어났고, 생각이 명료해지고, 기운이 넘쳤다. 그 효과를 경험한 후 사우나에서 20도 냉수탕에 들어가보고 싶어졌다.

처음에는 5초. 고작 5초인데 너무 힘들었다. 몸이 경직되고 숨이 멎을 것 같았다. 종아리만 담가도 공포심이 올라왔다. '여기에 온몸을 담가야 한다고…?' 몸은 본능적으로 거부했고 수많은 합리화를 쏟아냈다. 하지만 옆 사람이 아무렇지 않게 쓱 들어가는 모습을 보고 문득 창피해졌다. '5초만… 온몸을 담가보자.' 심장은 쿵쾅거렸고 본능은 들어가지 말라고 아우성쳤다. 나는 속으로 생각했다. '사바나 환경에서 자연스럽게 주어졌던 자극을, 현대에 사는 나는 의식적으로 선택해야 한다.'

풍덩 들어가자 해냈다는 성취감과 함께 행복한 기분이 몰려왔다. 이후 1주일 후에는 15초, 2주일 후에는 30초, 3주일 후에는 50초까지 버틸 수 있었다. 처음에는 냉수 앞에만 서도 심장이 뛰었지만 지금은 그저 '아, 차갑구나' 정도다. 공포가 익숙함으로 바뀌었다. 이런 변화가 바로 호르메시스다. 냉수 샤워는 몸에 작은 위기를 입력하는 행위다. 위험할 정도는 아니지만 무시할 수 없는 자극. 사바나에서는 이런 자극이 선택이 아니었다. 비를 맞고, 강을 건너고, 새벽의 추위에 노출되는 게 일상이었다. 냉수 샤워는 사라진 환경을 흉내 내는 퍼포먼스가 아니라, 사바나 환경에서 작동하던 생존 시스템을 다시 켜는 선택이다.

몸의 반응은 분명하다. 크게 3가지다. 첫째, 노르에피네프린과 도파민이 크게 증가한다. 중요한 건 상승 방식이다. 서서히 올라 몇 시간 유지된다. 릴스나 숏폼을 볼 때 급격히 올랐다가 바로 떨어지는 것과 정반대다. 건강한 도파민 패턴이다. 둘째, 갈색 지방이 활성화된다. 갈색 지방은 체온 유지를 위해 칼로리를 태우는 특수한 지방이다. 냉수에 노출되면 기초대사량이 증가한다. 셋째, 면역 체계가 강화된다. 짧고 반복적인 스트레스 자극에 노출되면 면역 세포의 활성도가 올라간다.

실천법은 간단하다. 아침에 세면대에 찬물을 받아 얼굴을 10초 담그는 것이다. 10초면 좀비 상태에서 완전한 각성 상태로 전환된다. 따뜻한 물로 샤워하다가 마지막 5초만 찬물로 마무리하는 것도 좋다. 매일 5초씩 늘린다. 중요한 것은 차가움을 이겨내는 것이 아니라, '차갑다'는 불편함을 회피하지 않고 마주하는 경험의 반복이다.

두 번째 불편함: 사우나

사우나는 냉수 샤워와 정반대 방향이지만, 작동 원리는 같다. 위기 상황을 뇌에 입력하는 것이다. 이성은 우리가 사우나에 간다는 것을 알고 있지만, 감각은 이상 상황이라고 판단해 비상 버튼을 누른다.

억만장자 브라이언 존슨은 자신의 몸으로 '노화 역전' 프로젝트를 진행했다. 하루에 50~100알이 넘는 건강 관련 보조제를 먹으며, 노화를 극복하기 위한 모든 실험을 한다. 얼마나 유난인지는 넷플릭스 다큐멘터리 〈브라이언 존슨: 영원히 살고 싶은 남자〉에 자세히 나온다. 주목할 장면은 이것이다. 그는 2024년 5월까지 사우나에 회의적이었다. '건강한 사람에게 좋다는 증거가 부족하다. 운동을 못 할 때나 대안으로 쓸 만하다'가 그의 입장이었다. 그런데 90일간 직접 실험한 후 완전히 바뀌었다. 2025년 그는 이렇게 선언했다. "사우나는 내가 해본 건강 프로토콜 중 가장 효과적이다."

그의 몸을 측정한 데이터가 증명한다. 염증과 대사 관련 지표 일부가 급격히 좋아졌고, 안정 시 심박수는 4.4% 감소했다. 생식 능력 지표는 31% 증가했다. 그리고 가장 놀라운 결과가 있었다. 정액에서 발견되던 미세플라스틱이 눈에 띄게 줄어들었다. 이 변화의 주요 요인으로 그는 사우나를 지목했다. 혈관 기능은 10년 젊어졌다. 그의 표현을 빌리면 '엘리트 18~20세 초반 수준의 혈관 나이'다.

그의 현재 프로토콜은 이렇다. 드라이 사우나, 93도, 매일 20분. 단, 고환 보호를 위해 사타구니에 아이스팩을 댄다. 극단적으로 들릴 수 있지만 핵심은 간단하다. 사우나는 그냥 땀을 빼는 것이 아니다. 핀란드에서 진행된 대규모 연구도 이를 뒷받침한다. 20년간 2,300명을 추적한 결과, 주 4~7회 사우나를 한 사람은 주 1회 한 사람보다 심혈관 질환 사망 위험이 약 50% 낮았고, 치매 발생 위험도 66% 낮게 나타났다.

왜 이런 효과가 나타나는가? 몸 안에서는 3가지 중요한 변화가 일어난다. 첫째, 열충격단백질Heat Shock Protein이 분비된다. 체온이 올라가면 세포는 위기 상황으로 인식하고 열충격단백질을 만들어 자신을 보호한다. 손상된 단백질을 수리하고 새로운 단백질 합성을 촉진한다. 둘째, 성장 호르몬이 일시적으로 증가한다. 근육 회복과 지방 연소에 도움이 된다. 셋째, 심혈관 시스템이 훈련된다. 사우나 안에서 심박수는 분당 100~150회까지 올라간다. 가벼운 유산소 운동과 비슷한 수준이다.

드라마 〈미생〉에는 회사원들이 퇴근 후 찜질방에 가는 장면이 자주 나온다. 그들은 본능적으로 알았던 것이다. 땀을 흘리면 하루 동안 쌓인 스트레스가 해소된다는 걸. 나도 지치고 머리가 막힐 때면 사우나로 향한다. 30분 정도 뜨거운 열기 속에 앉아 있으면 처음에는 고통스럽고 숨이 가빠오지만, 10분쯤 지나면 몸이 적응한다. 땀이 쏟아지고 머릿속이 비워진다. 곧 DMN이 활성화되어 머리가 맑아지고 막혔던 부분이 풀린다. 그래서 나는 사우나를 '뇌의 리셋 버튼'이라고 부른다.

나는 이 챕터를 쓰고 나서도 사우나에 갈 것이다. 그리고 사우나 후 냉수 샤워를 할 것이다. 뜨거움과 차가움의 교차. 10만 년 전 원시인이 경험했던 것이다.

세 번째 불편함: 24시간 단식

앞서 16:8 간헐적 단식을 다뤘다. 24시간 단식은 차원이 다르다. 16시간은 몸을 유지하는 단식이라면, 24시간은 '의도된 충격'이다. 16시간 단식은 인슐린 조절과 체중 관리가 목적이고, 아침만 거르면 되니 난도가 낮다. 매일 할 수 있다. 반면 24시간 단식은 호르메시스다. 오토파지 극대화와 성장호르몬 폭발이 목적이고, 난도가 높다. 월 1~2회가 적당하다. 24시간 단식이 작동하는 방식은 단순하다. 몸과 뇌에 '지금은 평상시가 아니다'라는 신호를 보내는 것이다. 16시간 단식이 몸의 리듬을 다듬는 과정이라면, 24시간 단식은 그 리듬을 흔드는 일이다. 유지가 아니라 재설정, 관리가 아니라 훈련이다. 구체적인 효과는 4가지다.

첫째, 뇌가 '사냥 모드'로 전환된다. 배고픈 원시인에게 필요한 건 사냥감을 찾는 것이다. 뇌는 '에너지가 부족하다, 정신 차려!'라고 신호를 보낸다. 뇌세포를 키우는 비료인 BDNF가 증가하고 인지 능력이 향상된다.

둘째, 오토파지가 폭발한다. 오토파지는 세포가 스스로를 청소하는 시스템이다. 16시간 공복에서 스위치가 켜지고, 24시간 넘기면 청소는 더 본격화된다. 오토파지는 치매의 원인으로 지목되는 베타아밀로이드 같은 '뇌 속 쓰레기'를 치우는 데도 관여한다. 그래서 하버드 의대 교수이자 『노화의 종말』 저자 데이비드 싱클레어는 단식을 '노화를 되돌리는 가장 강력한 도구'라고 부른다.

셋째, 성장호르몬이 치솟을 수 있다. "굶으면 근육이 빠지지 않나요?"라는 오해가 있다. 24~48시간 단기 단식에서 근육은 거의 빠지지 않는다. 오히려 성장호르몬이 상승해 지방을 에너지원으로 동원한다. 굶주린 원시인에게 가장 중요한 건 다음 사냥에 성공하는 것이다. 며칠 굶었다고 근육부터 빠지면 달릴 수도, 창을 던질 수도 없다. 그래서 뇌는 근육을 지키라고 명령한다. 몸은 근육 대신 지방을 태운다. 역설적이지만 적당한 단식은 근육을 '보호'한다.

넷째, 인슐린 감수성이 리셋된다. 세포가 완전히 쉰다. 인슐린 수용체가 리셋된다. 당뇨 예방과 관리에 매우 강력한 도구다.

저녁 7시 마지막 식사 후 다음 날 저녁 7시까지. 한 달에 1회만

해도 몸이 달라진다. 처음 16시간쯤 되면 배에서 꼬르륵 소리가 난다. '지금 내 뇌가 사냥 모드로 전환되고 있구나'라고 생각하라. 실제로 그렇다. 20시간쯤 되면 머리가 맑아진다. 24시간을 채우고 식사하는 순간 성취감을 느낄 수 있다.

냉수 샤워, 사우나, 24시간 단식. 이들에는 공통점이 있다. 전부 '안 해도 되는 것'이자 '불편한 것'이다. 그러나 이 불편함을 견디면 더 강해진다. 이것이 호르메시스의 핵심이다. 죽지 않을 정도의 스트레스는 우리를 강하게 만든다. 근육이 찢어져야 더 단단해지듯, 몸과 마음도 압박을 받아야 성장한다. 강철 멘탈, 높은 행복도는 '불편함 견디기'를 통해 얻을 수 있다.

심리적 효과도 분명하다. 냉수 앞에서 느끼던 공포가 사라지면, 삶의 다른 공포들도 작아 보인다. 어려운 대화, 중요한 결정, 새로운 도전. 냉수보다는 덜 무섭다. 의도된 불편함은 단순한 건강법이 아니다. 삶의 모든 불편함을 직면하는 연습이다.

근력 운동

누군가 당신에게 묻는다. "지금보다 130% 강하고 빠른 사람으로 만들어드리겠습니다. 신이 1초 만에 당신을 그렇게 만들어줄 겁니다. 외형적 변화 없이, 그 어떤 조건 없이. 제안에 응하겠습니까?" 상식적으로는 누구나 응할 것이다. 강해지면 이점이 많으니까. 위기 상황에서 도망갈 수도 있고, 누군가 공격할 때 쉽게 방어할 수도 있다.

인간은 약해지면 불안과 우울감이 커지고 행복도가 낮아진다. 반대로 아주 조금이라도 강해진다는 느낌이 들면 행복도는 신기할 정도로 높아진다. 길을 가는데 덩치 큰 남자가 어깨를 치고 지나간다. 화가 날까? 아니, 오히려 피식 웃음이 나올 것이다. "귀엽네." 이런 상태로 들어간 회의에서 누군가 당신의 의견을 공격한다. 쫄릴까? 아니, 여유롭게 받아칠 것이다. "그래서 대안이 뭔데요?" 이것이 테스토스테론의 힘이다.

여성이라면 이렇게 상상해보라. 밤길을 걷는데 뒤에서 발소리가 들린다. 두려운가? 만약 '나는 언제든 전력 질주로 벗어날 수 있다'는 확신이 있다면 어떨까. 두려움의 크기가 달라진다. 몸이 강하면 뇌는 '괜찮아'라고 속삭인다. 그러면 일, 관계, 그리고 삶의 모든 선택 앞에서 '해낼 수 있다'는 감각이 기본값이 된다.

반대의 경우를 상상해보자. 운동을 전혀 하지 않는다면? 힘이 없다. 근육이 없다. 누군가 시비를 걸면 이길 자신이 없다. 이성은 '현대 사회에서 주먹다짐을 하거나 맹수가 나타날 일은 없다'고 말한다. 하지만 우리의 뇌는 이에 대해 동의하지 않는다. 뇌는 '이 몸은 약하다, 조심해야 한다'고 판단하며 코르티솔 수치를 높이고 우리 몸은 스트레스에 점점 취약해진다. 자신감은 바닥을 친다. '약하다'는 느낌은 길을 걸을 때도, 사람을 만날 때도, 회의실에 앉아 있을 때도 그림자처럼 따라붙는다.

중요한 건 실제로 싸울 일이 있느냐가 아니다. 뇌가 '필요하면 싸워도 된다' 혹은 '필요하면 도망칠 수 있다'고 믿느냐가 중요하다. '건강해진다', '점차 조금씩 강해진다'라는 감각을 뇌에 지속적으로 입력하는 것도 중요하다. 이러한 신체 신호는 뇌 입장에서는 명확한 생존 신호다. 그 결과 편도체의 과잉 경계 반응은 완화되고, 코르티솔 분비는 감소하며, 세로토닌·도파민 같은 보상 신경 전달물질의 기준선이 안정화된다. 이 과정이 반복될수록 감정 조절 능력과 주관적 행복도는 구조적으로 상승한다. 그래서 세계 최강의 파이터들은 매일 자신의 몸을 한계까지 몰아붙인다.

테스토스테론은 단순한 성호르몬이 아니다. 남성 호르몬으로 알려져 있지만 여성에게도 분비되며, 양은 적어도 자신감과 에너지에 미치는 영향은 동일하다. 이 호르몬은 자신감을 높이고 두려움을 낮추며 상황을 보다 낙관적으로 판단하게 만든다. 남성이 자신의 외모나 능력을 실제보다 높게 평가하는 경향이 있는 것도 이 때문이다. 그래서 테스토스테론을 깨우는 '근력 운동'은 단순히 강해지거나 몸이 좋아지는 차원이 아니다. 표정과 인상이 달라진다. 행복도가 높아진다. 일상생활에서 스트레스가 줄어든다.

근력이 약해지면 정신도 나약해진다

한 원시인이 힘들게 사냥감을 잡았다. 50kg에 달하는 영양이다. 동굴까지 3km를 옮겨야 한다. 동료와 함께 어깨에 메고, 내려놓고, 숨을 고르고, 다시 들어 올린다. 온몸의 근육이 동원되고, 허벅지가 떨리고, 등 근육이 타들어간다. 도구를 만들기 위해 10kg

짜리 돌을 수십 번 들어 내리치고, 은신처를 보수하느라 20kg에 달하는 통나무를 어깨에 메고 언덕을 오른다. 물을 길으러 강에 다녀오면서 15kg 무게의 물주머니를 들고 1km를 걷는다.

여성의 삶도 다르지 않았다. 채집 위주였다 해도 먼 거리를 이동하며 무거운 짐을 날랐고, 10kg 남짓한 아이를 하루 종일 안고 다녔다. 맹수가 나타나면 아이를 안은 채로 달렸다. 남성이든 여성이든, 고강도 노동의 연속이었다. 이것이 인류가 살아온 10만 년의 일상이었다. 선택이 아니라 생존이었다. 몸이 늘 쓰였으니 근육은 단단해졌고, 몸이 강하니 정신도 강했다.

현대인의 하루는 어떤가? 아침에 일어나 출근 준비를 마친 뒤 2kg 남짓한 노트북을 가방에 넣고, 엘리베이터를 타고 내려가 이동수단에 몸을 싣는다. 사무실에 도착해 8시간을 앉아 있는다. 퇴근길에 장을 봐도 카트가 대신 짐을 옮겨준다.

사용하지 않는 근육은 위축된다. 이것을 '근감소증Sarcopenia'이라 부른다. 근육량은 30세 이후 운동을 하지 않으면 매년 0.5~1%씩 감소하고, 70세가 되면 젊었을 때의 절반만 남는다. 나이가 들면서 자연스럽게 약해지는 게 아니라 쓰지 않아서 약해지는 것이다.

뇌는 지독하리만큼 계산적이다. 에너지 낭비를 싫어한다. 쓰지 않는 조직은 이렇게 판단한다. '이건 쓸모없다.' 그러면 미련 없이 줄여버린다. 근육 1kg을 유지하는 데 하루 약 13kcal가 필요한

데, 뇌 입장에서는 쓰지도 않는 근육에 에너지를 쏟을 이유가 없다. 근육을 덜 사용하면 테스토스테론과 성장호르몬 분비도 함께 낮아진다. 그 결과, 의욕은 사라지고 회복력은 떨어지며 기분은 쉽게 가라앉는다.

근력 운동 = 호르몬 리셋

이 변화는 수치로 확인되는 생물학적 현상이다. 2007년 하버드 의대 연구진은 미국 남성의 테스토스테론 변화를 분석한 결과를 미국 내분비학회 학술지에 발표했다. 역학자 토머스 트래비슨 등이 1987~2004년 수집된 데이터를 분석한 결과, 동일한 연령대임에도 후대 남성의 테스토스테론 수치는 세대가 바뀔수록 낮아졌으며, 연구진은 이를 약 17~22% 감소로 보고했다. 단순한 노화가 아니라 세대 효과Cohort Effect였다. 인생의 정점이어야 할 나이에 호르몬이 바닥을 친다.

원인은 간단하다. 움직이지 않고, 무거운 것을 들지 않기 때문이다. 앉아서 일하고 앉아서 이동하고 앉아서 쉰다. 뇌는 이 데이터를 이렇게 해석한다. 이 몸은 무거운 것을 들 필요가 없다. 그러면 굳이 강해질 필요도 없다. 이런 신호가 쌓이면 우울증과 불안장애와 무기력이 폭발적으로 증가한다. 자신감이 없고 결정을 내리지 못하며 도전을 회피한다. 기성세대는 말한다. "요즘 젊은 이들은 의욕이 없다", "나약하다", "도전정신이 없다." 아니다. 의지의 문제가 아니라 호르몬의 문제다. 뇌가 이미 '강해질 필요가 없다'고 결론을 내버린 탓이다.

근력 운동은 꺼진 이 스위치를 다시 켠다. 무거운 중량을 들어 올리는 순간, 뇌는 즉시 신호를 받는다. '이 몸은 강하다.' 2014년 근력 및 컨디셔닝 연구 저널에 논문을 발표한 샤너 연구팀이 수치로 확인했다. 6세트의 고강도 스쿼트를 수행했을 때, 운동 직후 테스토스테론이 기준치 대비 최대 55%까지 상승하고 성장호르몬은 무려 340% 이상 폭발했다. 이 자극을 반복하면 일시적 상승이 아니라, 기준선 자체가 올라간다. 운동하지 않는 순간에도 자신감이 유지된다는 뜻이다.

더 놀라운 건 뇌 자체가 물리적으로 성장한다는 사실이다. 2023년 이란 이스파한 의대 연구진인 세타예쉬와 모하마드 라히미는 60세 이상 노인을 대상으로 한 대규모 분석에서 근력 운동이 BDNF 수치를 유의하게 끌어올린다고 보고했다. 노화로 위축되는 뇌에 다시 성장 신호가 켜진 셈이다.

정신건강 효과도 확인됐다. 2018년 미국 운동정신건강 분야 연구자인 브렛 고든과 동료 연구진은 여러 무작위 임상시험을 종합 분석한 결과, 근력 운동은 우울 증상을 실제 치료 효과가 있을 만큼 낮췄다. 일부 연구에서는 그 효과가 항우울제에서 나타나는

수준과 비슷했다. 뇌는 '이 몸이 생존할 수 있다'는 신호를 받으면 불안을 끄고 우울을 끈다. 이것은 억지 긍정이나 마인드 컨트롤이 아니다. 호르몬이 만들어낸 생물학적 확신이다.

3개월의 변화

2025년 4월, 나는 '자청 건강 AI'에 물었다. "배드민턴과 테니스를 더 잘하고 싶어. 근력 운동은 주 1회 유지만 하고 있는데, 벤치프레스 80kg, 데드리프트 90kg 정도야. 어떻게 하면 좋을까?" AI가 답했다. "귀하의 현재 근력은 유지 수준입니다. 폭발력을 높이려면 근력을 체중의 1.5~2배로 상향해야 합니다." 체중의 2배라니. 나는 서른 즈음부터 근력 운동을 '최소 유지' 차원에서만 해왔다. 주 1회, 3대 운동, 같은 중량. 근육이 빠지지 않게 하는 보험이었다. 하지만 그 조언을 듣고 생각이 바뀌었다. 유지만 해서는 더 나아질 수 없다. 성장이 멈추면 뇌도 멈춘다. 참고로 여성은 약 1.2배 정도만 근력을 키워도 같은 효과를 볼 수 있다.

3개월 후인 그해 여름, 나는 벤치프레스 110kg, 데드리프트 150kg을 들었다. 체중은 81kg에서 84kg으로 늘었지만 체지방률은 그대로였다. 순수 근육량이 증가한 것이다. 그 결과, 동년배 기준 인바디 상위 0.2%, 근육량 42.4kg을 기록했다. 인바디 체형 분류 기준으로는 '운동선수형'에 해당하는 수치였다. 거울 속의 내가 달라 보였다. 어깨가 넓어지고 등이 두꺼워지고 다리가 단단해졌다. 변화는 끝나지 않았다. 몸이 달라지자 움직임 자체가 달라졌다.

3가지가 바뀌었다. 첫째, 스포츠 퍼포먼스가 향상됐다. 배드민턴 스매싱 속도가 눈에 띄게 빨라졌고, 전에는 상대가 받아내던 공이 이제는 득점으로 꽂혔다. 테니스 서브 속도는 시속 10km 이상 빨라졌다. 3세트까지 집중력이 유지됐고 마지막 세트까지 다리가 버텼으며 부상도 거의 사라졌다.

둘째, 자신감과 에너지가 폭발했다. 나는 세계적인 파이터 김동현은 아니지만 내 뇌는 그렇게 믿기 시작했다. 덤벨 몇 번 들었을 뿐인데 이미 옥타곤에 서도 될 사람처럼 착각한다. '나는 강하다.' 아침에 일어나면 몸이 가벼웠고 하루 종일 피곤하지 않았다. 어려운 결정을 앞두고 주저하지 않았다. 사람들을 만날 때 당당했고 목소리에 힘이 실렸다. 몸의 두께가 커지고 어깨가 넓어졌다.

셋째, 스트레스 저항력이 증가했다. 같은 상황에서도 나는 덜 흔들렸다. 프로젝트 마감, 갈등 상황, 예상 밖의 문제들 앞에서 전에는 불안해했다면, 이제는 '해결하면 되지'라는 태도로 바뀌었다. 몸이 강해지니 마음의 맷집도 좋아졌다.

단순히 성취도가 내 행복도를 높인 게 아니다. 뇌의 무의식적 작용이다. 빨라지고 강해지는 것은 '완벽한 행복'을 구성하는 여러 스위치 중 하나다. 절대적으로 강해질 필요는 없다. 하루에 0.1이라도, 아주 미세하게라도 나아지고 있다는 신체적 피드백이 들어오면 뇌는 미래를 긍정적으로 예측한다. 이때 도파민 시스템은 '보상'이 아니라 '진행 중'이라는 신호에 반응하며, 희망 회로가 활성화된다. 그 결과, 행복도는 성과가 나오기 전부터 구조적으로 상승한다.

데드리프트 하나면 된다

운동 고수라면 이 조언을 건너뛰어도 좋다. 이미 자기 루틴이 있고 무엇이 효과적인지 알고 있을 테니까. 초보자 또는 나처럼 현상 유지에 머물러 있던 사람에게 말하고 싶다. 권하는 건 단 하나다. 데드리프트. 전문가들은 잔소리를 시작할 것이다. 다른 근육도 붙어야 한다, 데드리프트만 하면 근육에 불균형이 생긴다,

가슴 운동도 해야지, 허리 나간다, 어깨도 키워야지 등등. 무시해라. 그런 말에 휘둘리면 복잡해서 시작도 못 한다. 그냥 데드리프트만 해라. 4일에 1회, 7분이면 충분하다.

평소에는 해볼 일이 없는 동작이니 PT를 받든 유튜브를 보든 폼을 익히고, 1회에 20번 이상 할 수 있는 무게로 딱 3세트만 해라. 20번을 드는 게 1세트다. 처음에는 빈 봉, 20kg으로 시작해도 된다. 무섭다면 10kg 이하도 좋다. 3세트를 완성했다면, 4~5일에 한 번씩 횟수를 1회라도 늘려라.

"운동 후 3일을 쉬어라", "초보자는 매일 해라." 여러 주장에 혼란스러워할 필요가 없다. 내 의견은 '4일에 1회'다. 물론 공부를 하면, 초급자와 상급자는 몇 시간 쉬고, 체형이나 나이별로 얼마나 쉬어야 하는지 알게 된다. 이는 매우 복잡하니, 대근육은 4일을 쉬고, 작은 근육은 이틀 정도 쉰다고 생각하면 쉽다. 잘 모르겠으면 그냥 이것만 지켜라.

데드리프트, 스쿼트 등 하체 대근육 중심의 전신 운동
= 4일에 한 번
벤치프레스 등 상체 대근육 복합 운동 = 3일에 한 번
전완근, 팔뚝 등 소근육 = 2일에 한 번

왜 데드리프트 하나면 되냐고? 만약 전문가에게 "죽을 때까지

딱 하나의 운동만 해야 한다면?"이라고 묻는다면 대부분 데드리프트를 고를 것이다. 데드리프트는 전신 운동이다. 등, 다리, 코어, 엉덩이, 햄스트링을 모두 쓴다. 따라서 데드리프트를 먼저 해두면 다른 운동을 할 때 근육이 훨씬 빨리 붙는다. 대근육을 동시에 쓰므로 호르몬 분비 효율이 가장 좋다. 뇌는 '전신 근육을 동원해야 하는 큰 위기 상황'으로 인식하고 호르몬을 쏟아낸다. 10만 년 전 원시인이 사냥감을 들어 올릴 때와 똑같은 신호다. 운동은 많이 하는 게 아니다. 강한 신호를 주는 게 전부다.

열심히 하지 말고, 10분만 하라

나는 헬스장에서 가장 이상한 사람이다. 10분 이상 머무르지 않기 때문이다. 하루는 벤치프레스, 하루는 데드리프트, 하루는 풀업. 끝이다. 무겁게, 강렬하게, 짧게. 10분이면 충분하다. 준비 운동 1세트, 메인 3세트다. 대부분의 사람이 근력 운동을 포기하는 이유는 '헬스장 가서 1시간 운동해야지'라고 결심하기 때문이다. 10분도 충분하다.

자세가 무너지면 중량을 낮춰야 한다. 부상은 모든 것을 멈추게 만든다. 초보자라면 20회 이상 할 수 있는 저중량으로 시작해야 한다. 목표는 프로가 되는 것이 아니라 계속하는 것이다. 작게 시작해야 한다. 작게 습관을 들이면 뇌가 변화한다. 더 이상 의지에 기대어 운동할 필요가 없어진다.

고중량 헬스에만 집착할 필요는 없다. 인간의 몸은 200kg짜리 바벨을 드는 것보다 빠르게 달리고 점프하고 던지는 원시인 모드에 더 최적화되어 있다. 나 또한 체중의 2배 이상을 드는 것은 반대한다. 1배 정도만 해도 충분하다. 원시인은 제자리에서 무거운 걸 들기만 하지 않았다. 달리고, 뛰어오르고, 좌우로 움직였다. 실제로 격투가들은 보디빌더보다 덩치는 작지만 실전에서는 훨씬 강하다. 중량보다 중요한 건 '기능적 움직임'이다. 배드민턴과 테니스가 내게 맞는 이유도 그것이다. 좌우 이동, 순간 가속, 점프 스매싱. 원시인의 움직임을 재현한다.

대안으로 '맨몸 운동'도 아주 좋다. 맨몸 스쿼트, 맨몸 팔굽혀펴기 등 3일에 한 번만 해도 운동을 안 하는 사람들과 완전히 다른 몸과 정신력을 갖게 된다.

근육은 뇌에 보내는 신호다

근육은 행복도를 높이는 신호다. 뇌는 지금이 2026년인지 모른다. 여전히 사바나 초원에 있다고 착각하며, 10만 년 전의 기준으로 당신의 상태를 판단한다. 근육이 빠지고 몸이 약해지면 뇌는 이렇게 해석한다. '이 몸은 사냥에 실패했다. 포식자에게 잡아먹힐 수 있다. 숨어야 한다.' 그 순간 우울과 불안 모드가 켜진다. 세상에 대한 노출을 줄이고 몸을 웅크리게 만드는 것, 원시 뇌가 생존을 돕는 방식이다.

반대로 근력 운동을 하면 뇌는 정반대 신호를 받는다. '이 몸은 강하다. 생존할 수 있다. 싸워도 이긴다.' 이 신호를 받은 뇌는 코르티솔을 낮추고 테스토스테론을 올린다. 강철 멘탈을 갖게 된다. 주 2회, 10분, 데드리프트 3세트. 체중의 1~1.5배를 목표로 6개월만 투자해보라. 수백만 년 동안 잠들어 있던 야생의 DNA가 깨어난다. 강인함, 자신감, 에너지. 그것이 당신의 새로운 기본값이 된다. 초보자라면 데드리프트 하나만 한 달 정도 습관을 들여라. 그러면 나머지는 저절로 따라온다. 스쿼트나 벤치프레스도 하고 싶어지고, 영양에도 관심이 생기고, 수면에도 신경 쓰게 된다.

사람들은 인생을 뒤집을 기적 같은 사건을 기다리며 헛된 시간을 보낸다. 반면 나는 작은 습관 하나가 삶 전체를 바꿀 수 있다고 확신한다. 근력 운동이 바로 그런 습관이다. 이 하나의 시작이 선순환을 만들어낸다. 기적은 하늘에서 내려오지 않는다. 4일마다 10분짜리 데드리프트. 그게 기적이다. 그것도 스스로 만들어낼 수 있는.

고강도 운동

어제 퇴근 후 유튜버 '테왕'과 테니스를 쳤다. 오늘 아침, 거울을 보니 얼굴이 크게 달라져 있다. 직원도 보자마자 물었다. "오늘 얼굴이 왜 이렇게 좋아요?" 부기가 빠지고, 피부 톤이 밝아졌다. 눈이 또렷하다. 이는 착각이 아니다. 어느 정도 예상한 결과다. 테니스는 원시시대에 창을 던지며 사냥감을 노리던 행동과 유사하다. 고강도 운동 후에는 림프 순환이 촉진되고, 성장호르몬이 폭발하며, 혈류량이 증가한다. 얼굴만 좋아진 게 아니라 몸의 전반적인 컨디션이 좋아진 것이다.

전날의 업무 스트레스도 이미 초기화되었다. 테니스를 하며 웃고, 소리치고, 공이 정확히 들어갈 때의 쾌감은 뇌의 보상 회로를 강하게 활성화한다. 이 과정에서 스트레스를 유지하던 코르티솔 분비는 빠르게 낮아지고, 편도체의 과잉 경계 반응도 함께 진정된다. 동시에 강한 신체 활동은 뇌에 '이 몸은 충분히 대응할 수 있다'는 신호를 보낸다. 그러면 뇌는 사소한 자극을 위협으로 오인하지 않는다. 그래서 전날의 업무 스트레스는 기억으로 남아 있어도, 더 이상 몸과 감정을 흔드는 신호로 작동하지 않는다.

샤워를 마치고 책상에 앉았다. 머리가 맑다. 평소 같으면 커피한 잔 마시고, 카톡도 뒤적이고, 유튜브 좀 보다가 겨우 일을 시작했을 텐데 오늘은 앉자마자 손이 움직인다. 아이디어가 툭툭 튀어나온다. 막혔던 기획안이 30분 만에 정리된다. 고강도 운동 직후, BDNF는 급격히 증가하고 전두엽 혈류량도 함께 올라간다. 뇌가 '지금은 살아 있고, 강하다'는 신호를 받는 순간이다.

정확히 말하면, 인간은 사냥할 때 인지 기능이 최고조로 올라가도록 진화했다. 목표를 추적하고, 거리와 타이밍을 계산하며, 실패와 성공을 즉각 피드백받는 상황에서 뇌는 생존을 위해 집중력, 판단력, 창의성을 동시에 끌어올린다. 테니스는 이 조건을 거의 그대로 재현하는 운동이다. 그래서 뇌가 최상의 상태로 전환된다. 특별한 이유 없이 기분이 좋다. 엔도르핀이 아직 돌고 있다. 어제 테니스 코트에서 전력 질주하며 터뜨린 그 호르몬이 24시간이 지난 지금까지 나를 떠받치고 있다. 이 모든 변화를 이끌어낸

것은 40분간 치러진 단 한 번의 테니스 경기였다.

운동의 효과는 '건강해진다'는 막연한 말로 설명되지 않는다. 얼굴이 바뀌고, 뇌가 바뀌고, 감정이 바뀐다. 그것도 다음 날 아침에 즉시. 나는 테니스를 하라는 말을 하고 싶은 게 아니다. 빠르게 뛰고, 걷고, 점프하는 등 사냥감 추격과 유사한 움직임이 우리에게 필요하다는 사실을 강조하고 싶을 뿐이다. 그리고 이런 형태의 운동을 HIITHigh-Intensity Interval Training, 고강도 인터벌 운동이라 부른다.

Zone 5, 위기 상황의 신호

운동 강도는 심박수 기준으로 5단계로 나뉜다.

Zone 1은 산책 수준이다. 숨도 안 찬다. Zone 2는 가벼운 걷기나 느린 조깅이다. 대화는 가능하지만 노래는 힘들다. 지방을 태우고 심폐 기능을 기르는 데는 충분하다. Zone 3은 일반적인 조깅이다. 약간 숨이 차고 짧은 대화만 가능하다. Zone 4는 힘든 달리기다. 대화는 불가하다. Zone 5는 전력 질주다. 심박수 최대치의 90% 이상, 숨이 턱까지 차오르는 강도다.

앞서 말했듯 Zone 2가 가장 중요하다. 걷기와 가벼운 달리기는 그 자체로 훌륭한 운동이며, 지방 연소와 심폐 지구력 향상, 스트레스 해소에 탁월하다. 하지만 Zone 2만으로는 완벽하진 않다. 결정적인 신호는 Zone 5에서 나온다.

전력 질주, 폭발적 움직임. 이 순간 뇌의 '생존 모드'가 켜진다. 뇌는 이렇게 해석한다. '위기다. 맹수가 쫓아온다. 강해져야 한다. 호르몬을 분비하라.' BDNF, 테스토스테론, 엔도르핀, 아드레날린이 동시에 폭발한다. Zone 2에서는 절대 일어나지 않는 반응이다.

원시인의 하루에는 HIIT가 있었다. 아침, 부족과 함께 사냥을 나선다. 대부분의 시간은 걷는다. 사냥감을 찾아 초원을 이동하며 심박수는 100 정도를 유지한다. 대화도 가능하고 숨도 차지 않는다. 이것이 Zone 2다. 그러다 영양 떼를 발견한다. 신호가 떨어진다. 전력 질주. 30초. 심박수가 180까지 치솟고 심장이 터질 것 같다. 이것이 Zone 5다. 영양이 방향을 튼다. 놓쳤다. 멈춰 서서 숨을 고른다. 다시 걷는다. 또 발견한다. 다시 전력 질주. 20초. 창을 던진다. 성공이다. 하루에 이런 폭발적인 순간이 3~5번 발생한다.

원시인 여성의 하루도 다르지 않았다. 아이를 업고 채집하러 나선다. 주로 걷는다. 열매가 열린 나무를 발견하면 높은 가지까지 빠르게 기어오른다. 팔과 다리 근육이 총동원되고 심박수가 급격히 오른다. 갑자기 풀숲에서 뱀이 나타나면 아이를 꽉 안고 전력으로 질주한다. 10초. 심장이 쿵쾅거린다. 저녁에는 무거운 채집물을 들고 언덕을 오르다 보면 허벅지가 타들어가는 듯하다. 하루에 이런 폭발적인 순간이 최소 2~4번 발생한다.

성공적인 운동 세션의 강도 리듬

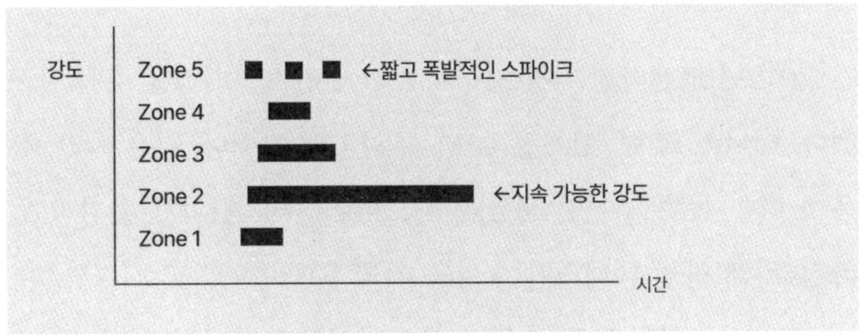

원시인의 일상에서는 Zone 2와 Zone 5가 반복되었다. 이것이 인류가 수십만 년간 경험한 움직임의 리듬이다. 위 그래프는 한 번의 운동 세션 안에서 강도가 어떻게 배분되어야 하는지를 보여 준다. 대부분의 시간은 지속 가능한 강도(Zone 2)에 머물고, 고강도 자극(Zone 5)은 짧고 폭발적으로만 등장한다.

현대인의 하루는 어떤가? 폭발적인 순간이 몇 번인가? 0번이다. 심박수가 120을 넘는 순간이 하루에 단 한 번도 없다. Zone 2는 있어도 Zone 5가 없다. 뇌는 '사냥'을 경험하지 못한다. 엔도르핀도 터지지 않고 BDNF도 분비되지 않는다. 우울하고 무기력하며 쉽게 지칠 수밖에 없다.

왜 하필 테니스가 수명 연장에 가장 도움이 될까?

2018년 코펜하겐 심장 연구팀은 25년간 8,500명을 추적 연구했다. 테니스 9.7년, 헬스장 1.5년. 무려 6배 차이다. 같은 시간, 같은 노력을 들여도 어떤 운동을 하느냐에 따라 결과가 완전히 달라진다. 왜 하필 테니스가 수명을 거의 10년이나 연장시킬까? 나는 이것이 '원시인 모드'에 가장 가까워서라고 확신한다.

물론 이 연구를 그대로 받아들일 수는 없다. 테니스를 즐기는 사람들은 상대적으로 사회경제적 여유가 있고, 사회적 교류도 활발하며 생활 습관 전반이 더 건강했을 가능성이 크다. 즉 운동별 수명 차이는 순수한 인과관계라기보다는 상관관계의 성격이 강하다. 하지만 그 점을 감안하더라도, 라켓 스포츠의 강점은 분명하다. 라켓 스포츠는 '단순 반복 운동'이 아닌, 이동·판단·경쟁·사회적 상호작용을 동시에 요구하는 운동이다. 이 조합은 심혈관 건강과 인지 기능을 함께 자극한다.

10만 년 전 원시인의 사냥을 떠올려보라. 폭발적으로 달리고, 창을 던지고, 동료와 협력하고, 사냥감의 움직임을 예측했다. 공간을 파악하여 순간적으로 판단을 내리고, 성공하면 환호했다. 이 모든 요소가 테니스와 배드민턴에 들어 있다. 공이 날아온다. 순간적으로 궤적을 계산한다. 공간 지각. 폭발적으로 움직인다. 심박수 상승, Zone 5 진입. 라켓을 휘두른다. 투창 동작. 상대와 랠

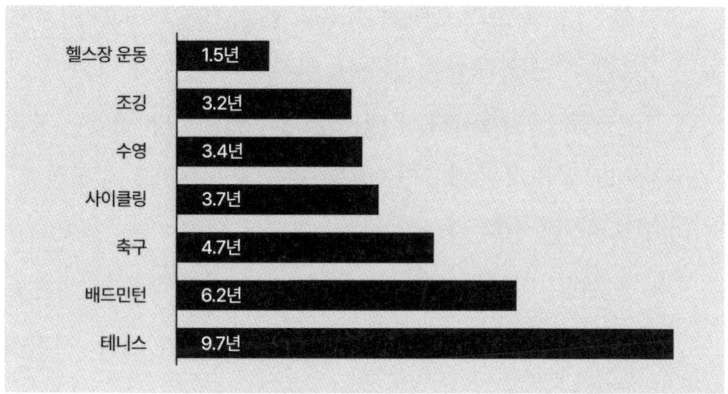

출처: Copenhagen City Heart Study, 2018

리를 주고받는다. 협력이자 경쟁. 포인트를 따낸다. 도파민 폭발. 복식이라면 파트너와 눈빛을 교환한다. 옥시토신 분비. 뇌는 착각한다. '나는 지금 저 앞의 사냥감을 쫓고 있다.'

나는 배드민턴과 테니스를 친다. 경기 중에는 생각할 틈이 없다. 공이 날아오고, 발이 튀어 나가고, 팔이 저절로 휘둘러진다. 심박수는 120에서 170까지 오르내리기를 반복한다. 40분 동안 폭발-회복-폭발-회복, 사냥감 추격의 리듬이 이어진다. 경기가 끝나면 완전히 탈진하지만, 그 탈진 후 몰려오는 쾌감은 다른 운동에서 느끼기 어려운 것이다. 이것이 스포츠의 마법이다. 이쯤 되면 운동은 더 이상 '해야 할 일'이 아니라 '하고 싶은 일'이 된다. 의지력이 필요 없다. 재미가 의지력을 대체한다.

헬스장 기구 운동은 근육을 키우고 힘을 기르는 데는 최고다. 앞서 강조했듯 근력 운동은 필수다. 하지만 수명 연장 효과가 1.5년에 그친 이유는 명확하다. 사회적 요소가 없어서다. 인간은 사회적 동물이라 혼자 하는 활동만으로는 뇌를 완전히 깨우지 못한다.

조깅은 3.2년이다. 나쁘지 않다. 걷기와 달리기는 그 자체로 훌륭한 운동이고, 꾸준히 하면 분명 효과가 있다. 다만 라켓 스포츠와 비교해 사회적 상호작용과 순간 판단 요소가 적다. 여기에 Zone 5의 리듬이 자주 들어가지 않는다는 점도 차이를 만든다.

15분이 1시간을 이긴다

"시간이 없어서 운동을 못 해요." 이 말을 들을 때마다 나는 속으로 생각한다. 진짜 시간이 없는 걸까, 아니면 1시간짜리 운동만 운동이라고 믿는 걸까? 2016년 맥마스터대 연구진은 12주간 고강도 인터벌 트레이닝과 전통적인 중강도 유산소 운동을 비교했다. 한 그룹은 매회 약 45분씩 꾸준히 달렸고, 다른 그룹은 20초 전력 질주를 세 차례 반복했다. 회복 시간을 포함해도 전체 운동 시간은 10분 남짓, 실제 전력 질주 구간은 1분이 채 되지 않았다. 그런데도 결과는 분명했다. 심폐 기능은 유의하게 향상되었고, 인슐린 감수성은 개선되었으며, 근육 내 미토콘드리아 기능 역시 증가했다. 두 그룹의 생리적 적응은 큰 차이를 보이지 않았다. 짧은 시간이었지만, 자극은 충분했다. 고강도 인터벌은 1분 안에 '사냥'의 압축본을 만든다. 그 효과는 4가지로 정리할 수 있다.

첫째, 미토콘드리아가 폭발적으로 늘어난다. 미토콘드리아는 세포 속 에너지 발전소다. HIIT는 세포에 '에너지가 부족하다! 죽을 것 같다!'며 강력한 생존 신호를 보낸다. 세포는 생존을 위해 발전소를 더 짓는다. 2012년 캐나다 구엘프대 연구진은 짧은 고강도 인터벌 훈련만으로도 근육의 미토콘드리아 관련 효소 활성과 대사 기능이 빠르게 증가한다고 발표했다. 특히 미토콘드리아 생합성을 조절하는 신호는 자극 직후 몇 배 이상 급증하기도 한다. 세포는 위기를 감지하면 에너지 공장을 증설한다.

둘째, 운동이 끝나도 칼로리가 계속 탄다. 이것을 '운동 후 초과 산소 소비EPOC'라고 부른다. HIIT 후에는 이 효과가 최대 24시간 지속된다. 아침에 10분 뛰면 저녁까지 대사율이 높은 상태가 유지된다. 저강도 운동의 EPOC는 1~2시간이면 끝난다.

셋째, 뇌가 물리적으로 커진다. 2019년 호주 퀸즐랜드대 연구팀은 12주간의 비교 실험에서 HIIT를 시행한 그룹의 해마 부피가 유의하게 증가했음을 MRI로 확인했다. 해마는 기억과 학습을 담당하는 영역이다. HIIT는 글자 그대로 뇌를 키운다.

넷째, 성장호르몬이 폭발한다. HIIT 직후 성장호르몬은 평소보다 약 300~500%까지 치솟는다. 성장호르몬은 근육 회복, 지방 연소, 피부 재생을 담당한다. 사람들은 수백만 원을 들여 안티에 이징 시술을 받는다. 하지만 10분짜리 HIIT도 몸 안에서 같은 성장 신호를 켠다. 비용은 들지 않는다.

시간이 없다는 건 변명이다. 10분이면 된다. 선택지는 2가지다. 몸이 여유롭다면 10분 HIIT로, 폭발-회복-폭발로 뇌와 몸에 위기 신호를 넣는다. 컨디션이 바닥이라면 Zone 2 느린 러닝 10분으로 리듬만 살려도 된다. 중요한 건 길이가 아니다. 뇌에 '오늘도 사냥했다'는 신호를 보냈느냐다.

지금 하는 운동에 HIIT를 더하라

'시간이 없어서'라는 변명은 이제 통하지 않는다. 운동을 하지 않는 건 '운동의 중요성'을 아직도 이해하지 못했거나, 뇌가 도파민에 절여졌거나 초가공식품 때문에 고장 난 것이다. 농담이다. 하지만 충격을 받아서라도 당신이 운동을 하길 바라는 것은 진심이다. 여기까지 읽었다면 당신은 이미 안다. 이제 필요한 건 실행이다. 새로운 걸 시작할 필요도 없다. 지금 하는 운동에 HIIT를 더하라.

1. 러닝 끝에 30초 전력 질주: 이미 러닝이나 걷기를 하고 있

다면 끝낼 때 30초만 전속력으로 뛰어라. 30초 전력 질주, 30초 걷기를 3세트. 추가 시간은 고작 3분이다. 이것만 더 해도 러닝은 완전히 다른 운동이 된다. Zone 2에 Zone 5가 더해지는 것이다.

2. 스포츠: 테니스, 배드민턴, 축구, 농구. 뭐든 좋다. 주 1~3회 하면 자동으로 HIIT가 된다. 처음엔 못해도 괜찮다. 동호회 가서 초보라고 말하면 다들 친절하게 가르쳐준다. 3개월이면 경기 자체를 즐길 수 있다.

3. 타바타 4분: 나보다 어리지만 단기간에 기업 가치 3천억 원에 이르는 회사를 만든 동생이 있다. 이 친구는 일에 미쳐 있고, 일만 하며 살아간다. 그럼에도 다른 사업가들과 다르게 매우 건강하며 행복해 보인다. 이 친구는 운동할 시간도 아까워하는데 어떻게 정신 건강이 그리 좋은지 비결을 물었다. "형, 저는 그냥 아침에 일어나서 타바타 5분 해요. 유산소랑 근력 운동 다 잡을 수 있어요. 효율 미쳤어요." 유튜브에 '타바타'라고 검색하면 수천 개의 영상이 나온다. 20초 운동, 10초 쉬기 8세트. 딱 4분 걸린다. 점프 동작만 빼면 조용한 버전도 가능하다.

4. 계단 뛰기: 계단이 있는 곳이면 어디든 된다. 20초 전속력으로 뛰어오르고 1~2분 쉬기를 3세트. 짧지만 강한 자극으로 심박수는 Zone 5까지 치솟는다. 나는 2022년 여행

지 오피스텔에 머물 때, 3일에 1회씩 이것만 했다. 이 행동은 몸의 근육, 심폐지구력, 체력 등 모든 기능을 5분 만에 향상시키는 치트키다.

HIIT가 만능은 아니다. 자주 하면 오히려 독이 된다. HIIT는 심장, 근육, 자율신경계를 동시에 최대로 동원한다. 이 시스템들이 정상으로 돌아오는 데는 최소 48~72시간이 필요하다. 그래서 주 1~3회 하는 것을 권한다. 그 사이에는 걷기나 가벼운 운동을 하거나 완전히 쉬어야 한다.

매일 HIIT를 하면 과훈련 증후군에 빠진다. 코르티솔 수치가 만성적으로 높아져 면역력이 떨어지고, 잠을 자도 개운하지 않고, 감정 기복이 심해진다. 나도 배드민턴 대회를 준비하며 거의 매일 고강도 훈련을 한 적이 있다. 결과는 처참했다. 몸에 여드름이 나고 금세 피곤해졌다. 신경계를 너무 무리하게 쓴 탓이었다.

또 하나의 금기 사항이 있다. 절대 공복 상태에서 HIIT를 하지 마라. 고강도 운동은 포도당을 폭발적으로 소비한다. 공복 상태에서 하면 저혈당이 온다. 어지럽고 힘이 빠지며, 최악의 경우 쓰러진다. HIIT 하기 한두 시간 전에 바나나나 고구마 하나 정도의 탄수화물을 섭취해라.

일주일에 40분, 뇌를 사냥꾼으로 되돌려라

10만 년 전 원시인은 매일 사냥했다. 그래서 그들의 뇌는 항상 엔도르핀과 건강한 도파민으로 충만했다. 우울증과 불안장애가 거의 없었다. 무기력하지도 않았다. 사냥에 실패하면 배가 고팠고, 성공하면 배가 불렀다. 전쟁이 일어나거나, 부족에서 내쫓기지만 않으면 힘들 게 없었다.

현대인은 사냥하지 않아도 먹을 수 있다. 배달 앱만 켜면 된다. 편리해졌지만, 뇌는 혼란스럽다. 보상 없이 음식이 온다. 위기 없이 하루가 간다. 뇌는 사냥을 경험하지 못한 채 엔도르핀에 굶주려 있다. 원시인에게 자연스러웠던 것을, 현대인은 의도적으로 선택해야 한다. 일주일에 2~3번, 회당 15~20분이면 충분하다. 테니스를 치든, 배드민턴을 치든, 30초 전력 질주를 하든, 타바타를 4분 하든, 방법은 상관없다. 핵심은 '폭발'이다. 심박수가 치솟고, 숨이 턱까지 차오르고, 다리가 후들거리는 그 순간에 뇌는 보상을 받는다.

당신의 DNA에는 사바나 초원을 뛰어다니던 선조의 유전자가 남아 있다. 그 유전자는 지금도 같은 것을 원한다. 달리고 싶다. 쫓고 싶다. 숨이 턱까지 차오르는 그 순간을 원한다. 수만 년간 잠들어 있던 그 본능을 깨워라.

연결

원시인은 혼자가 아니었다

짱구 아빠가 악당을 향해 이런 명대사를 한다. "너는 참 불쌍하구나. 가족의 사랑만큼 중요한 건 없어. 돈, 명예보다 중요한 건 가족이야. 너에게 그 행복을 가르쳐주고 싶구나." 유치한 대사처럼 들릴지 모르지만, 뇌과학적으로 보면 인간의 뇌가 세상을 판단하는 가장 오래된 기준을 정확히 찌른 말이다.

사람들은 보통 삶의 만족을 말할 때 도파민을 먼저 떠올린다. 성취, 보상, 쾌락. 무언가를 이루었을 때 터지는 그 짜릿한 감각. 세로토닌도 익숙하다. 안정감, 평온함. 불안이 가라앉고, 마음이 차분해지는 상태. 하지만 이 2가지만으로는 뇌가 오래 버티지 못한다. 둘 다 하나의 질문에는 답하지 못하기 때문이다. "나는 혼자인가, 아닌가?"

이 질문에 '아니다'라는 답이 들어오는 순간, 뇌는 경계를 낮추고, 위협 신호를 줄인다. 이 역할을 맡은 신경전달물질이 바로 옥시토신이다. 옥시토신이 없으면 도파민이 터져도 공허하다. 세로토닌으로 마음을 달래도 금세 불안해진다. 더 많은 성취를 쌓고, 더 강한 자극을 찾아도 뇌는 끝내 '안전하다'고 판단하지 않는다. 눈을 마주칠 때, 손을 잡을 때, 진심이 오가는 대화를 나눌 때, 같은 식탁에 앉아 음식을 나눌 때, 뇌는 상대를 '정보'가 아니라 내 편으로 분류한다. 그 순간 편도체는 진정되고, 세상은 덜 위협적인 장소가 된다.

Level 3은 연결을 통해 뇌의 판단을 바꾸는 단계다. 원시인에게 연결이 선택이 아니라 생존 전략이었듯, 뇌도 여전히 집단 안에 있는지를 기준으로 안전을 평가한다. 현대 사회에서는 혼자서도 살아갈 수 있지만, 뇌는 고립을 위험 신호로 받아들이고 경계를 높인다. 부족, 대면, 기여, 섹스, 이 4가지는 형태는 달라도 하나의 메시지를 뇌에 보낸다. "나는 혼자가 아니다." 그 신호가 들어오는 순간, 세상은 버티는 곳이 아니라 살아가는 곳으로 변한다.

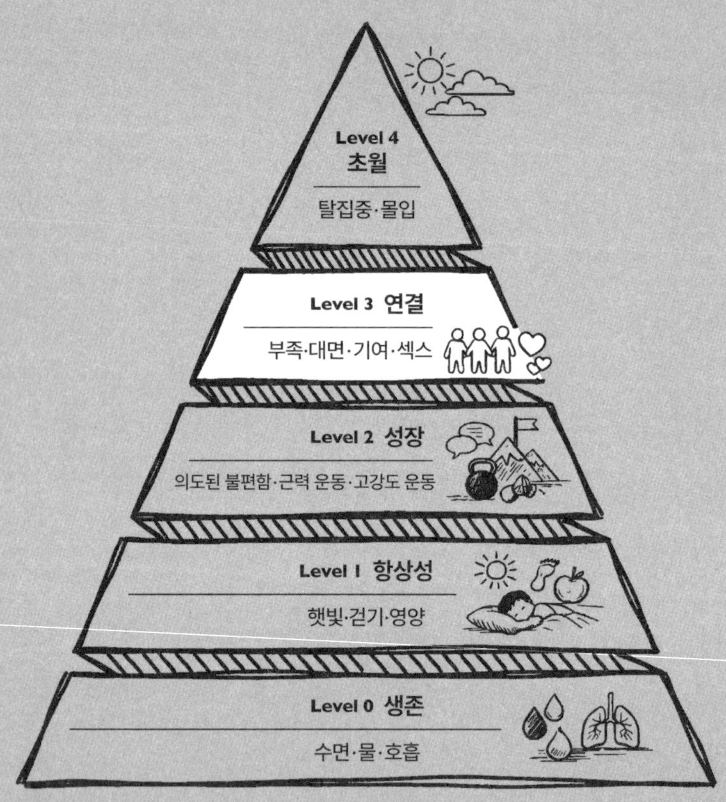

Level 4
초월
탈집중·몰입
Level 3 연결
부족·대면·기여·섹스
Level 2 성장
의도된 불편함·근력 운동·고강도 운동
Level 1 항상성
햇빛·걷기·영양
Level 0 생존
수면·물·호흡

부족의 탄생

팔로워 1,500명 대신 진짜 친구 5명

2023년 12월, 배우 이선균 씨가 스스로 생을 마감했다는 뉴스를 접했다. TV에서 봤던 그의 모습이 떠올랐다. 〈나의 아저씨〉에서의 따뜻한 미소, 〈파스타〉에서의 섬세한 연기. 성공한 배우였고, 돈도 있었으며, 많은 사람들의 사랑을 받았다. 공식적으로 알려진 우울증 병력도 없었다.

그날 밤, 나는 한참을 생각했다. '내가 그의 지인이었다면 어땠을까? 분명 도움이 될 수 있었을 텐데…' 추측하건대 그는 사회적으로 고립됐다고 느꼈을 것이다. 논란에 휩싸이면서 주변 사람들이 하나둘 멀어졌을지도 모른다. 위약금의 압박, 보이지 않는 비

난, 함께 영화를 찍은 사람들과 투자자를 곤경에 빠뜨렸다는 죄책
감이 심했을 것이다. 진짜 힘들 때 전화할 수 있는 사람, 새벽 2시
에 울며 연락해도 받아줄 사람, "나는 언제나 네 편이야"라고 말해
줄 사람이 단 5명만 있었어도 결과는 달랐을 것이다.

두 달 후, 나에게도 비슷한 일이 생겼다. 저격 유튜버들이 일
제히 나를 공격했다. 초기에는 건설적인 비판도 있었지만 시간이
지나자 조회수를 올리려 수십 가지 유언비어를 쏟아냈다. 나는 순
식간에 사기꾼으로 몰렸다. 모든 사업체가 공격받아 100억 원이
넘는 손실이 발생했고, 믿었던 지인들마저 등을 돌렸다. 열혈 구독
자 중 악의적으로 돌아선 사람도 있었고, 매일 아침 눈을 뜨면 악
플이 수백 개씩 달렸다. 기분이 좋을 리 없었다. 하지만 나는 무너
지지 않았다. 그냥 차분히 15개 버튼을 하나하나 누르며 살았다.

왜? 나는 이것이 뇌의 착각이라는 걸 알았다. 돌아선 일부를
전부로 착각하고, 사회적 마찰을 곧 생존 위기로 번역하는 오래된
뇌의 오작동 말이다. "돌아선 1%를 신경 쓰지 마. 나를 믿고 응원
해주는 사람은 99%다. 질투를 유발한 내 잘못이다. 일을 꼼꼼히
챙기지 않은 내 잘못이다. 애초에 이런 리스크를 각오하고 시작했
잖아."

무엇보다 실제로 나를 지지해주는 사람들이 곁에 있었다. 새
벽까지 격려 메시지를 보내준 친구들, "무시해라. 어차피 진실이
승리한다"라고 말해준 지인과 직원들. 그들의 존재가 나를 지켜

냈다. 결국 나는 AI 강의를 대성공시켰고, 새로 시작한 릴스는 조회수 300만 회를 여러 차례 기록했다. 2026년 기준, 사업 매출과 성과는 전성기를 훨씬 뛰어넘는 상황에 이르렀다.

왕따를 당하던 학생들이 생을 마감했다는 뉴스가 종종 들려온다. 친구들이 등을 돌렸고, 혼자가 됐다. 단톡방에서 쫓겨났으며, 학교에 가면 아무도 말을 걸지 않는다. 점심시간에 혼자 밥을 먹고, 화장실에 숨어서 쉬는 시간을 보낸다. 집에 와도 단톡방은 조용하다. 아무도 메시지를 보내지 않는다. 그리고 어느 날, 죽음을 선택한다. 왜 그랬을까? 따돌림이 인간에게 그토록 치명적인 이유는 무엇일까?

인간이 사회적으로 고립되면 뇌는 이를 선사시대에 홀로 남겨진 비상 상황으로 인식한다. 이것은 비유가 아니라 뇌과학이 밝혀낸 사실이다. 10만 년 전, 부족에서 추방당하면 생존율은 극도로 낮아졌다. 맹수가 나타나도 혼자 싸워야 했고, 사냥도 채집도 혼자 해야 했다. 번식해서 유전자를 남길 가능성은 사실상 0에 가까웠다.

이런 상황에서 뇌는 어떻게 반응하는가? 공포를 관장하는 편도체가 켜지고 스트레스 호르몬인 코르티솔이 급격히 분비된다. 반면 마음의 안정을 담당하는 세로토닌은 고갈되고, 애착과 신뢰의 호르몬인 옥시토신 분비는 멈춘다. 뇌는 더 이상 삶의 의미를 감지하지 못한다. 고립은 곧 죽음이라고 해석한다.

만약 주변에 위기에 처한 사람이 있다면 '괜한 짓이려나…' 하고 망설이기보다 연락을 주는 것이 낫다. 한 통의 연락은 과도하게 활성화된 편도체를 안정시키고, 옥시토신을 분비시킨다. '나는 혼자가 아니야. 나는 부족이 있어.' 그 신호가 생명을 살린다.

진짜 부족의 정의, 옥시토신 고갈의 실체

무리를 지어 사는 동물의 공통점은 협력이다. 먹이를 찾고, 위험을 감지하고, 새끼를 보호하는 역할이 분화되어 있으며, 혼자일 때보다 함께일 때 생존 확률이 급격히 높아진다. 그래서 이들 종의 뇌는 '혼자 잘 버티는 것'보다 '함께 잘 작동하는 것'에 최적화되어 있다. 인간 역시 예외는 아니다. 우리는 고독 속에서 강해지도록 진화한 존재가 아니라, 연결 속에서 안정되고 기능하도록 설계된 종이다.

혼자 산다는 것은 곧 죽음을 의미했다. 사냥은 팀플레이였고, 누군가는 영양을 몰고 누군가는 매복하고 누군가는 창을 던졌다. 채집도 마찬가지다. 아이를 돌보는 동안 다른 사람이 열매를 따왔고, 밤에는 교대로 불을 밝히며 맹수의 습격에 함께 맞섰다. 부족 없이는 하루하루가 위기였다. 사람들이 팀 스포츠나 협력 게임에 쉽게 몰입하는 것도 같은 이유다. 역할이 나뉘고, 함께 이기고,

함께 실패하는 구조는 원시 공동체의 협력 환경과 똑같다. 그래서 인간의 뇌는 지금도 '소속 여부'를 생존 신호로 처리한다.

현대에서도 인간은 여전히 부족의 뇌를 갖고 있지만 정작 '진짜 부족'은 사라졌다. 인스타그램 팔로워 1,500명, 페이스북 친구 800명, 카카오톡 연락처 500명. 숫자만 보면 우리는 역사상 가장 거대한 부족을 거느리고 있다. 하지만 실상은 어떤가? 진짜 힘들 때 전화할 만한 사람이 몇 명이나 되는가? 새벽 2시에 울면서 연락해도 받아줄 사람은? 내가 망해도 곁에 있어줄 사람은? 숫자는 커졌지만, 관계는 얇아졌다.

이런 현상은 성격이나 노력의 문제가 아니다. 인간의 뇌가 동시에 유지할 수 있는 '의미 있는 관계'에는 구조적 한계가 있다. 관계 하나를 유지하려면 얼굴을 기억하고, 감정을 추적하며, 신뢰를 판단해야 한다. 이 인지적 부담이 쌓이면 뇌는 자연스럽게 관계의 확장을 멈춘다. 그래서 어느 순간부터는 아무리 사람을 많이 만나도 '진짜 관계'의 숫자는 늘지 않는다. 처음으로 이 한계를 숫자로 설명한 개념이 있다. 바로 '던바의 수'다. 옥스퍼드대의 로빈 던바 교수는 인간의 뇌(신피질) 용량으로 감당할 수 있는 의미 있는 관계의 최대치를 연구했다. 그가 발견한 숫자는 약 150명이다. 우리는 이 정도 규모를 하나의 부족으로 인지하도록 진화했다.

인류학 연구에 따르면, 수렵·채집 사회에서 일상적으로 함께 생활하던 기본 단위인 '밴드'는 25~50명 수준이었고, 혼인·의례·

방어를 공유하는 확장된 부족 단위가 100~150명 내외였다. 이 규모는 얼굴, 성격, 신뢰도를 직접 기억하고 관계를 유지할 수 있는 인간의 인지 한계와 거의 일치한다. 하지만 이 150명 안에서도 뇌는 사람들을 똑같이 취급하지 않는다. 뇌는 사람을 한 덩어리로 저장하지 않는다. 거리, 역할로 나누어 저장한다.

인간관계는 언제나 '원'처럼 겹겹이 나뉜다. 머릿속에 원을 하나 그려보자. 가장 안쪽에는 5명이 있다. 위기 발생 시 무조건적인 지지를 주고받는 사람들이다. 진짜 부족이다. 두 번째 원은 15명이다. 깊은 대화를 나누고 정기적으로 만나는 사람들이다. 인생의 중요한 순간을 공유하는 집단이다. 세 번째 원은 50명. 가끔 만나 안부를 묻거나 SNS로 소식을 주고받는 사람들이다. 가장 마지막 원이 150명이다. 이름과 얼굴을 기억하고 관계를 유지할 수 있는 최대치다. 이 원을 넘어서면 뇌는 더 이상 '관계'로 저장하지 않는다. 현대에 와서 원 바깥이 생겼다. 150명 이외의 존재들. 이들을 지인으로 부르지만, 사실상 뇌 입장에서 인지하기 어렵다.

현대인의 문제는 바깥 원만 비대해지고 정작 안쪽 원은 텅 비었다는 데 있다. SNS 팔로워가 1억 명이어도 안쪽의 5명이 없으

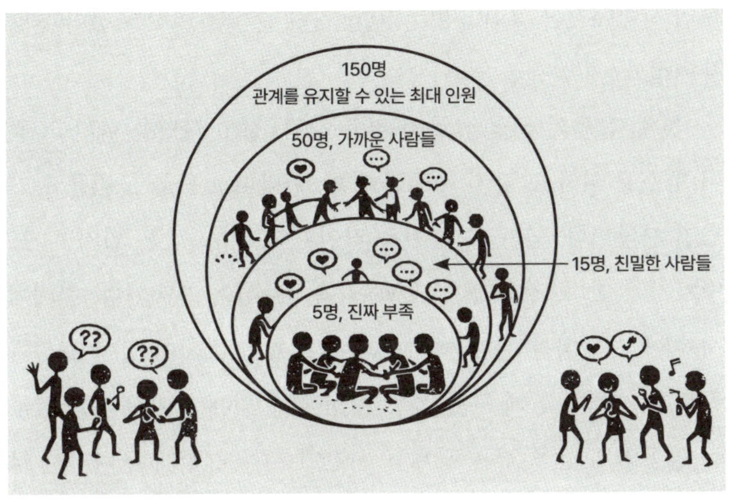

면, 뇌는 여전히 '내게는 부족이 없다'라고 판단한다. 그 순간 코르티솔이 24시간 분비되며 만성 불안 상태에 빠진다. 수백만 명의 팔로워를 거느린 사람들이 극심한 고립감을 호소하는 원인이 여기에 있다.

5명은 어떻게 만들어지는가

위기 발생 시 무조건 지지하고 지지받을 수 있는 사람, 새벽 2

시에 전화해도 받아줄 사람, 내가 망해도 옆에 있어줄 사람. 대부분의 사람에게는 그런 5명이 없다. 이런 관계는 어떤 조건하에 만들어질까?

첫째, 공동의 위험을 함께 겪은 사람. 같이 사냥을 나가고, 같이 맹수를 피하고, 같이 굶주린 사람. 한마디로 죽을 고비를 함께 넘긴 사람이다. 뇌는 이 경험을 각인한다. '이 사람은 위기 때 도망가지 않았다. 검증됐다.' 그래야 옥시토신이 분비된다. 현대에서 이에 해당하는 관계를 떠올려보라. 창업 초기에 같이 고생한 동료, 군대에서 함께 구른 전우, 시험 직전 밤새 같이 공부한 친구 등 공동의 고난을 겪은 관계는 시간이 지나도 쉽게 무너지지 않는다. 뇌가 이미 확인했기 때문이다.

둘째, 서로의 약점을 알고 있는 사람. 원시 부족에서는 모든 것이 공유됐다. 누가 사냥을 못하는지, 누가 겁이 많은지, 누가 아픈지. 숨길 수 없었다. 오히려 그 약점을 알면서도 함께하는 것이 진짜 유대의 증거였다. 뇌는 '이 사람 앞에서는 무장해제해도 공격받지 않는다'고 판단할 때만 깊은 신뢰를 허락한다.

셋째, 충분한 시간이 누적된 사람. 원시 부족은 매일 얼굴을 맞댔다. 함께 사냥하고, 함께 먹고, 함께 잤다. 뇌는 누적된 시간을 센다. 심리학에서 말하는 단순 노출 효과다. 아무리 마음이 맞아도 오래 떨어져 있으면 뇌는 슬그머니 바깥 원으로 밀어낸다. 반대로 처음에는 어색해도 시간이 쌓이면 '이 사람은 내 일상의 일부'로 인식한다.

공동의 위험, 민낯의 공유, 시간의 누적. 이 3가지가 충족될 때 안쪽 원이 채워진다. 문제는 현대 사회가 이를 모두 방해한다는 것이다. 위험은 개인화됐다. 회사에서 잘리는 건 나 혼자 겪는 일이고, 사업이 망해도 나 혼자 감당한다. 함께 굶주릴 일이 없으니 함께 버텨본 관계가 생기지 않는다. 약점은 철저히 숨긴다. 프로페셔널해야 하고, 쿨해야 하고, 잘나가야 한다. SNS에는 가장 좋은 모습만 올린다. 민낯을 보여주면 약점 잡힌다고 생각한다. 시간은 누적되지 않는다. 직장 동료는 퇴근하면 남이 되고, 동창은 1년에 한 번 보기도 힘들다. 그래서 현대인은 늘 연결돼 있으면서도, 늘 혼자다.

그래서 사람들은 엉뚱한 선택을 한다. 안쪽 원을 채우기보다 바깥 원을 키우는 쪽으로 행동한다. 명함을 교환하고, 네트워킹 파티에 가고, SNS 팔로워 수를 늘린다. 하지만 '인맥이 넓다'는 말을 들어도 정작 새벽에 전화할 사람이 없다. 위기가 오면 연락처 창을 한참 스크롤하다가 결국 아무에게도 전화하지 못한다.

안쪽 원이 채워진 사람들은 다른 패턴을 보인다. '많이' 만나기보다 '깊이' 만난다. 새로운 사람 10명 대신 원래 아는 사람과 밥 한 끼를 더 먹는다. 좋은 모습을 보여주기보다 민낯을 보여준다. 실패담을 털어놓고, 불안을 고백하고 "요즘 좀 힘들다"고 말한다. 필요할 때보다 아무 일 없을 때 연락한다. 별일이 없어도 안부를 묻고, 재미있는 영상 하나 보내면서 "그냥 생각나서"라고 말한다. 좋을 때 함께하기보다 힘들 때 함께한다. 같이 버티고, 같이 고생하고, 같이 실패를 견딘다. 결국 좋을 때의 동반자가 아니라 힘들 때의 동반자가 안쪽 원에 들어온다.

돌이켜보면 내 핵심 관계들도 비슷한 패턴으로 형성됐다. 처음부터 친했던 게 아니다. 함께 힘든 시간을 보내고, 서로의 약한 모습을 봤고, 그 시간이 누적됐다. 억지로 친해지려 한 게 아니라 조건이 맞았다. 조건이 맞으면 뇌가 알아서 옥시토신을 분비하고, 사람을 묶는다. 관계는 자연스럽게 깊어진다.

원시인의 부족도 그랬다. 사냥에 함께 나가고, 밤의 불가에서 이야기를 나누고, 위험을 같이 견뎌낸 사람들이 남았다. 생존을 함께 통과한 경험이 신뢰를 만들었다. 뇌는 그런 관계를 '안전하다'고 판단했고, 그 안전감이 유대를 굳혔다.

그래서 많을 필요는 없다. 5명이면 충분하다. 한 부족이 유지되기 위한 최소한의 결속처럼, 5명의 깊은 관계는 5억 명의 팔로워보다 훨씬 단단하다.

연결의 화학작용, 대면

뇌가 설계한 최고의 진통제, 눈 맞춤과 스킨십

몇 년 전, 구독자 100만 명이 넘는 유튜버 친구를 만났다. 길을 걸으면 사람들이 그를 알아봤고, 영상을 올리면 수십만 뷰가 찍혔다. 누가 봐도 사랑받는 사람이었다. 하지만 정작 이 친구는 깊은 우울증에 시달렸다. "사람은 결국 믿을 수 없는 존재"라는 말을 입에 달고 살았다. 화면 속에서는 수백만 명과 연결돼 있었지만, 그의 하루에는 아무도 없었다.

나는 그를 설득하지 않았다. 대신 모임을 만들었다. 재미있는 자리가 있으면 불렀고, 그는 나아지고 싶다는 마음 하나로 억지로라도 나왔다. 처음엔 어색해했다. 하지만 밥을 같이 먹고, 눈을 마주치고, 어깨를 두드리며 웃는 시간이 쌓였다. 6개월 뒤, 그는 우울증 약을 거의 끊었다. "사람은 믿을 수 없다"라던 말도 더 이상 하지 않았다. 100만 명의 구독자가 해주지 못한 일을, 일주일에 두 번 만나는 소수의 친구들이 해냈다.

여기서 중요한 건 숫자가 아니다. 연결 방식이다. 앞선 부족 버튼에서 당신은 5명의 핵심 인원을 찾았다. 하지만 여기서 끝이 아니다. 같은 5명을 만나도 '어떻게' 만나느냐에 따라 뇌의 반응은 완전히 다르다. 지금 당신은 이렇게 묻고 싶을 것이다. "굳이 만나야 할까요? 카톡이나 인스타그램 DM으로 자주 연락하면 되는 거 아닌가요?" 안 된다. 텍스트는 뇌를 속이지 못한다. 200만 구독자의 댓글과 좋아요가 내 친구의 뇌를 속이지 못한 것처럼.

행복 호르몬 옥시토신은 까다롭다

옥시토신은 아무 때나 분비되지 않는다. 카카오톡으로 'ㅋㅋㅋ'를 주고받는다고 나오지 않는다. 인스타그램에서 하트 100개를 받아도 마찬가지다.

옥시토신은 흔히 사랑 호르몬이라 불리지만, 이것은 반쪽짜리 설명이다. 옥시토신의 진짜 기능은 '신뢰와 유대'다. 이 호르몬이 분비되면 편도체가 진정되고 코르티솔 반응이 완화된다. 세상이 덜 위협적으로 보인다. 돈이 없고 상황이 힘들어도 나를 믿어주는 사람이 곁에 있으면 뇌는 안정감을 느낀다. 반대로 옥시토신이 고갈되면 신뢰가 무너지고 고립감이 밀려온다. 세상이 적으로 가득 차 보인다. 인생에서 맛볼 수 있는 최악의 고통이 몰려온다.

동물은 설계에서 벗어날 때 '불행' 신호를 받는다. 인간은 사회적 동물로 진화했기에 고립될수록 뇌가 위협 상태에 머문다. 그 결과가 불안, 우울, 무기력이다. 행복은 특별한 감정이 아니라 설계된 방식대로 살고 있다는 신호에 가깝다. 고립된 상태가 오래 지속되면 조건이 좋아도 안정감을 느끼지 못한다. 그래서 현대인들은 '나는 일주일 내내 집에서 있는 게 좋아. 내향인이라 그런가 봐'라고 해석하며, 사실은 얕은 우울 상태에 머문다.

10만 년 전 원시인이 매일 경험했던 것들을 떠올려보라. 모닥불 앞에 둘러앉아 눈을 마주치고, 어깨를 부딪치며 웃고, 목소리로 대화하고, 사냥한 고기를 나눠 먹는 것. 이 조건들이 동시에 충족될 때 비로소 뇌는 '이 사람은 내 부족'이라고 판단하고 옥시토신을 분비한다. 눈 맞춤, 신체 접촉, 목소리, 함께 먹기. 이 4가지가 핵심이다. 옥시토신은 까다롭다. 이 중 하나라도 빠지면 뇌는 불완전한 연결로 판단한다. 현대인의 비극은 이 4가지를 모두 잃은 채 스마트폰을 들고 '나는 연결되어 있다'고 착각하는 데 있다.

첫 번째 조건: 눈 맞춤

2025년 5월, 나는 광저우로 출장을 갔다. 함께 갔던 직원들은 3박 4일간 박람회를 구경한 뒤, 모두 한국으로 돌아갔다. 나는 혼자 며칠 더 머물러야 했다. 사람 구경을 좋아하는 나는 광장으로 나가서 하루에 몇만 명을 구경했다. 광저우는 환상적인 도시였고, 세련되고 중앙 공원도 너무 멋있었다. 나는 매일 그곳을 거닐고 사람을 구경했다. 3일째부터 이상한 변화가 시작됐다. 이유 없이 불안해졌다. 가슴이 답답하고 집중이 안 되는 데다가 사소한 일에 짜증이 났다. 특별히 스트레스를 받을 일은 없었다. 도시에는 사람이 넘쳤다. 하지만 내 하루는 조용했다.

10만 년 전 사바나에서 눈을 마주하는 것은 '나는 너를 인식하고 있고, 너는 안전하다'는 신호였다. 부족원끼리는 눈을 맞췄고, 적이나 맹수와는 눈을 피했다. 뇌는 지금도 그 공식을 따른다. 신경과학자 구아스텔라의 실험에 따르면, 인간은 상대의 눈을 바라보는 것만으로도 사회적 연결 신호를 활성화한다. 이는 대화의 내용 때문이 아니라 눈 맞춤 자체가 뇌에 '안전하다'는 신호를 보내는 오래된 메커니즘이기 때문이다.

2026년 당신의 하루를 보라. 출근길에는 스마트폰, 회사에서는 모니터, 퇴근 후에는 넷플릭스. 카페에 마주 앉은 연인들조차 서로의 눈보다 각자의 스마트폰을 더 오래 본다. 같은 공간에 있

지만 시선은 다른 차원에 가 있다. 뇌는 이를 냉정하게 해석한다. '주변에 사람은 있지만, 나에게 관심 있는 사람은 없다. 나는 부족에서 소외되어 있다.'

두 번째 조건: 신체 접촉

신체 접촉은 뇌에 직접 영향을 미친다. 피부에는 'C-촉각 섬유'라는 특수한 신경이 있다. 이 신경은 부드럽고 느린 접촉에만 반응한다. 때리거나 꼬집으면 반응하지 않는다. 쓰다듬거나 가볍게 잡을 때만 활성화된다. 신호는 뇌 깊숙한 곳의 섬엽으로 전달된다. 섬엽은 몸의 감각을 '지금 나는 안전한가'라는 감정으로 번역하는 영역이다. 그 신호가 이어져 옥시토신 분비가 촉진된다. 이 과정에는 생각도 판단도 필요 없다. 뇌가 먼저 반응한다.

나는 어머니에게서 이것을 경험했다. 어린 시절에는 원망도 하고 자주 싸웠다. 심리학을 공부한 후에야 깨달았다. 엄마가 나를 사랑해서 그랬다는 것을. 이후 우리는 만나면 팔짱을 끼거나 손을 잡고 걷는다. 별것 아닌 것 같지만, 그 접촉이 쌓이면서 관계가 달라졌다. 언어로 표현하지 못한 감정이 피부를 통해 전달되었다. 이 덕에 어머니를 만날 때면 이유 없는 행복을 느낀다.

UC버클리의 사회심리학자 대처 켈트너의 연구팀도 같은 원리를 이야기한다. NBA 농구팀을 분석한 결과 시즌 초반 하이파이브, 어깨동무, 가슴 부딪치기 같은 신체 접촉이 많을수록 시즌 후반 승률이 유의미하게 높았다. 연봉이 높은 스타 플레이어 유무보다 '터치의 빈도'가 성과와 더 밀접하게 연결되어 있었다.

1인 가구는 하루 종일 누구와도 살이 닿지 않는다. C-촉각 섬유가 굶주린다. 뇌는 판단한다. '아무도 나를 만지지 않는다. 나는 부족에서 격리되었다.'

세 번째 조건 : 목소리

인간의 뇌는 텍스트보다 목소리에 먼저 반응한다. 감정을 담당하는 편도체가 문자보다 톤과 파동에 직접 반응하기 때문이다. 이 원리를 가장 적극적으로 활용하는 사람이 있다. FBI 최고의 인질 협상가 크리스 보스다. 그는 테러리스트나 인질범을 설득할 때 절대 문자를 쓰지 않는다는 철칙이 있다. 대신 그는 전화를 걸어

특유의 낮고 차분한 목소리로 대화한다.

텍스트는 사람을 계산하게 만든다. 논리를 담당하는 전두엽이 먼저 반응해서다. 반면 목소리의 톤과 파동은 감정을 담당하는 편도체를 직접 타격한다. 낮고 부드러운 목소리를 듣는 순간, 흥분해 있던 범인의 뇌는 무의식적으로 '상황이 통제되고 있다, 나는 안전하다'고 느끼며 경계 태세를 푼다.

인질범의 총구도 내려놓게 만드는 것이 목소리인데, 일상에서는 오죽하겠는가. 광저우에서 고립감에 짓눌릴 때, 나를 살린 건 한국에 있는 친구와의 15분 통화였다. 별 내용은 없었다. 근황 이야기, 농담 몇 마디. "요즘 어때?", "그냥 그렇지 뭐." 그런데 전화를 끊고 나니 가슴 한구석이 따뜻해졌다. 목소리만 들었을 뿐인데 뇌는 '부족이 있다, 안전하다'는 신호를 받은 것이다. 그때까지 나는 내 불안의 이유를 몰랐는데, 옥시토신 고갈이 문제였다.

목소리에는 감정이 실린다. 높낮이, 속도, 떨림. 이 모든 정보가 뇌에 전달된다. 카톡으로 '괜찮아'라고 쓰는 것과 떨리는 목소리로 "괜찮아"라고 통화하는 것은 완전히 다른 신호다. 전자는 뇌가 '진짜가 아니다'라고 판단하고, 후자는 '진짜 걱정이다, 진짜 연결이다'라고 판단한다. 카톡 메시지 100개는 15분간의 전화 통화를 대체하지 못한다.

네 번째 조건 : 함께 먹기

'데이트 때 음식을 같이 먹으면 성공률이 높아진다'는 이야기를 들어본 적 있을 것이다. 또 '밥을 함께 먹으면 더 친해진다'는 속설도 알 것이다. 그런데 사실 이 말들은 과학이다. 여러 사회과학·신경과학 연구들이 이를 뒷받침한다. 《세계행복보고서》에 따르면, 타인과 함께 식사하는 빈도는 삶의 만족도, 긍정 정서, 사회적 지지 인식과 강한 상관관계를 보였다. 흥미로운 건 이 효과가 소득이나 고용 상태 같은 전통적 행복 지표보다 더 크게 나타났다는 점이다. 돈보다 밥상 앞에 누가 앉아 있느냐가 더 중요하다는 뜻이다.

생물학적 메커니즘도 분명하다. 포유류 연구에서 음식 공유는 옥시토신 분비를 촉진하고 사회적 결속을 강화하는 핵심 행동으로 확인됐다. 침팬지를 대상으로 한 연구에서는 음식 공유 직후의 옥시토신 수치가 그루밍이나 단순한 근접 행동보다 더 크게 증가했다. 함께 먹는 행위가 혈연 여부와 무관하게 신뢰와 협력을 유도하는 강력한 신호라는 의미다. 뇌의 사회적 보상 시스템을 직접 자극하는 진화적 장치다.

10만 년 전으로 돌아가보면 쉽다. 음식을 함께 먹는 것은 최고의 신뢰 행위였다. 적과는 음식을 나누지 않는다. 그러므로 함께 먹는다는 것은 '우리는 같은 편'이라는 선언이었다. 뇌는 지금도 그 공식을 따른다. 소개팅에서 밥을 함께 먹으면 성공률이 높아지고, 중요한 협상이 식사 자리에서 풀리며, 친구와의 만남이 결국 "밥이나 먹자"로 귀결되는 데는 전부 같은 원리가 작용한다.

광저우에서 불안을 느낀 나는 한국에 돌아와 친구들과 신사동의 한 막걸릿집에 갔다. 파전 하나에 막걸리 한 병. 우리는 서로를 놀려댔고, 과거 실수담도 까발려졌다. 겉보기에 서로를 헐뜯는 대화였지만 우리는 배꼽을 잡고 웃었다. 3시간이 순식간에 지나갔다. 광저우에서 느꼈던 그 묘한 불안감이 씻은 듯이 사라졌다. 옥시토신 분비의 4가지 조건을 모두 충족한 결과다. 3시간 동안 친구들과 눈을 마주쳤다. 서로 어깨를 치고 등을 두드렸다. 소리 내어 웃고 떠들었다. 함께 음식을 나눠 먹었다. 현대판 '부족의 식사'였다. 그 이후 일주일간 컨디션이 좋았다. 뇌가 행복이라는 보상을 준 것이다.

혼밥이 일상이 된 시대다. 점심은 책상에서 배달 음식으로 때우고, 저녁은 유튜브를 보며 혼자 먹는다. 회사 식당에서도 같은 테이블에 앉아 있으면서 각자 스마트폰을 본다. 뇌는 '혼자 먹고 있다'고 판단한다. 함께 있어도 함께 먹는 게 아니다.

화면은 뇌를 속이지 못한다

SNS가 진짜 연결을 대체하지 못하는 이유는 단순하다. 눈 맞춤이 없다. 신체 접촉이 없다. 목소리가 없다. 함께 먹지 않는다. 연결을 구성하는 감각 조건이 빠져 있다. 인스타그램을 30분 스크롤하면 사람을 많이 만난 듯한 느낌이 들지만, 연결 회로는 움직이지 않는다. '좋아요' 100개는 자극일 뿐, 접촉은 아니다. 배고픈데 음식 사진만 보는 것과 같다. 도파민은 가짜 자극에도 반응하지만 옥시토신은 그렇게 쉽게 속지 않는다.

해결책은 단순하다. 화면 속 사람 말고 진짜 사람을 만나라. 일주일에 한 번이라도 누군가와 직접 얼굴을 마주해라. 눈을 보고 대화하고, 가능하면 함께 밥을 먹어라. 어깨를 두드리거나 하이파이브를 해라. 2시간이면 충분하다. 그 2시간이 나머지 일주일의 옥시토신을 채워준다.

10만 년 전 원시인에게는 자연스러웠던 일이다. 모닥불 앞에 둘러앉아 눈을 마주치고, 고기를 나눠 먹고, 어깨를 두드리며 웃었다. 현대인은 이것을 의도적으로 설계해야 한다.

너무나 이기적인, 기여

공허함은 소유로 채워지지 않는다

"인생을 바꾼 이야기가 있나요?"라는 질문을 종종 받는다. 그때마다 역사상 가장 위대한 최면 심리상담가로 불리는 밀턴 에릭슨을 이야기한다.

1950년대, 에릭슨은 자신을 찾아온 한 목사를 만났다. 목사는 고민을 털어놓기 시작했다. "우리 교구에 50대 여성 신도가 한 분 계십니다. 심각한 우울증으로 집에만 틀어박혀 있습니다. 친구도 없고, 가족도 없습니다. 일요일 예배만 겨우 나오십니다."

에릭슨은 그녀의 집을 방문했다. 집은 어두컴컴했다. 커튼이 쳐져 있었고, 햇빛은 거의 들어오지 않았다. 여성은 소파에 앉아 있었지만 눈에 생기가 없었다. 질문에 짧게 대답할 뿐 대화를 거의 하지 않았다. 에릭슨은 집 안을 둘러보다가 창가에서 작은 화분을 발견했다. 아프리칸 바이올렛, 제비꽃을 닮은 작은 꽃이었다. 어두운 집 안에서 유일하게 살아 있는 것이었다.

"꽃을 키우시는군요."

"네… 어머니가 물려주신 거예요."

에릭슨은 약을 처방하지 않았다. 상담도 하지 않았다. 하나의 행동만 제안했다.

"부인, 매주 일요일 교회 주보를 확인하세요. 누가 아프거나, 결혼하거나, 아기를 낳거나, 승진하거나, 좋은 일이 있으면 이 제비꽃 화분을 만들어서 직접 가져다주세요." 부인은 알겠다고 답했다.

그로부터 20년이 지났다. 에릭슨은 우연히 지역 신문을 보다가 부고란에서 익숙한 이름을 발견했다. 기사의 제목은 이랬다. "밀워키의 '제비꽃 여왕', 세상을 떠나다." 장례식장은 인산인해를 이뤘다. 수백 명의 사람들이 그녀의 관 위에 제비꽃을 바쳤다. 사람들은 하나같이 말했다. "그분 덕분에 힘든 시기를 견뎠습니다." "결혼할 때 받은 제비꽃이 아직도 우리 집에 있어요." "아이를 낳았을 때 오셔서 축하해주셨어요. 그분이 없었다면 훨씬 외로웠을 거예요."

20년 전 그녀는 아무도 없는 어두운 집에 혼자 앉아 있었다.

친구도 없고, 가족도 없고, 삶의 의미도 없었다. 20년 후 그녀는 수백 명에게 '필요한 존재'가 되어 있었다. 어떻게 이런 변화가 가능했을까?

선행하려는 본능의 정체

워런 버핏, 유재석 같은 유명인의 기부 기사 아래에는 비슷한 댓글이 달린다. '위선이다.' '척하네 ㅋㅋ.' 하지만 내 생각은 조금 다르다. 이들 역시 원시 뇌의 명령을 따르고 있을 뿐이다. '이제 너는 풍족해졌으니, 부족을 챙겨라. 그래야 부족의 DNA가 계승되고, 너의 유전자가 더 널리 퍼질 확률이 커진다.' 나 역시 사회공헌 활동을 몇 차례 경험하며 같은 결론에 도달했다. 기여는 도덕적 선택이 아니라 뇌가 요구하는 단계다.

"경제적 자유를 얻으면 왜 남을 도우려는 본능이 발현할까?" 2019년 겨울, 나는 이 질문을 블로그에 던졌다. 그리고 '추장 가설'이라고 하는 가설을 제안했다. 10만 년 전, 부족에 기여하는 추장이 있는 집단과 그렇지 않은 집단이 있었다. 자원을 독점하는 추장 밑에서 부족원들은 흩어졌다. 반면 사냥한 고기를 나누고, 아픈 부족원을 돌보고, 지혜를 전수하는 추장 밑에서 부족은 결속했다. 살아남는 것은 언제나 기여하는 리더의 집단이었다.

부족 내에서 기여하는 할머니가 있는 집단과 없는 집단도 마찬가지다. 손주를 돌봐주는 할머니가 있으면 젊은 부모는 사냥과 채집에 집중할 수 있었다. 경험 많은 노인이 약초 지식을 나눠주면 부족 전체의 생존율이 올라갔다. 실제로 인간의 폐경을 설명하는 가설 중 하나가 '할머니 가설'이다. 1997년 유타대 인류학자 크리스틴 호크스가 탄자니아의 하드자 부족을 연구하며 세운 이론이다. 대부분의 포유류는 폐경을 겪지 않는다. 그런데 인간을 포함한 일부 종에서는 여성이 폐경을 겪는다. 왜일까? 폐경을 겪은 할머니가 손주를 돌보고 음식을 채집해주면, 젊은 엄마는 더 많은 아이를 낳을 수 있었다. 직접 번식하는 것보다 손주를 돌보는 게 유전자 전달에 더 효율적이었다는 뜻이다. 우리는 그 집단의 후손이다. 기여하고 싶다는 충동은 단순히 학습된 도덕이 아니다. 수만 세대에 걸쳐 선택된 생존 전략이다.

경제적 자유를 이룬 사람들이 부를 축적한 뒤 기여로 방향을 트는 현상은, 개인의 성품만으로 설명하기에는 너무 반복적이다. 많은 억만장자들이 비슷한 말을 한다. "받는 것보다 주는 게 더 행복하다." 이것은 겸손한 척하는 게 아니다. 충분히 성공한 뒤 기여로 이동하는 이유는 도덕적 각성이라기보다 단계의 전환에 가깝다. 추장의 위치에 오른 이들이 집단에 기여할 때, 뇌는 그 행동을 강화하도록 설계되어 있다. 자원을 나누고 공동체를 확장할수록 심리적 보상이 뒤따른다. '이제 너는 충분하다. 다음 단계로 가라.'

뇌는 그렇게 신호를 보낸다. 그리고 그 신호에 따를 때 옥시토신과 같은 연결 보상 체계가 활성화되며, 실제로 더 큰 만족을 경험하게 된다.

헬퍼스 하이 : 기여가 만드는 화학 반응

누군가를 도울 때 뇌에서는 흥미로운 일이 벌어진다. 엔도르핀과 도파민이 동시에 분비된다. 이것이 '헬퍼스 하이Helper's High'다. 러너스 하이와 비슷한 보상 회로를 사용한다. 달리기할 때 느끼는 그 쾌감, 그 충만함이 남을 도울 때도 똑같이 일어난다. 운동 없이 운동한 효과를 얻는 셈이다. 차이점은 옥시토신이다. 달리기는 '살아 있다'는 신호를 주고, 기여는 '나는 이 집단에 속해 있다'는 신호를 더한다.

나는 이 원리를 의식적으로 활용한다. 기부를 하고, 사람들이 부자가 되도록 돕고, 블로그에 정보를 무료로 풀고, 유튜브에서 노하우를 공개한다. 사람들은 가끔 묻는다. "왜 그렇게까지 해요?" 내 대답은 항상 같다. "제가 행복해지려고요. 이기적인 행위예요." 진심이다. 남을 도울 때마다 뇌에서 보상이 터진다. 이걸 안 하면 오히려 손해다. 실제로 데이터로도 확인된다. 미시간대 스테파니 브라운 박사 연구팀은 5년간 423쌍의 노년 부부를 추적 조사했다. 그 결과, 타인을 도운 사람은 그렇지 않은 사람보다 사망 위험이 유의하게 낮았다. 흥미로운 점은 '지지를 받는 것'보다 '제공하는 것'이 생존과 더 밀접하게 연결되어 있었다는 사실이다. 카네기멜런대의 연구도 비슷한 결론을 냈다. 자원봉사를 하는 노인은 그렇지 않은 노인보다 혈압이 낮고, 염증 수치가 낮고, 인지 기능 저하 속도가 느렸다. 기여는 뇌뿐 아니라 몸 전체를 보호한다.

반대 사례를 보면 더 명확하다. 은퇴 후 급격히 쇠약해지는 사람들이 있다. 왜일까? 단순히 운동량이 줄어서가 아니다. 뇌가 '나는 더 이상 공동체에 기여하지 못한다'는 신호로 받아들이기 때문이다. 회사에서 잘리고 우울증에 빠지는 사람들도 마찬가지다. 수입이 끊겨서 우울한 게 아니다. 쓸모없어졌다는 느낌, 이는 10만 년 전에는 '부족에서 쫓겨날 것이다'라는 의미와 같았다. 생존 위협이다. 뇌는 우울 모드로 들어간다. 에너지를 아끼고, 위축되고, 도전을 피한다. 현대인이 느끼는 공허함과 무기력은 철학적 고민의 결과가 아니다. '기여하지 못하고 있다'는 뇌의 신경화학적 비명이다.

를 퇴장시키도록 설계했다. 예외적으로 인간은 오래 산다. 늙어서도 부족에 기여하는 개체는 퇴장당하지 않는다. 손주를 돌보고, 지혜를 나누고, 집단의 생존율을 높이는 노인은 살아남을 가치가 있었다. 뒤집어 말하면 이렇다. 기여하지 않는 노인의 몸은 스스로 퇴장 신호를 보낸다. 면역력이 떨어지고, 염증이 늘고, 인지 기능이 무너진다. '더 이상 너는 부족에 도움이 안 되니, 우리 종을 위해서 너는 퇴장해줘야겠어'라는 조용한 명령이 내려진다.

이 논리를 가장 냉정하게 설명한 사람이 리처드 도킨스다. 그는 자신의 책 『이기적 유전자』에서 이렇게 말했다.

"인간은 유전자가 만든 생존 기계다. 우리는 유전자를 다음 세대로 운반하기 위해 설계된 운반체에 불과하다."

유전자 관점에서 보면 개체는 수단이다. 우리는 유전자를 다음 세대로 운반하기 위해 설계된 운반체다. 자연선택은 냉정하다. 개체의 행복이나 장수에는 관심이 없다. 번식에 유리한 건 남기고, 그렇지 않은 건 서서히 줄인다. 그래서 노화 이후에는 유지 시스템이 서서히 느슨해진다. 유전자는 '오래 살아라'가 아니라 '잘 복제돼라'에 더 관심이 있다. 은퇴 후 아무 역할도 하지 않으면 급격히 늙어 보이는 이유가 여기에 있다. 반대로 작은 일이라도 맡고, 누군가에게 필요하다는 신호를 받는 사람은 놀랍도록 활력을 유지한다. 필요하다는 신호가 들어오면, 뇌와 몸은 유지 모드로 전환된다. 역사적으로 보면, 자원을 나누고 역할을 분담한 집단이 더 오래 살아남았다.

유전자는 철저히 이기적이다. 개체의 행복이나 장수는 관심 없다. 오직 자신의 복제와 전달만 신경 쓴다. 기여하는 개체는 살려두고, 기여하지 않는 개체는 퇴장시킨다. 이것이 수백만 년간 작동해온 자연의 알고리즘이다. 그래서 은퇴하고 아무 일도 안 하는 사람들은 2~3년 만에 급격히 쇠약해진다. 은퇴하고 작은 일이라도 하는 사람들은 여전히 쌩쌩하다. 잔인하게 들릴 수 있지만 이것이 자연의 설계다. 기여하는 사람은 오래 살고, 기여하지 않는 사람은 빨리 죽는다. 도덕적 판단이 아니라 생물학적 사실이다.

당신만의 제비꽃

심리상담가 에릭슨이 우울증에 걸린 여성에게 내린 처방을 다시 생각해보자. 그녀는 20년 동안 매주 누군가의 집 문을 두드렸다. 결혼한 부부에게, 아이를 낳은 엄마에게, 승진한 직장인에게 제비꽃을 나눠줬다. 그때마다 뇌는 '나는 필요한 존재'라는 신호를 받았다. 헬퍼스 하이가 반복됐다. 우울증이 사라졌다. 별도의 처방은 필요 없었다. 기여가 그녀의 삶을 바꿨다. 그리고 장례식에 모인 사람들은, 그녀가 남긴 연결의 가치를 조용히 증명하고 있었다.

기여의 방법은 다양하다. 거창할 필요도 없다. 동료의 일을 도와주는 것, 친구의 고민을 들어주는 것, 낯선 사람에게 친절을 베푸는 것, 가족에게 전화해서 안부를 묻는 것. 이 모든 것이 '나는 집단에 필요한 존재'라는 신호를 뇌에 보낸다.

오늘부터 당신만의 제비꽃을 찾아라. 매일 작은 기여 하나면 충분하다. 이 작은 기여들이 쌓이면 당신의 뇌는 '나는 가치 있다'고 느끼기 시작한다. 삶에 의미가 생긴다. 아침에 일어날 이유가 생긴다. 삶 전체의 행복도가 올라간다. 20년 후, 당신도 누군가에게 꼭 필요한 존재가 되어 있을 것이다.

남을 돕는 건 위선이 아니라, 내 뇌를 살리는 가장 이기적인 선택이다.

섹스

뇌가 가장 갈망하는 보상

일단 결론부터 말하겠다. 섹스는 단순한 쾌락 행위가 아니다. 섹스는 면역 체계를 강화하고, 자존감을 높여주며, 신체 건강을 되찾아준다. 옥시토신이 분비되고, 인생 전반의 행복도가 높아진다.

영국 카디프대·브리스톨대 연구진이 수행한 대규모 연구에 따르면, 주 2회 이상 성관계를 가진 남성의 사망률은 월 1회 미만인 남성보다 약 절반 수준이었다. 또 프라이부르크대·취리히대 신경내분비 연구팀은 친밀한 신체적 관계 이후 스트레스 호르몬인 코르티솔이 유의미하게 감소하고, 옥시토신이 증가한다는 사실을 확인했다. 이는 면역력을 끌어올리고 수면의 질을 회복시키며, 자존감을 다시 세운다. 약도 아닌데 어떻게 이런 효과가 나타날까? 이는 어찌 보면, 앞선 '기여'처럼 당연한 일이다.

유전자는 이기적이다. 기여하는 개체는 살려두고 기여하지 않는 개체는 퇴장시킨다. 리처드 도킨스의 표현대로 우리는 '유전자가 만든 생존 기계'에 불과하다. 그렇다면 유전자 입장에서 최고의 기여는 무엇일까? 자기 복제, 즉 번식이다. 아무리 오래 살아도, 아무리 건강해도, 아무리 부족에 기여해도, 번식하지 않으면 유전자의 역사는 거기서 끊긴다. 진화적으로 '0점'이다.

그래서 뇌는 번식 행위에 상상할 수 없는 보상을 걸어뒀다. 오르가슴의 순간, 도파민이 폭발하고, 세로토닌이 분비되며, 옥시토신이 쏟아지고, 엔도르핀이 터진다. 이 책에서 자주 언급한 핵심 신경전달물질 4가지가 동시에 폭발하는 행위가 또 있을까? 없다. 운동을 하거나, 햇볕을 쬐거나, 맛있는 음식을 먹거나, 친구를 만나도 이 4가지가 동시에 분비되지는 않는다. 오직 섹스만이 뇌의 모든 버튼을 동시에 누른다. 섹스는 단순히 쾌락을 추구하는 수단도, 죄의식을 느껴야 할 행위도 아니다. 인간이 생존과 번식을 이어가기 위해 진화 과정에서 획득한 정교한 본능적 기제이기 때문이다.

10만 년 전 사바나 초원에는 두 부류의 인간이 있었다. 첫 번째는 성욕이 강한 부류였다. 이들은 배가 고파도, 사냥이 힘들어도, 위험이 도사려도 짝짓기 기회를 놓치지 않았다. 두 번째는 성욕이 약한 부류였다. 그들은 점잖고 절제력이 있었으며, 어쩌면 더 고상하고 이성적이었을지도 모른다. 하지만 그들의 유전자가 지금까지 전해졌을 가능성은 매우 낮다. 즉, 현재의 80억 인류는 '번식에 가장 집착했던 조상들'의 후예다. 수만 세대에 걸쳐 번식 욕구를 가장 강하게 느끼고, 그 기회를 놓치지 않았던 자들의 유전자만 살아남았다.

사랑하는 사람과 관계를 맺은 뒤 '죽어도 여한이 없다'고 느끼는 것은 과장이 아니다. 뇌가 줄 수 있는 모든 화학적 보상을 한꺼번에 받아서다. 도파민은 '또 하고 싶다'는 동기를, 세로토닌은 '지금 이 순간이 완벽하다'는 만족감을, 옥시토신은 '이 사람과 연결되어 있다'는 유대감을, 엔도르핀은 '나는 지금 최고의 상태'라는 황홀감을 준다. 이것이 유전자가 설계한 최고의 보상 시스템이다.

성욕은 삶의 바로미터다

먼저 말해두겠다. 이 챕터는 파트너가 있는 사람만을 위한 내용이 아니다. 오히려 지금 파트너가 없거나 성욕 자체가 말라버린 사람이 더 주의 깊게 읽어야 한다. 성욕이 사라진 것은 뇌가 환경을 '위기'로 해석하고 있다는 신호다. 성욕은 삶의 상태를 놀라울 만큼 민감하게 반영한다. 내가 위기 상황에 놓이거나 프로젝트 마감에 쫓길 때, 성욕은 거짓말처럼 사라진다. 아무리 매력적인 사람을 봐도 감흥이 없다. 뇌가 '지금은 그럴 때가 아니야, 생존에 집중해'라고 명령한 것이다.

인간만 이런 현상을 겪는 것은 아니다. 모든 동물은 생존이 위협받는 상황에서는 번식을 중단한다. 사슴은 혹한이나 먹이가 부족할 때 코르티솔이 상승하여 배란을 멈춘다. 원숭이는 포식자의 위협이나 서열 하락 스트레스를 받으면 테스토스테론이 급감하고 짝짓기를 멈춘다. 쥐는 먹이가 부족하면 시상하부가 생식 호르몬 분비를 차단한다.

인간도 똑같다. 극도의 스트레스, 수면 부족, 장기간의 압박이 누적되면 성욕이 사라지는데, 지극히 정상적인 생존 반응이다. 뇌는 끊임없이 묻는다. '지금 번식해도 안전한가?' 위기라면 답은 '아니오'다. 사자가 쫓아오는데 짝짓기를 할 원시인은 없다. 굶주리는데 번식을 생각할 원시인도 없다. 아이를 낳더라도 먹일 자원이 없다면, 임신이나 성관계에 들이는 에너지가 훨씬 큰 리스크이기 때문이다.

반대로 큰 성과를 거두고 나면 어떻게 될까? 프로젝트가 성공적으로 끝나고, 푹 쉬고, 운동하고, 햇볕을 쬐고, 잘 먹고, 잘 자는 상태라면? 뇌는 판단한다. '사냥에 성공했고, 배부르고, 안전하다. 이제 번식할 때다.' 그리고 성욕의 버튼을 켠다. 세상이 아름답게 보이고 이성이 매력적으로 느껴진다.

하지만 현대 사회에서는 이상한 일이 벌어지고 있다. 성욕이 역대 최저 수준으로 떨어졌는데, 이는 젊은 층에서 특히 심각하게 나타난다. 시카고대의 장기 조사에 따르면, 18~29세 남성 중 '지난 1년간 성관계가 없었다'고 응답한 비율이 1990년대 대비 20배 이상 증가했다. 성적으로 가장 왕성해야 할 연령대에서 오히려 '무성無性' 상태가 늘어난 것이다. 일본은 이 변화를 가장 먼저, 가장 극단적으로 겪었다. '초식남', '연애 이탈 세대'라는 신조어가 등장했고, 한국과 서구 사회도 그 뒤를 따르고 있다.

왜 이런 일이 벌어질까? 뇌의 관점에서 보면 답은 단순하다. 현대인의 뇌는 만성적 위기 상태다. 하루 종일 앉아서 일하고, 햇빛은 못 보고, 가공식품을 먹는다. Level 0~2 버튼이 전부 꺼져 있다. 뇌는 이 상태를 기근이나 위험 상태로 해석한다. 당연히 번식 스위치도 꺼진다. 성욕이 줄어든다. 스마트폰은 상황을 더 악화시킨다. 밤 11시, 커플이 침대에 눕는다. 그리고 각자 스마트폰을 꺼내 릴스를 본다. 1시간이 지난다. "피곤해, 자자." 같은 이불을 덮고 있지만 뇌는 철저히 분리되어 있다. 성욕에 관여하는 도파민은 이미 숏폼을 보면서 모두 써버렸다.

더 심각한 문제는 포르노그래피다. 화면 속 자극적인 영상은 뇌에 '초자극Super-normal Stimulus'으로 작용한다. 도파민은 폭발하지만, 실제 관계에서 오는 옥시토신과 세로토닌은 분비되지 않는다. 뇌는 보상을 받았다고 착각하지만 실제로는 공허하다. 이 불균형이 반복되면 실제 파트너에 대한 흥미가 상대적으로 사라진다. 화면 속 수천 명의 완벽한 몸매를 본 뇌가 현실의 파트너를 무의식적으로 평가절하한다.

파트너가 없는 사람도 마찬가지다. 모든 버튼이 꺼진 상태에서 뇌는 '나는 번식 경쟁에서 패배했다'고 해석한다. 자신감이 떨어지고 성욕도 따라 떨어진다. 일부 사람들은 말한다. "나는 원래 성욕이 없는 사람인가 봐." 아니다. 당신의 뇌가 '지금은 번식할 때가 아니다'라고 판단했을 뿐이다.

성욕을 되찾는 법

좋은 소식이 있다. 이 악순환은 끊을 수 있다. 성욕이 사라진 건 뇌가 '위기 상황'이라고 판단했기 때문이니, 뇌가 다시 '상황이 좋아졌다'고 판단하게 만들면 된다. Level 0~2에 해당하는 수면을 회복하고, 햇볕을 쬐고, 움직이고, 제대로 먹어라. 뇌가 '사냥 성공했고, 배부르고, 안전하다'고 판단하는 순간, 성욕 버튼이 다시 켜진다.

이런 변화는 생각보다 자주 목격된다. 운동을 시작하고 한 달쯤 지나면 사람들이 말한다. "요즘 이상하게 성욕이 살아났어요." 이상한 게 아니라 정상으로 돌아온 것이다. 식단을 바꾸고 수면을 회복한 사람이 말한다. "예전에는 관심도 없었는데, 요즘 눈에 들어오는 사람이 생겼어요." 뇌가 '이제 번식해도 된다'고 허락한 것이다.

반대로 술과 담배는 치명적이다. 술과 담배를 꾸준히 해온 사람들은 30대부터 성욕이 눈에 띄게 떨어지고, 남자들은 발기부전을 겪는다. 40세 전후가 되면 급격한 하락세를 보인다. 혈관 염증과 호르몬 저하가 겹쳐 성적 기능이 떨어지고, 얼굴은 붓고 늙어 보인다. 폐활량이 감소하니 운동할 맛이 사라지고, 활동량이 줄면 스트레스는 높아지고, 그러면 다시 술과 담배에 의존하는 악순환이 벌어진다. 성욕은 떨어지고, 이성에게 보이는 매력은 더 떨어진다. 최악의 악순환이다.

먹는 것도 마찬가지다. 초가공식품 위주의 식단은 인슐린 저항성과 염증을 높이고, 미토콘드리아 기능을 저하시킬 수 있다. 그 여파는 성욕에도 이어진다. 혈관에 염증이 쌓이면 혈류가 줄고, 체지방이 늘면 테스토스테론이 일부 에스트로겐으로 전환된다. 라면과 과자로 끼니를 때우는 20대가 "요즘 성욕이 없다"며 흔히 스트레스 탓을 한다. 하지만 그 스트레스를 감당해야 할 대사 시스템이 이미 과부하 상태일 가능성도 있다. 에너지 대사가 흔들리면 호르몬 균형도 함께 흔들린다. 식단을 자연식에 가깝게 바꾼 사람들이 공통적으로 보고하는 변화가 있다. 수면이 깊어지고, 피로가 줄고, 그리고 성욕이 회복된다. 술과 담배를 끊는 것이 중요하듯, 무엇을 먹는지도 성욕의 스위치에 영향을 준다.

성욕이 돌아오는 순간, 선순환이 시작된다. 파트너를 찾으려는 동기가 생긴다. 매력적으로 보이고 싶어진다. 운동을 더 열심히 하고, 외모를 가꾸고, 사회적 활동에 적극적으로 참여한다. 순서가 중요하다. '파트너가 생기면 성욕이 돌아오겠지'가 아니다. '버튼을 누르면 성욕이 돌아오고, 성욕이 돌아오면 파트너를 찾게 된다'가 맞다.

성욕을 되돌리는 방법으로 운동이 자주 언급되는 이유는, 그것이 수면·스트레스·혈류·호르몬을 동시에 조정하는 드문 개입이기 때문이다. 덴마크 연구자 스티네 게르빌드와 동료들은 혈관성 발기부전을 가진 남성들을 대상으로 한 여러 무작위 대조 연구를 종합 분석했다. 주 3~5회, 30~60분의 중등도 유산소 운동을 수개월 이상 지속했을 때 국제 발기 기능 지수IIEF 점수가 통계적으로 유의하게 개선된다는 결과를 보고했다. 이탈리아의 에스포지토 연구팀 역시 체중 감량과 운동을 병행한 생활습관 개입 연구에서 상당수 참가자의 발기 기능이 정상 범위로 회복되는 현상을 확인했다. 이러한 변화는 단순한 심리 효과가 아니라, 운동이 혈관 내피 기능을 회복시키고 산화질소 생성을 증가시켜 실제 혈류를 개선한 결과로 해석된다. 운동은 성기능의 근간이 되는 혈관과 대사 상태를 근본적으로 바꾸는 압축적인 생리적 자극이다.

여성도 다르지 않다. 유산소 운동은 골반으로 가는 혈류를 개선하고, 성적 흥분 반응을 높이는 데 영향을 주는 것으로 알려졌다. 텍사스대 오스틴 캠퍼스의 실험 연구에 따르면 20분간 자전거를 탄 여성들은 운동을 하지 않은 여성들에 비해 성적 자극에 대한 혈류 지표가 유의미하게 증가했다. 운동 직후 혈류가 증가한 상태에서 뇌가 더 민감하게 반응한 것이다. 근력 운동은 여성에게도 중요한 테스토스테론 분비를 촉진한다. 남성보다 분비량이 적을 뿐, 성욕과 활력 유지에 핵심적인 호르몬이라는 점은 같다. 원리는 단순하다. 심장에 좋은 건 침실에서도 좋다. 유산소 운동은 산화질소 생성을 촉진해 혈관을 확장시키고, 혈류를 개선한다. 혈류가 회복되면 신체 반응도 함께 살아난다.

근력 운동도 빼놓을 수 없다. 스쿼트, 런지, 데드리프트 같은 동작은 인체에서 가장 큰 근육을 자극한다. 큰 근육이 움직이면 테스토스테론 분비가 촉진된다. 물론 운동 직후 일시적으로 상승했다가 정상화되지만, 꾸준히 반복하면 몸 전체의 호르몬 환경이 달라진다. 근육량이 늘고 체지방이 줄면서 호르몬이 더 효율적으로 작동하는 몸으로 바뀐다. '허벅지 굵은 사람이 성욕이 높다'는 속설이 완전히 틀린 말은 아니다. 서울백병원 연구팀에 따르면 심폐 체력이 우수하고 체지방이 적을수록 테스토스테론 수치가 높았다. 몸이 변하면 호르몬 환경이 변하고, 호르몬이 변하면 욕구가 살아난다.

참고로, 아이를 낳은 부모에게는 성욕 회복의 공식이 일시적으로 멈춘다. 출산 후 남녀 모두 뇌의 호르몬 환경이 바뀐다. 여성은 출산과 수유 과정에서 성욕을 억제하는 프로락틴이 급증한다.

아이에게 집중하라는 뇌의 명령이다. 남성도 마찬가지다. 아이가 태어나면 테스토스테론이 평균 30% 가까이 떨어진다는 연구가 있다. 대신 옥시토신과 프로락틴이 올라간다. 뇌가 '사냥꾼 모드'에서 '양육자 모드'로 전환한 것이다. 이건 고장이 아니라 설계다. 다만 아이가 어느 정도 자랐는데도 성욕이 돌아오지 않는다면, 다시 버튼을 점검해야 한다.

성욕이 사라졌다고 느낀다면, 의지력으로 되살리려 하지 마라. 먼저 식단을 점검하라. 자연식에 가깝게 먹는 것부터 시작하라. 그리고 몸을 써라. 스쿼트 3세트가 100번의 결심보다 낫고, 러닝 20분이 자기암시보다 확실하다. 몸이 바뀌면, 뇌는 따라온다. 나이는 문제가 아니다. 70대에도 활발한 성생활을 이어가는 사람이 있고, 30대 초반에 이미 성욕이 바닥난 사람도 있다. 차이는 버튼이다. 지팡이를 짚고 다닐 정도가 아니라면, 당신은 아직 현역이다.

10만 년 전 조상들은 성욕을 부끄러워하지 않았다. 그것은 살아 있다는 증거였고, 내일을 향한 본능이었다. 나는 『욕망의 진화』를 읽은 후 성욕을 부끄러워하지 않게 되었다. 이것은 오직 긴 세대를 통과해 살아남은 존재만이 물려받는 생존의 증거다. 당신도 셀 수 없이 많은 '성적 경쟁' 토너먼트에서 살아남은 승리자임을 기억하라.

LEVEL 4

초월

정렬된 뇌는 몰입으로 도약한다

Level 0부터 3까지는 생존의 영역이다. 잠을 자고, 먹고, 움직이고, 연결되는 것. 이것만 회복해도 인생은 분명히 나아진다. 하지만 여기까지다. 컨디션은 좋아지지만, 아직 충만하지는 않다. '살 만해졌다'와 '살고 싶다' 사이에는 여전히 간극이 있다.

Level 4는 그다음 단계다. 여기서부터는 어떻게 존재할 것인가의 문제다. 뇌는 정상적인 상태를 회복하고 나면, '오늘 하루 충분했다'고 느끼기 위한 조건을 요구하기 시작한다. 그 조건은 2가지다. 하나는 아무것도 붙잡지 않는 상태, 탈집중. 다른 하나는 단 하나에 완전히 잠기는 상태, 몰입이다.

탈집중은 멈춤의 극단이다. 아무것도 하지 않아도 괜찮다는 신호를 뇌에 보내는 시간. 몰입은 전진의 극단이다. 지금 이 순간을 온전히 쓰고 있다는 감각에 뇌가 보상을 터뜨리는 상태.

이 둘은 정반대처럼 보이지만, 같은 방향을 가리킨다. 자의식이 사라진다는 점에서, '내가 지금 어떤 사람인지'라는 계산이 멈춘다는 점에서 그렇다.

원시인은 이 두 상태를 하루 안에서 자연스럽게 오갔다. 사냥에 몰입했고, 모닥불 앞에서 멍을 때렸다. 지치지 않았고, 다음 날 다시 일어날 수 있었다. Level 4 초월은 사라진 리듬을 되찾아 하루를 온전히 살아내는 단계다.

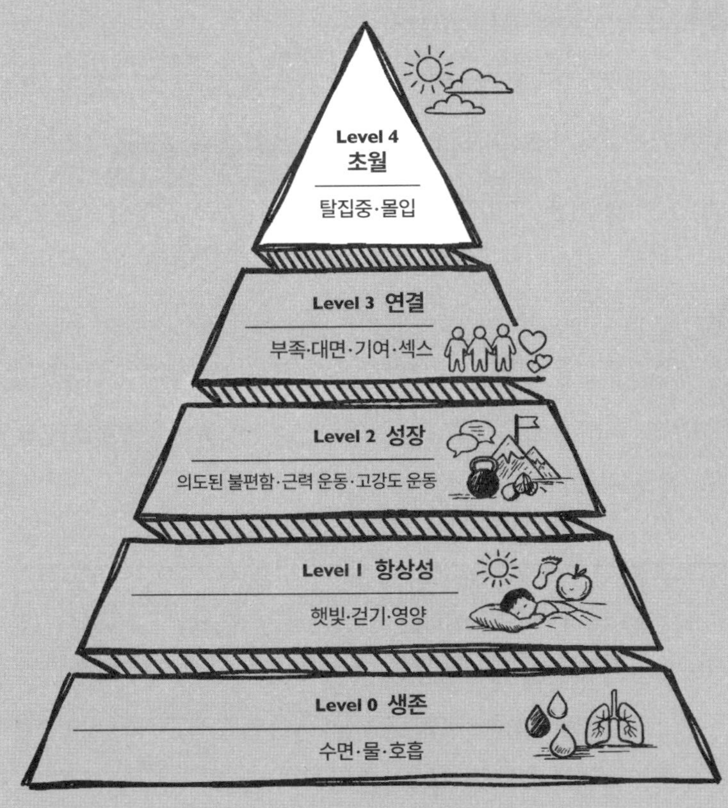

Level 4
초월
탈집중·몰입
Level 3 연결
부족·대면·기여·섹스
Level 2 성장
의도된 불편함·근력 운동·고강도 운동
Level 1 항상성
햇빛·걷기·영양
Level 0 생존
수면·물·호흡

탈집중

2018년, 태국 후아힌. 나는 혼자 앉아 있었다. 아무것도 하지 않았다. 스마트폰도 보지 않고, 그냥 앉아서 멍하니 바다를 바라봤다. 에메랄드빛 파도가 밀려왔다가 빠져나갔다. 야자수잎이 바람에 흔들렸다. 시간 가는 줄 몰랐다.

그러다 문득, 머릿속에서 흩어져 있던 조각들이 연결되기 시작했다. "이 방식을 변호사나 의사에게 적용하면 어떨까?" 아트라상 운영 경험, 변호사 시장에 대한 생각, 마케팅 등 흩어져 있던 조각들이 하나로 맞춰졌다. 나는 30분 만에 수십억짜리 사업 구상을 그 자리에서 완성했다. 기적 같은 순간이었다.

진짜 놀라웠던 건 결과물이 아니었다. 아이디어가 떠오르기 전, 나는 바다를 바라보며 완벽한 평온 속에 있었다. 아무런 목적도 성취도 없이 그저 생각이 흘러가는 대로 두는 것 자체가 즐거웠다. 그때 처음 깨달았다. "행복은 무언가를 쥐어짜낼 때 오는 게 아니라, 아무것도 하지 않을 때 찾아오는구나."

'휴양지에 있었으니까 당연히 행복했겠지'라고 생각할 수 있다. 하지만 비슷한 경험은 전혀 다른 장소에서도 반복됐다. 2019년 2월, 서울 국립중앙도서관에서였다. 나는 열람실 구석에 앉아 있었다. 책을 읽으러 왔지만 2시간 동안 책을 펼치지 않았다. 가만히 앉아서 창밖을 봤다. 겨울 하늘은 회색이었고, 나뭇가지가 바람에 흔들렸다. 나는 아무 생각도 하지 않았다. 그냥 존재했다. 그때 문득 유튜브 채널의 전체 콘셉트가 머릿속에 그려졌다. 펜을 꺼내 미친 듯이 적었다. 그 기획이 내 다음 방향을 결정짓는 출발점이 됐다. 그때도 역시 중요한 건 그게 아니었다. 그 2시간이 너무 평화로웠다. 아무것도 하지 않았는데 충만했다. '살아 있다'는 느낌이 들었다.

'영감'이 아니다, 뇌의 모드가 바뀐 것이다

사람들은 이런 순간을 "영감이 떠올랐다"거나 "신이 도왔다"고 표현한다. 애써 쥐어짜도 나오지 않던 아이디어가 아무것도 하지 않을 때 불쑥 떠오르니 신비롭게 느껴질 만도 하다. 하지만 이건 우연도 특별한 재능의 영역도 아니다. 그 순간 뇌가 전혀 다른 작동 모드로 전환됐을 뿐이다.

뇌는 크게 2가지 작동 모드를 갖고 있다. 첫 번째는 집중 모드다. 전문가들은 이것을 'TPNTask Positive Network'이라 부른다. 쉽게 말하면 '일하는 뇌'다. 보고서를 쓰고, 계산하고, 계획을 세울 때 켜진다. 현대인은 아침에 눈을 뜨는 순간부터 잠들기 전까지 이 모드만 작동시킨다. 외부 세계를 향해 주의를 쏟는다.

두 번째는 멍 때림 모드다. 'DMN', 즉 '방황하는 뇌'다. 아무것도 하지 않을 때 켜진다. 2001년 워싱턴대 마커스 레이클 교수가 놀라운 발견을 했다. 멍 때릴 때 뇌는 쉬지 않는다. 과제를 하지 않는 안정 상태에서도 상당한 기초 에너지를 지속적으로 사용한다. 단지 다른 종류의 일을 하고 있을 뿐이다. 낮 동안 조각조각 들어온 정보들을 연결하고, 정리하고, 숨겨진 패턴을 찾아낸다. '아하!' 하는 통찰이 터진다. 후아힌에서 내게 일어난 일이 바로 이것이다. 의식이 잠시 자리를 비우자 무의식이 나와서 퍼즐을 맞춘 것이다.

하지만 이것도 부차적인 결과고, 진짜 중요한 변화는 따로 있다. 멍 때림 모드가 켜지면 불안이 감소한다. 외부 자극이 줄어들면서 위협을 감지하는 편도체의 활성도가 낮아지고, 감정을 조율하는 전전두엽이 다시 작동하기 시작한다. 그 순간 뇌는 끊임없이 울리던 경보를 끄고, 비로소 내면을 응시한다. '지금 이대로 괜찮아.' 끊임없이 무언가를 해야 한다는 강박에서 벗어난다. 도파민이 안정화된다. 쫓기지 않는 평온함. 바로 뇌가 진짜로 원하던 '쉼'이다.

하지만 현대인은 멍 때리는 법을 잃어버렸다. 틈만 나면 스마트폰을 켠다. 엘리베이터 기다리는 30초, 화장실에 있는 5분조차 뇌를 가만히 두지 않는다. 하루 종일 집중 모드에만 갇혀 있으니 뇌는 결국 비명을 지를 수밖에 없다.

탈집중의 원형, 원시인의 멍 때리기

10만 년 전 원시인은 달랐다. 사냥감을 기다리며 풀숲에 몇 시간이고 숨어 있었다. 사냥에 성공한 후, 모닥불 앞에 앉아 불꽃을 멍하니 바라봤다. 밤하늘의 별을 세다 잠들었다. 스마트폰도, 책도, 라디오도 없었다. 외부 자극이 거의 없는 상태가 그들의 일상이었다. 그들은 자연스럽게 멍을 때렸다.

그 시간은 뇌를 안정 상태로 유지시켰다. 그 결과 새로운 사냥 전략이 떠올랐다. 부족 내 갈등의 해결책이 생각났다. 그림 구상이 떠올랐다. 밤마다 바라봤던 별들을 연결해 별자리와 신화를 만들었다. 창의성이 생겼다. 하지만 더 중요한 건 그 시간 자체로 충분했다는 점이다. 멍 때림은 무언가를 얻기 위해 존재한 시간이 아니라 그 자체로 완결된 상태, 행복한 시간이었다.

현대인이 원시인의 뇌 상태로 돌아가는 가장 쉬운 방법은 걷기다. 걸을 때 뇌는 묘한 상태에 빠진다. 완전히 집중하지도, 완전히 쉬지도 않는다. 발을 옮기는 반복 동작은 '집중 모드'를 느슨하게 유지하면서 동시에 '멍 때림 모드'를 활성화한다. 스탠퍼드대 연구팀에 따르면, 앉아 있을 때보다 걸을 때 창의적 사고 능력이 뚜렷하게 높아졌다. 나 역시『역행자』를 쓸 때 이 방법을 썼다. 2022년 양평에서 50분 글 쓰고, 10분 움직이는 사이클을 반복했다. 책상 앞에서 버티면 버틸수록 머리가 굳어졌다. 밖에 나가 멍 때리며 걷고 돌아오면 해결책이 떠올랐다. 60만 부가 팔린 그 책의 핵심 아이디어 상당수가 10분의 움직임에서 나왔다. 하지만 역시 중요한 건 그게 아니다. 그 10분이 나를 행복하게 만들었다.

멍 때림을 허락하라. 하루에 한 번은 스마트폰 없이 20분 걸어라. 창밖을 바라보라. 목욕하며 물소리만 들어라. 아무것도 하지 마라. 그 시간이 당신을 행복하게 만든다.

탈집중을 허락하는 놀이의 기술

대부분의 사람은 멍 때리는 법을 잃어버렸다. 혼자 가만히 앉아 멍 때리려고 하면, 죄책감이 올라온다. '이러고 있으면 안 되는데', '시간 낭비야. 뭔가 해야 해'라고 생각하는 순간, 집중 모드가 다시 켜지고 멍 때림 모드는 꺼진다. 그 결과는? 컨디션은 좋은데 행복하지 않다. 효율적으로 작동하는데 '살아 있다'는 느낌이 없다. 그래서 멍 때리기를 이렇게 다시 정의할 필요가 있다. 멍 때리기란 '아무것도 안 하는 기술'이 아니라 '목적을 잠시 내려놓는 기술'이다.

그리고 목적을 내려놓는 가장 쉬운 방법이 하나 있다. 혼자 멍을 못 때리겠다면, 우선은 놀면 된다. 멍 때리기가 혼자 켜는 DMN이라면, 놀이는 함께 켜는 DMN이다. 아프리카 초원을 다룬 다큐멘터리를 보면, 사자 새끼들이 서로 뒤엉켜 구르는 장면이 나온다. 한 녀석이 덤비면 다른 녀석이 도망치고, 잡히면 또 뒤집어서 반격한다. 어미 사자 꼬리를 물고 늘어지기도 하고, 풀숲에 숨어 있다가 형제를 덮치기도 한다. 진지하게 싸우는 것 같지만, 아무도 다치지 않는다. 그냥 논다.

이상하지 않은가? 사바나 초원은 생존의 전쟁터다. 하이에나와 표범이 있고, 어미가 잠시 한눈을 팔면 새끼는 언제든 먹잇감이 될 수 있다. 이런 치열한 환경에서 새끼들이 에너지를 낭비하며 장난을 친다. 진화는 낭비를 허락하지 않는다. 쓸모없는 행동은 도태된다. 그런데도 놀이가 남아 있다는 건, 진화가 이 행동을 쓸모 있다고 판단했다는 뜻이다. 실제로 모든 포유류 새끼가 논다.

놀이는 낭비가 아니다. 전문가들은 놀이를 '안전한 환경에서의 생존 시뮬레이션'이라 말한다. 사자 새끼들이 뒤엉켜 구르는 건 사냥 연습이다. 덮치기, 도망치기, 숨어서 기습하기. 이것은 사냥의 대표적인 동작이다. 그래서 진화는 놀이를 보존했다.

하지만 그게 다가 아니다. 사자 새끼들을 보라. 놀이 자체가 행복이다. 진화는 놀이에 '행복'이라는 보상을 달아놨다. 그래야 새끼들이 놀기 때문이다. 인간도 마찬가지다. 술래잡기를 한다. 뛰어다닌다. 숨는다. 잡히면 깔깔 웃는다. "또 하자!" 외친다. 목적이 있는가? 없다. 건강에 좋아서? 아니다. 사회성 발달을 위해서? 아이는 그런 거 모른다. 그냥 재미있다. 행복하다.

하지만 어른이 되면서 놀이가 사라졌다. 산업혁명이 놀이를 죽였다. 공장이 생기고, 시간이 돈이 되었다. 8시간 노동, 8시간 수면, 8시간 여가. 여가마저 '생산적'이어야 했다. 운동은 '건강 관리'가 됐다. 독서는 '자기계발'이 됐다. 사람과의 만남은 '인맥 관리'가 됐다. 취미마저 '힐링'이라는 목적이 붙었다. 쓸모없는 시간은 죄악이 됐다. 효율은 높아졌지만, 즐거움은 사라졌다. 운동하면서도 '칼로리 소모'를 생각한다. 사람을 만나면서도 '이 사람이 내게 도움이 될까' 하고 계산한다. 게임하면서도 '스트레스 풀렸나'를 확인한다. 순수한 기쁨이 사라졌다.

놀이를 할 때 뇌에서는 특별한 일이 벌어진다. 전전두엽이 꺼진다. 통제가 사라지고 계산이 멈춘다. 동시에 DMN이 켜진다. 뇌가 자유롭게 방황한다. 새로운 연결이 만들어진다. 창의성이 폭발한다. 하지만 그보다 중요한 건 '행복'이다. 통제에서 벗어날 때, 목적을 버릴 때, 쓸모없음을 받아들일 때, 비로소 행복해진다. 모든 활동에 이유를 붙이면 피곤하다. '그냥 재밌어서' 할 때 진짜 행복하다.

나는 20대 때부터 이것을 확신했다. '놀아야 성공한다.' 주변 사람들은 이상하게 봤다. "그렇게 놀면서 돈 벌 수 있어?" 나는 놀이의 중요성을 알고 있었다. 사업하면서도 놀았다. 야근은 절대 하지 않고 '그냥 재밌는 것'을 했다. 배드민턴을 치고, 게임하고, 의미 없는 수다를 떨었다. 나는 이것이 일적으로도 '최상의 아이디어를 내는 행동'이라는 걸 알았다. 행복한 하루하루를 산다는 장점은 덤이다.

그렇게 10년이 지났다. 번아웃은 없었다. 지치지 않았다. 매일 아침이 기다려졌다. 사업이 힘들 때도 있었고, 돈을 잃은 적도 있었고, 믿었던 사람에게 배신당한 적도 있었다. 그래도 무너지지는 않았다. 나는 여전히 행복했다. 기분이 아니라 상태로서의 행복을 알고 있었기 때문이다. 생존 버튼만이 아니라, 행복 버튼도 함께 눌렀기 때문이다.

10만 년 전 원시인도 놀았다. 사냥에 성공한 후, 모닥불 앞에 둘러앉았다. 웃고 떠들었다. 누군가 우스꽝스러운 동작을 했다. 모두가 웃었다. 누군가 노래를 불렀다. 박수를 쳤다. 아무 목적이 없었다. 내일 사냥에 도움이 되지도 않았다. 그냥 재밌었다. 그것이 그들을 행복하게 했다. 힘든 사냥을 견딜 수 있게 했다. 내일 또 일어날 수 있게 했다. 놀이가 없었다면? 생존만 했을 것이다. 행복하지 않았을 것이다. 오래 버티지 못했을 것이다.

집중과 탈집중의 리듬이 가져다주는 것

현대인에게 놀이는 사치가 아니다. 멍 때리기를 회복하기 위한 가장 현실적인 방법이다. 놀이를 위해 몇 가지만 기억하자.

첫째, 목적을 버려라. '건강에 좋아서', '스트레스 해소를 위해' 같은 생각은 지워라. 이것만 남겨라. '그냥 재밌어서.' 배드민턴을 치면서 칼로리 소모는 생각하지 마라. 그냥 셔틀콕이 날아가는 게 재밌으면 된다.

둘째, 어릴 때 뭘 했는지 떠올려라. 초등학생 때 하교 후 당신은 무엇을 했는가? 친구 집에서 게임, 공터에서 축구, 그림 그리기 등 무엇이든 좋다. 그때 당신이 행복했으면 됐다. 그리고 바로 그때로 돌아가라. 나이는 놀이를 포기할 이유가 아니다. 나 역시 나이 들어서 오히려 더 놀려고 한다. 내 인스타그램 스토리를 본 사람은 알 것이다. 플레이스테이션 게임을 설치하고, 오락실에 가서 펌프를 하며 열심히 논다는 것을.

셋째, 주 3시간을 확보하라. 많지 않다. 하루에 30분이면 된다. 그 시간만큼은 '재미있는 것'을 해라. 아무 목적 없이. 아무 생산성 없이. 일에 목매지 마라. 오히려 놀다가 잠시 멍 때리는 사이에 기막힌 아이디어가 떠오른다.

넷째, 사람과 함께 놀아라. 혼자 하는 놀이도 좋지만, 사람과 함께하는 놀이는 더 강력하다. 웃음은 전염되고, 옥시토신이 분비되며, 연결감이 깊어진다. 행복은 그만큼 커진다. 이런 점에서 테니스나 배드민턴처럼 사람과 함께 몸을 쓰는 놀이는 특히 강력하다.

다섯째, 진짜 놀이와 쓰레기 도파민을 구분하라. 놀이는 몸을 쓰고, 사람과 하고, 목적이 없다. 쓰레기 도파민은 스마트폰 보고, 혼자 하고, 현실을 피한다. 유튜브 쇼츠는 놀이가 아니다. 그것은 또 다른 쓰레기 자극이다.

멍 때리기와 놀이는 현대에서 '비생산적인 시간'으로 취급된다. 하지만 10만 년의 시간으로 보면 정반대다. 이것이야말로 인간이 매일 반드시 해온 행위다. 원시인의 하루를 떠올려보라. 사냥감을 기다리며 풀숲에 몇 시간이고 숨어 있었고, 모닥불 앞에서 불꽃을 바라보며 시간을 보냈다. 별을 세다 잠들었고, 사냥에 성공하면 목적 없이 웃고 떠들었다. 하루의 절반은 이런 시간이었다. 집중하는 시간보다 집중하지 않는 시간이 더 많았다.

뇌는 이 리듬 위에서 설계됐다. 집중과 탈집중이 교대하는 구조. 낮에 사냥하고, 저녁에 멍하니 쉬고, 위험에 대응하고, 불 앞에서 놀았다. 이 교대가 반복되었기에 뇌는 안정 상태를 유지했고, 창의성은 작동했다.

현대인은 그 리듬의 절반을 잃어버렸다. 아침부터 잠들기 전까지 집중한다. 일에, 스마트폰에, 걱정에, 계획에, 탈집중의 시간이 사라졌다. 멍 때리면 죄책감이 들고, 놀면 시간 낭비처럼 느낀다. 그 결과 뇌는 과열되고, 불안은 올라가며, 이유 없이 불행해진다.

원시인이 매일 자동으로 누르던 버튼을 현대인은 거의 누르지 않는다. 멍 때려라. 놀아라. 그것은 게으름이 아니라, 인간이 10만 년 동안 반복해온 가장 자연스러운 행위다. 뇌가 행복해지는 방식은 처음부터 여기에 있었다.

© Didier Descouens, Biface Cintegabelle MHNT PRE 2009.0.201.1, Wikimedia Commons, CC BY-SA 4.0.

아슐리안 손도끼. 약 150만 년 전부터 아프리카, 유럽, 아시아 전역에서 반복 제작된 표준화된 석기다. 물방울형의 좌우 대칭 구조는 즉흥적 타격이 아니라, 일정한 형태를 염두에 두고 돌을 다듬었음을 보여준다. 이 도구는 여러 단계를 거치는 계획과 반복을 전제로 한 제작물이었다. 인간은 즉각적 자극에 반응하는 수준을 넘어, 미리 떠올린 형태를 점차 정교하게 구현해갔다. 그 인지적 기반은 오늘날 우리의 뇌에도 이어지고 있다.

최고의 보상, 몰입

평생 회사를 위해 헌신하다가 60세에 은퇴한 임원이 있다. 퇴직금은 넉넉하고, 건강도 괜찮고, 시간은 넘쳐난다. 드디어 쉴 수 있었다. 그런데 이상한 일이 벌어진다. 불과 6개월 만에 그는 무기력해진다. 1년 후에는 우울증 진단을 받는다. 아내에게 사소한 일로 짜증을 내고, 별것 아닌 뉴스에 분노한다. 건강이 급격히 나빠진다. 은퇴 후 첫해에 심혈관 질환 발생률과 사망률이 급증한다는 연구 결과가 수두룩하다. 왜 그럴까? 돈과 시간은 있고, 스트레스는 없는데? 답은 간단하다. 몰입할 대상이 사라진 탓이다.

반대로 은퇴 후 더 건강해지는 사람들도 있다. 이들의 공통점은 하나다. 새로운 사냥감을 찾았다는 것이다. 텃밭을 가꾸거나, 손주를 돌보거나, 바둑 동호회에서 활동하거나, 악기를 배웠다. 그들은 쉬어서 행복한 게 아니다. 다시 몰입해서 행복했다.

몰입은 진화 과정에서 형성된 기능이다. 원시인은 사슴을 발견하면 1시간이고 2시간이고 풀숲에 숨어 기다렸다. 모기가 물어도 긁지 않았다. 땀이 흘러도 닦지 않았다. 오직 사슴만 봤다. 다른 생각이 끼어들 틈이 없었다. 창을 던졌다. 명중. 그 순간 온몸에 전기가 흐르는 듯한 쾌감이 폭발했다.

채집할 때도 마찬가지다. 어떤 열매를 먹을 수 있는지, 어떤 뿌리에 독이 있는지 판단해야 했다. 손끝에 신경을 집중하고, 냄새를 맡고, 색을 구분했다. 바구니가 채워질 때마다 뿌듯함이 밀려왔다. 도구를 만들 때도 몰입했다. 돌을 깎아 끝을 다듬고, 수십 번 두드리고, 각도를 조절하고, 날을 세웠다. 완성된 창을 들어 올릴 때 만족감을 느꼈다. 부족과 협력할 때도 몰입했다. 함께 사냥 전략을 짜고, 역할을 나누고, 신호를 주고받았다. 성공하면 함께 환호했다.

이 모든 순간에 공통점이 있다. 완전한 몰입 상태였다는 것이다. 뇌는 이 상태를 이렇게 해석했다. '지금 생존에 기여하고 있다. 부족에 필요한 존재다. 보상을 줘야 한다.' 기여가 '누군가에게 필요하다'는 감각이라면, 몰입은 '지금 이 순간을 온전히 쓰고 있다'

는 감각이다. 원시 환경에서는 이 둘이 거의 항상 함께 작동했다. 사냥에 몰입하는 행위 자체가 곧 부족에 기여하는 일이었다. 그래서 뇌는 몰입과 기여 모두에 강력한 보상을 걸어두었다. 몰입하는 순간, 행복 물질이 분비되도록 설계되었다. 쾌감 물질이 터지고, 각성 물질이 집중을 유지하며, 내적 만족감이 차올랐다.

10만 년간 작동해온 이 공식에 따라 몰입할 대상이 없으면 뇌는 이렇게 해석한다. '이 개체는 부족에 기여하지 못하고 있다. 쓸모없는 존재다.' 우울감이 찾아온다. 무기력해진다. 삶의 의미가 사라진다. 은퇴한 임원에게 일어난 일이 바로 이것이다.

몰입의 기술

서울대 황농문 교수는 『몰입』에서 이 상태를 자신의 경험으로 설명한다. 1990년부터 7년간 절정의 몰입 상태로 연구를 수행했고, 50년 이상 아무도 풀지 못한 난제들을 해결했다. 그중 한 문제는 1년 6개월 동안 붙잡고 있었다. 운전하면서도, 걸으면서도, 밥을 먹으면서도 오직 그 생각뿐이었다. 마침내 답을 찾은 순간, 마음 깊은 곳에서 은은한 행복감이 차올랐다. 그때의 발견이 연구 인생에서 가장 큰 업적이자, 가장 행복했던 순간으로 남았다.

심리학자 칙센트미하이는 수십 년간 예술가, 운동선수, 과학자들을 연구하며 '몰입Flow' 개념을 제시했다. 그는 이렇게 단언했다. "삶을 훌륭하게 가꾸어주는 것은 행복감이 아니라 깊이 빠져드는 몰입이다." 누구에게나 이 공식은 작동한다. 화가가 캔버스 앞에서 숨을 고르고, 운동선수가 경기장에서 모든 감각을 쏟고, 프로그래머가 코드 앞에서 시간 가는 줄 모르고, 정원사가 흙을 만지며 하루를 보내는 순간, 뇌는 똑같이 반응한다. '지금 중요한 일을 하고 있다. 보상을 줘야 한다.'

몰입 상태에서는 시간 가는 줄 모른다. 자의식이 사라진다. '나는 지금 잘하고 있나?'라는 의심이 끼어들 틈이 없다. 완전한 현재만 있다. 칙센트미하이는 이를 '최적 경험'이라 불렀다. 인간이 경험할 수 있는 가장 충만한 상태다. 몰입은 고정된 상태가 아니라 이동하는 상태다. 처음 과제에 진입할 때 초보자의 몰입이 생기고(A1), 도전이 낮아지면 지루함(A2)으로, 도전이 과해지면 불안(A3)으로 벗어난다. 나의 능력을 딱 한 뼘 넘어서는 도전 위로 다시 올라설 때(A4), 뇌는 완전히 현재에 몰입하고, 가장 강한 보상을 내놓는다.

도전과 능력의 균형이 핵심이다. 과제가 너무 쉬우면 지루하다. 뇌가 '이건 너무 쉬워'라고 판단하고 보상을 주지 않는다. 반대로 너무 어려우면 불안해진다. 뇌가 '이건 불가능해'라고 판단하고 스트레스 호르몬을 쏟아낸다. 하지만 딱 맞는 수준의 도전이 있을 때, 뇌는 완전히 빠져든다. 원시인에게 사냥이 그랬다. 쉽지

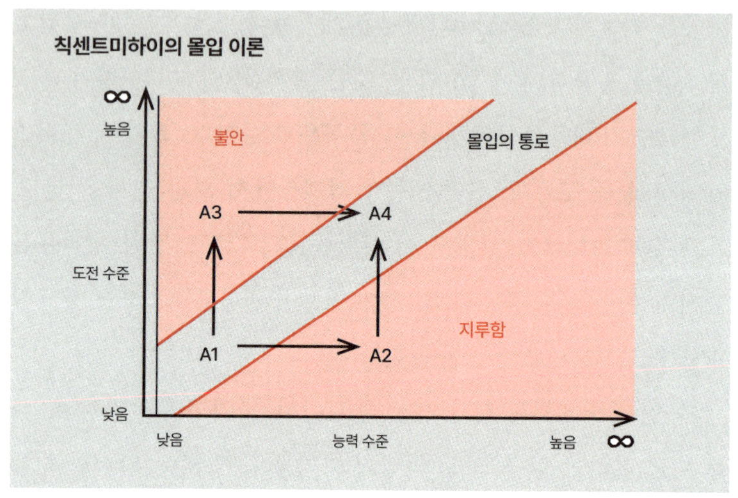

않았지만 불가능하지도 않았다. 그 긴장 속에서 몰입이 일어났고, 성공하면 큰 보상이 주어졌다.

남산 도서관 - ADHD가 사냥꾼이 된 한 달

2025년 가을, 나는 남산도서관에서 한 달을 보냈다. 이 책을 쓰기 위해서였다. 목표는 하나였다. '오늘 이 챕터를 끝낸다.' 10만 년 전 원시인이 '저 사슴을 꼭 잡는다'라고 정한 것처럼.

『역행자』를 쓸 때는 환경을 바꾸려 양평으로 갔다. 이번 책을 쓸 때는 한 가지를 더 추가했다. 자극을 철저히 차단했다. 아침에 눈뜨자마자 스마트폰을 보는 습관부터 끊었고, 도서관 가는 길에도 이어폰을 꽂지 않았다. 유튜브도 음악도 없이 그냥 걸었다. 도서관에 도착하면 스마트폰을 가방 깊숙이 넣고, 새로운 정보를 일체 차단한 채 앉아서 글만 썼다.

3시간이 30분처럼 느껴졌다. 배고픈 줄도 몰랐다. 화장실 가는 것도 잊었다. 배에서 꼬르륵 소리가 나서야 점심을 건너뛰었다는 걸 알았다. 사람들이 옆을 지나갔지만 인식되지 않았다. 10만 년 전 원시인이 사슴만 보았듯, 나는 글 쓰는 순간에만 완전히 집중하고 있었다.

도서관을 나서자 정신은 완전히 녹초가 되어 있었다. 하지만 세상이 밝아 보이고 자신감이 차오르며 극도의 행복을 느꼈다. '오늘 나는 해냈다', '이 책으로 세상 사람들이 행복해질 수 있다'라는 확신이 온몸에 퍼졌다. 집에 돌아와서도, 저녁을 먹으면서도 그 느낌이 지속됐다.

글쓰기는 분명 고통이었다. 사실 지금도 고통스럽다. 하지만 아이러니하게도 행복했다. 이게 몰입의 본질이다. 과정은 힘들어도 뇌는 '지금 중요한 일을 하고 있다'라는 신호를 받는다. 그 신호가 행복을 만든다. 통제하고 있다는 느낌, 성장하고 있다는 감각, 전진하고 있다는 확신. 이것이 창으로 목표물을 명중시킨 사냥꾼의 쾌감이다.

하지만 이 경험은 남산도서관에서만 일어난 특별한 사건이 아니었다. 우연도 아니었다. 뇌가 원래 이렇게 작동한다. 그리고 나는 그 작동 방식을 극단적으로 사용하는 사람이다. 나는 ADHD다. 정신이 없고, 일주일에 한 번씩 신용카드를 잃어버린다. 사람들은 묻는다. "어떻게 7개가 넘는 사업을 하면서 책까지 써?" ADHD가 있는 사람들은 스스로를 비하한다. 하지만 ADHD는 축복이다. 단지 장점을 모르고, 활용법을 모를 뿐이다.

1993년 미국 심리학자 톰 하트만의 흥미로운 가설을 보자. 그에 따르면, 인류 진화 과정에서 2가지 인지 유형이 공존했다. 농부는 진득하게 씨를 뿌리지만, 사냥꾼은 넓은 초원을 쉴 새 없이 쏘다닌다. 산만함, 싫증, 예민함? 모두 사냥꾼에게 유리한 형질이다. 끊임없이 새로운 자극을 찾고, 위험을 감지하고, 사냥감이 나타나면 순간적으로 폭발적 집중을 발휘할 수 있으니 말이다. 2008년 노스웨스턴대 연구팀이 케냐의 아리알 유목민을 조사했는데, ADHD 관련 유전자(DRD4-7R)를 가진 유목민이 정착민보다 영양 상태가 더 좋았다. 끊임없이 이동하며 사냥하는 환경에서 ADHD는 생존 우위였던 것이다.

내가 7개가 넘는 사업을 하면서 60만 부 베스트셀러를 쓸 수 있는 이유도 여기 있다. 나는 농부처럼 꾸준하진 못해도, 사냥꾼처럼 닥치는 대로 탐색하다가 '이거다' 싶으면 끝장을 본다. 핵심은 집중력이 아니라 방향이다. 이건 ADHD만의 이야기가 아니다. 정도의 차이가 있을 뿐, 인간의 뇌는 모두 사냥꾼의 구조를 지니고 있다. 사냥감만 또렷하면 된다. 핵심은 3가지다.

첫째, 사냥감을 정한다. '오늘 뭐 하지?'가 아니라 '오늘은 이것만 잡는다'로 시작한다. 사냥꾼은 목표 없이 초원을 헤매지 않는다. 아침에 눈을 뜨면 오늘의 사냥감 하나를 정한다. 그리고 그것만 쫓는다. 제일 좋은 건 아침에 일어나 가장 중요한 일을 정하는 것이다. 그리고 어떻게든 끝낸다고 마음먹는다.

둘째, 일단 몸을 움직인다. 집중이 안 될 때 나는 버튼을 누른다. 10분 뛰거나 테니스공을 맞힌다. 그래야 불안한 편도체가 꺼지고 전두엽이 켜진다. 원시 사냥꾼에게 가만히 앉아 있는 시간은 없었다. 사냥꾼의 뇌는 몸이 움직여야 작동한다.

셋째, 환경을 사냥터로 만든다. 스마트폰 알림을 끄고, 작업 공간에서 방해물을 치운다. 사냥꾼은 원래 예민하다. 풀숲에서 바스락 소리만 나도 고개를 돌려야 살아남았으니까. 그 생존 본능이 현대에서는 '산만함'이 된다. 그러니 환경을 통제해야 한다. 한눈을 팔면 아무리 뛰어난 사냥꾼도 빈손으로 돌아갈 수밖에 없다.

ADHD는 현대 사회의 농부형 시스템과 맞지 않을 뿐이다. 사냥감을 정하고, 몸을 움직이고, 환경을 정비하면 ADHD는 핸디캡이 아니라 엔진이 된다. 축복이 된다.

수집을 멈추고 사냥하라

현대인은 하루 종일 무언가를 줍는다. 유튜브에서 정보를 줍고, 인스타그램에서 타인의 삶을 줍고, 뉴스에서 불안을 줍는다. 손가락은 끊임없이 움직이지만 방향은 없다. 알고리즘이 던져주는 조각들을 그저 받아먹는다. 원시인의 채집은 달랐다. 그는 숲에 들어가 아무 열매나 줍지 않았다. 먹을 수 있는 것, 계절에 맞는 것, 부족에 필요한 것만 골랐다. 사냥 역시 마찬가지다. '저 사슴을 잡는다'는 목표가 생기면 시야는 좁아지고, 풀숲의 흔들림과 발자국의 깊이만 보인다. 다른 것은 자연스럽게 걸러진다. 그 집중 속에서 시간은 사라지고, 자의식도 사라진다. 높이 달린 열매를 따는 순간, 창이 날아가고 명중하는 순간, 온몸을 관통하는 전율을 느낀다. 뇌는 그때 확신한다. '지금 이 개체는 생존에 기여했다.' 그리고 보상을 준다.

몰입은 목표와 선별이 있을 때 생긴다. '이 글을 완성한다', '이 곡을 끝까지 친다', '이 문제를 해결한다.' 목표가 선명해지는 순간, 뇌는 흩어진 주의를 한 점으로 모은다. 불필요한 정보는 배경으로 물러나고, 필요한 신호만 남는다. 그때 시간은 사라지고 자의식도 옅어진다. 몰입은 애써 만드는 기술이 아니라, 목표가 또렷할 때 자연스럽게 일어나는 상태다. 반대로 '심심하니까 한 번 더 볼까'라는 상태에서는 뇌가 집중할 이유를 찾지 못한다. 주의는 흩어지고, 자극은 점점 더 강해져야 한다. 끝나지 않는 수집은 배고픔을 채우지 못한다.

나는 밤에는 마음 가는 대로 영상을 보기도 한다. 하지만 낮에는 다르게 움직인다. '오늘은 AI 시장 구조를 정리한다.' 목표를 정하고 관련 정보만 찾는다. 추천 쇼츠는 보지 않는다. 사냥감이 아니기 때문이다. 30분이면 충분하다. 필요한 것만 취하고 나온다.

수동적일 때 뇌는 에너지를 흘어 놓고, 능동적일 때 에너지를 모은다. 뇌는 여전히 10만 년 전 설계도로 작동한다. 목표를 향해 온 신경을 모을 때 가장 강한 보상을 내놓는다. 하나를 겨냥하라. 글쓰기든, 악기든, 텃밭이든, 바둑이든, 대상은 중요하지 않다. 몰입은 선택받은 사람의 재능이 아니라, 목표를 가진 인간에게 자동으로 열리는 상태다. 오늘 당신의 사냥감은 무엇인가. 그리고 당신은 정말로 그것을 겨냥하고 있는가.

15개 버튼을 졸업한 걸 축하한다. 당신은 이제 완전히 재탄생할 수 있는 설계도를 손에 쥐었다. 그리고 주변 사람들을 불행의 나락에서 구할 수 있는 눈을 갖추게 되었다.

나는 요즘 지인들에게 같은 말을 반복적으로 듣는다. "인생을 구해줘서 고맙다." 과장이 아니다. 15개 버튼의 원리를 알려주고 하나씩 누르게 했을 뿐인데, 몇 주 만에 얼굴이 바뀌고 말투가 바뀌고 삶의 방향이 바뀐 사람들이 하나둘 생기기 시작했다.

당신도 이제 나와 같은 눈을 가졌다. 확인해보자.

최근 1주일간 내가 만난 3명의 이야기다. 이들은 누가 봐도 뛰어난 사람들이다. 지능도 상위 1%로 높고, 사회적 성취도 크다. 하지만 15개 버튼 중 대부분을 누르고 있지 않았으며, 불행의 나락으로 떨어지는 행위를 반복하고 있었다. 나는 해결법을 강하게 이야기했고, 머리가 좋은 이들은 곧바로 실행에 옮기기 시작했다. 아래 사례를 읽고, 뭐가 문제인지 직접 맞춰보라. 15개 버튼을 제대로 이해했다면 정답이 바로 보일 것이다.

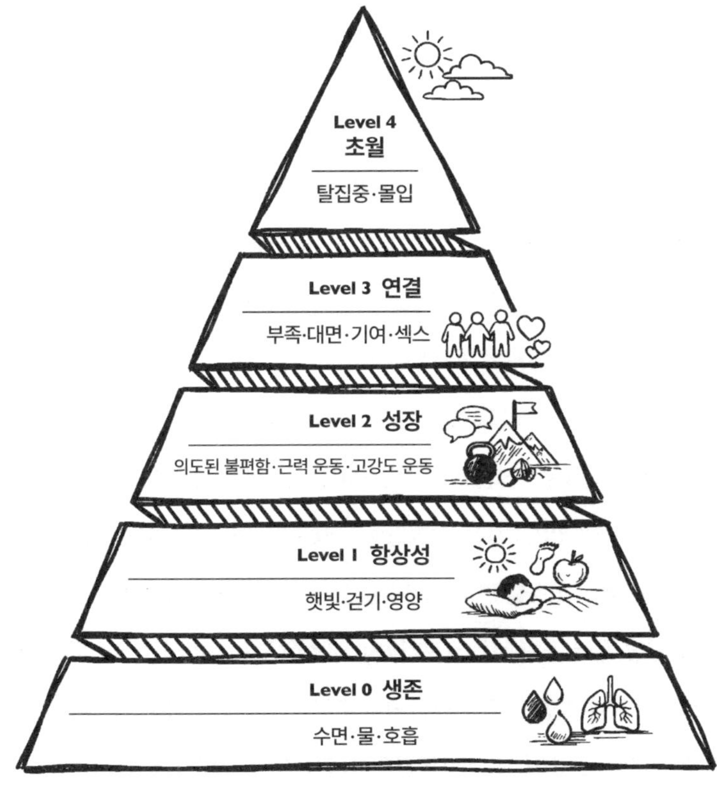

Level 4
초월
탈집중·몰입
Level 3 연결
부족·대면·기여·섹스
Level 2 성장
의도된 불편함·근력 운동·고강도 운동
Level 1 항상성
햇빛·걷기·영양
Level 0 생존
수면·물·호흡

사례 1. 필라테스 원장님

27세. 동년배와는 비교할 수 없는 성취를 이뤘다. 그 나이에 이미 자기 이름을 건 스튜디오를 운영하고, 수강생도 넘친다. 전형적인 성과주의형 인간이다.

이 친구의 하루는 이렇게 흘러간다. 아침에 일어나자마자 에너지드링크를 들이킨다. 정신없이 수업을 진행하고, 점심으로 과자를 먹는다. 단것이 계속 먹고 싶다. 그래서 오후에는 커피를 4잔 마신다. 퇴근 후에는 '운동해야 한다'는 생각에 근력 운동을 밤늦게 한다. 운동까지 마치고 집에 돌아오면 지칠 대로 지쳐서 소파에 누워 쇼츠를 보다 잠든다. 다음 날 아침, 개운하지 않은 상태에서 다시 에너지드링크를 들이킨다. 이 친구의 상태를 계산해보라. 어떤 버튼이 꺼져 있는가?

힌트를 주자면, '아침 에너지드링크'에서 시작하면 된다. 여기서부터 삶의 바이오리듬은 박살난다. 가짜 연료를 주입하면 혈당이 치솟고, 인슐린이 과잉 분비되며, 30분 후 혈당이 바닥으로 떨어진다. 뇌는 '에너지 고갈'이라는 비상 신호를 보내고 단것을 찾게 만든다. 이것이 하루 종일 반복된다. 혈당 롤러코스터다. 코르티솔이 지속적으로 분비되고, 이 스트레스 호르몬이 하루 종일 높으니 판단력이 흐려진다. 판단력이 흐려지니 "과자라도 먹자"라는 마음에 쉽게 투항한다. 본인도 식이요법이 중요하다는 것은 머리로는 알고 있지만, 막상 행동하지는 못한다. 그의 의지가 약해서가 아니라, 뇌의 연료 시스템이 이미 망가져 있기 때문이다. 밤늦게 하는 운동도 같은 맥락이다. 운동으로 인해 '사냥 시간이다'라고 인식한 뇌는 흥분 상태에 돌입한다. 잠들기 어려운 것이 당연하다. 수면의 질이 떨어진다. 다음 날 피곤한 상태에서 또 에너지드링크를 찾게 된다. 톱니바퀴가 맞물려 돌아가는 악순환이다.

이제 정답을 말해볼 차례다. 이 사람의 일상에서 어떤 버튼이 꺼져 있는가? 15개 버튼 중 켜져 있는 것이 3~4개 정도다. 필라테스를 가르치니 걷기와 운동 버튼은 부분적으로 켜져 있고, 수업 중 사람을 대면하니 대면 버튼도 어느 정도 작동한다. 하지만 나머지는 전부 꺼져 있다. 가장 심각한 건 영양 버튼이다. 공복에 에너지드링크를 넣는 순간 혈당이 치솟고, 인슐린이 과잉 분비되며, 30분 후 혈당이 바닥으로 떨어진다. 뇌는 '에너지 고갈'이라는 비상 신호를 보내고 단것을 찾게 만든다. 이 과정이 하루 종일 반복된다. 코르티솔이 높게 유지되고, 판단력은 흐려지며, 예민함과 피로가 일상이 된다.

처방은 단순하다. 아침에 에너지드링크 대신 밥을 먹으면 된다. 원시인은 아침에 에너지드링크를 마신 적이 없다. 이것 하나만 바꿔도 톱니바퀴 전체가 멈추기 시작한다.

사례 2. 부동산 CEO

30대 초반인 이 친구는 이미 수십억 자산을 일궜다. 보통 사람이 평생 벌기 어려운 큰돈을 서른 초반에 벌었다. 바빠서 자주 보지 못하다가 오랜만에 만난 그는 어제 밤을 샜다고 한다. 얼굴이 죽기 직전이었다. "200억 현금을 모으기 전까지는 일을 놓을 수 없다"고 했다. 데이트는 하지 않는다. 오로지 일만 한다. 2주에 한 번은 아프다. 직원들에게 수시로 화를 내고 예민하게 구는데, 본인은 자기가 왜 화를 내는지도 인식하지 못한다. 판단력이 떨어지는 사람을 보면 "쟤는 왜 저래"라고 불평하지만, 정작 가장 판단력이 떨어져 있는 사람은 본인이다. 결정적으로, 이 친구가 만날 때마다 반복하는 말이 있다. "요즘 성욕이 아예 없어." 이상하다고 느끼지만 원인을 모른다. 바빠서 그런 거라고 넘긴다. 이 친구의 상태를 계산해보라.

나는 말했다. "넌 진짜 일머리는 좋은데, 생각보다 머리가 나쁘구나. 잘 쉬고 잘 먹는 게 이기는 건데. 좋은 성과를 내려면 뇌를 최적화해야 하고, 뇌는 어떤 연료를 넣느냐에 따라 완전히 달라져. 지금 너는 페라리에 경유를 넣고 왜 안 달리냐고 화내는 꼴이야."

이 친구의 일상에서, 15개 버튼 중 켜져 있는 것은 1~2개에 불과하다. 일에 몰입하고 있으니 몰입 버튼은 부분적으로 켜져 있을 수 있지만, 그 몰입은 건강한 몰입이 아니라 불안에 의한 강박에 가깝다. 나머지는 거의 전멸 상태다.

밤을 새우면 글림프 시스템이 작동하지 않아 뇌에 독소가 쌓인다. 스트레스가 만성화되니 소화 기능이 떨어지고, 아침과 점심을 거르게 된다. 밥을 거르니 뇌에 포도당이 부족해지고, 부족한 뇌는 편도체를 과활성화시킨다. 직원들에게 사소한 일로 폭발하는 이유가 성격 때문이 아니다. 굶주린 뇌가 만들어낸 과잉 반응이다. 안전하고, 편안하다고 느낄 수 있는 사람을 만나지 않으니 옥시토신이 분비되지 않고, 움직이지 않으니 **BDNF**가 생성되지 않는다.

성욕이 사라진 이유도 명확하다. 수면 부족은 테스토스테론을 급격히 떨어뜨린다. 5시간 수면을 1주일만 지속해도 테스토스테론이 감소한다. 여기에 만성 스트레스가 더해지면 코르티솔이 테스토스테론 생성을 직접 억제한다. 운동 부족, 영양 부족, 연결 부족까지 겹치면 성욕이 사라지는 건 당연한 결과다. 성욕은 생존이 안정됐을 때 비로소 켜지는 시스템이다. 뇌가 '지금 생존이 위태롭다'고 판단하고 있는데, 짝짓기에 에너지를 쓸 리가 없다.

이 친구에게 필요한 건 더 많은 노력이 아니다. 7시간 이상의 수면과 아침 식사를 챙기는 것이다. 200억을 모으기 전에 몸이 먼저 무너지면 아무 소용없다. 뇌가 30%도 효율을 못 내고 있으니 목표에 다가갈 가능성도 떨어진다. 만약 달성하더라도, 과로 탓에 상한 몸으로 여생을 보내게 된다면 무슨 소용인가?

60대 후반. 수십 년간 약국을 운영해온 엘리트다. 약학 지식도 풍부하고, 지역 사회에서 신뢰받는 분이다. 과거에는 자전거와 탁구를 좋아하셨다. 활동적인 분이었다. 하지만 자전거를 타다 넘어진 후 관절이 안 좋아지면서 운동이 싫어졌다고 한다. 그 이후로 거의 움직이지 않으신다. 가족 카톡방에 종종 이런 말을 올리신다. "늙으면 죽어야지." 명절에 만나면 세상 돌아가는 이야기에 부정적인 반응이 많다. 나는 명절 때마다 같은 말씀을 드린다. "삼촌, 매일 걷기라도 하셔야 해요. 관절이 안 좋으시면 천천히, 재활 수준으로라도요." 삼촌은 당연히 말을 듣지 않으신다. 외삼촌의 상태를 계산해보라.

외삼촌의 삶에서 15개 버튼 중 켜져 있는 것이 4~5개 정도다. 약국을 운영하시니 규칙적인 생활 리듬은 있고, 손님을 대면하는 버튼도 부분적으로 켜져 있다. 식사와 수면도 어느 정도 하신다. 하지만 가장 강력한 버튼인 걷기와 운동이 완전히 꺼져 있다. 움직이지 않으면 BDNF가 분비되지 않는다. BDNF가 없으면 해마가 축소되고, 뇌가 위축된다. 위축된 뇌는 세상을 위협적으로 해석하기 시작한다. "늙으면 죽어야지"라는 말은 성격이 아니다. 움직이지 않는 뇌가 만들어낸 해석이다.

여기서 악순환이 시작된다. 관절이 안 좋아서 운동을 안 하는 게 아니다. 운동을 안 하니까 뇌가 부정적으로 변했고, 부정적으로 변한 뇌가 '운동해봤자 소용없어', '이 나이에 뭘 해'라는 판단을 내리게 된 것이다. 뇌가 만든 판단을 자기 생각이라고 믿는다. 그래서 더 안 움직인다. 더 안 움직이니까 뇌가 더 위축된다. 약사로서 누구보다 건강 지식이 풍부한 분이 자기 몸의 악순환을 인식하지 못하는 이유가 여기에 있다. 지식의 문제가 아니다. 꺼진 뇌가 내리는 판단의 문제다.

이 악순환을 끊는 방법은 하루 15분 걷기다. 관절이 안 좋으면 실내에서 천천히 걸어도 되고, 수영도 좋다. 중요한 건 강도가 아니라 '움직인다'는 신호를 뇌에 보내는 것이다. 그 신호 하나만으로도 뇌의 해석이 달라지기 시작한다.

세 사람의 공통점

27세의 필라테스 원장, 30대 초반의 부동산 CEO, 60대 후반의 약사. 나이도 분야도 전혀 다르다. 하지만 공통점이 있다. 셋 다 머리가 나쁜 사람이 아니다. 오히려 각자의 영역에서 뛰어난 성취를 이룬 사람들이다. 실제로 지적 능력만 놓고 보면 상위권에 속하는 사람들이다. 하지만 버튼이 꺼져 있으니 뇌가 오작동한다. 오작동하는 뇌로 내리는 판단은 전부 왜곡된다. "에너지드링크 한 캔쯤은 괜찮아." "잠은 나중에 자면 돼." "운동해봤자 소용없어." 뇌가 시키는 대로 따르면 더 깊이 빠질 뿐이다. 이 세 사람이 바보여서가 아니다. 꺼진 뇌가 내리는 판단을 자기 판단이라고 착각하고 있을 뿐이다.

당신은 이제 이 구조가 보인다. 15개 버튼을 배웠으니까. 주변 사람을 볼 때 "아, 저 사람은 이 버튼이 꺼져 있구나"가 눈에 들어오기 시작할 것이다. 그 눈이 생긴 것만으로도 당신의 삶은 이전과 완전히 달라진다. 15개 버튼의 원리를 아는 사람은 불행해질 수가 없다. 불행의 원인이 보이고, 해결법이 보이고, 순서가 보이기 때문이다. 예전에는 이유 모를 무기력이 찾아오면 "나는 원래 이런 사람인가 보다"라고 체념했을 것이다. 이제는 다르다. "아, 이번 주에 5번, 7번 버튼이 꺼졌구나. 다시 켜면 그만이지." 원인을 알면 두렵지 않다. 누르면 되니까.

그리고 한 가지 더. 당신이 행복해지면 주변이 바뀐다. 불행한 사람은 가까운 사람부터 갉아먹는다. 예민해지고, 짜증 내고, 사소한 일에 폭발한다. 반대로 버튼이 켜진 사람은 에너지가 넘친다. 여유가 생기고, 너그러워지고, 옆에 있는 것만으로도 편안한 사람이 된다. 또한 상대에게 이렇게 말해줄 수 있게 된다. "아침에 에너지드링크로 시작하지 마." "지금 우울한 건 다이어트한다고 공복 운동해서 그래. 지금 바로 밥 먹어. 바로 좋아질 거야." 이 간단한 조언 하나가 작은 변화를 만들고, 그 작은 변화가 나비효과처럼 전혀 다른 삶으로 이어질 수도 있다.

이 책의 앞부분에서 말했다. 당신이 먼저 행복해지는 것이 가장 이타적인 행동이라고. 이제 당신은 그 방법을 안다. 설계도는 이미 당신의 손 안에 있다. 거창하거나 비장할 필요도 없다. 햇볕 5분 쬐기, 자연식 한 끼, 한 번의 산책, 한 번의 멈춤. 그 사소한 행동이 몸을 바꾸고, 몸이 마음을 바꾸고, 마음이 관계를 바꾼다. 그리고 어느 순간, 문득 깨닫게 될 것이다. 예전과는 다른 표정으로 웃고 있는, 쉽게 흔들리지 않는 자신을. 완벽한 컨디션을 가진 미래의 '나'는 먼 곳에 있지 않다. 이미 이 길 끝에서, 조금 더 단단해진 모습으로 당신을 기다리고 있다.

ERROR
구멍
현대인은 독이
깨진지도 모르고
물을 붓는다

이제 당신은 버튼 15개를 통해 완벽한 행복을 얻을 수 있다는 걸 안다. 버튼 15개를 누르면 건강해지고, 뇌는 최고의 컨디션이 되며, 외모는 변하고, 행복감은 높아진다. 그래서 우리는 종종 착각한다. 잘 살고 있고, 버튼도 누르면서 큰 문제 없이 지내고 있다고. 하지만 어느 순간 어딘가 어긋나 있다는 느낌이 든다. 밑 빠진 독에 물을 붓는 것처럼, 변화는 쌓이지 않는다. 나는 밑 빠진 독이 어떤 결말로 이어지는지 가까이서 지켜본 적이 있다.

10년 전, 우연히 알게 된 형이 있었다. 차 동호회에서 만났는데, 연예계 활동도 했던 사람이다. 키는 190cm가 넘었고 라켓 스포츠를 준프로급으로 잘했다. 다이아몬드 수저였고, 운동도 꾸준히 했다. 외모, 환경, 체력, 성격까지 어느 것 하나 빠지지 않았다. 그런데 어느 순간부터 그는 자주 술에 만취해 있었다. 이후 서로 교류가 줄어 5년간 얼굴은 보지 못했지만, 종종 연락을 주고받았다.

3년 전쯤 혼자 해외여행을 가려고 비행기에 탑승했을 때였다. 그 형이 스스로 삶을 마감했다는 뉴스를 우연히 보게 되었다. 나는 너무 충격을 받아 멍해졌다. 나는 이륙 직전, 답이 없을 걸 알지만 형에게 "항상 고마웠어, 편히 쉬어"로 시작하는 긴 카톡을 보냈다.

나는 이유를 알고 싶었다. 이전에 나온 형의 기사를 모두 찾아보았다. 마약에 손을 댄 정황이 있었다. 너무 안타까웠다. 이후에는 손대지 않은 듯했지만, 단 한 번의 마약 경험이 뇌의 보상 회로를 영구적으로 망가뜨렸을지도 모른다는 생각이 들었다.

마약까지는 아니지만 우리는 매주 조금씩 비슷한 걸 한다. 일주일에 1~2번, 필름이 끊길 때까지 술을 마신다. 우울감, 배신에 대한 상처, 눈물과 분노가 많아진다. 잘생기고 예뻤던 얼굴은 급격히 노화되어 무너지고 눈동자에서는 총기가 사라진다. 이 예언이 빗나가길 바라지만, 예외 없이 맞아 들어간다.

원인은 단순하다. 스스로 자신의 신경 시스템을 매주 박살 내는 탓이다. 만취는 단순히 기분이 좋은 상태가 아니다. 뇌의 보상 회로를 강제로 과열시켜 태워버리는 짓이다. 다음 날이면 도파민이 바닥나 우울감이 찾아오는 '롤러코스터 구조'다. 이 패턴이 반복되면 감정의 바닥이 점점 깊어진다. 뇌가 예민해져 사소한 말에도 상처받고, 감정 기복은 커진다. 신체적 대가도 혹독하다. 간과 피부는 손상되고, 체내 염증 수치는 치솟는다. 무엇보다 세포 재생에 쓰여야 할 에너지가 해독에 우선적으로 쓰인다. 그 영향으로 눈빛은 탁해지고, 얼굴은 빠르게 늙는다. 자신을 통제하는 힘도 약해진다.

페인 수준이 돼서 '아, 원래의 나를 찾아야지'라고 결심해도 너무 늦어버린 때가 많다. 건강을 되돌리기 어렵다는 뜻이 아니다. 이때부터는 정상적인 생활을 하는 것에도 큰 노력과 고통을 감수해야 한다. 그냥 할 수 있는 일이 너무나 어려운 일로 변한다.

앞서 우리는 15개 버튼을 배웠다. 햇빛, 걷기, 단백질, 운동, 수면, 사회적 연결… 하나하나가 뇌의 화학을 바꾸고, 감정을 조절하고, 삶을 변화시킨다. 세로토닌을 올리고, 도파민을 분비시키고, 코르티솔을 중화시키고, 옥시토신을 만들어낸다. 물 붓는 법을 배운 것이다. 하지만 한 가지 문제가 있다. 양동이에 구멍이 뚫려 있으면 아무리 물을 부어도 가득 차지 않는다.

아침에 햇볕을 쬐고 운동해서 세로토닌을 채워도 저녁에 소주 한 병이면 그 효과는 사라진다. 밤에 숏폼을 2시간 보면 도파민 수용체는 둔감해진다. 하루 종일 멀티태스킹을 하면 전두엽이 과부하에 걸린다. 버튼을 눌렀는데도 효과가 없다면 이미 어딘가에서 새고 있다는 뜻이다. 음주는 그 중 가장 눈에 띄는 사례일 뿐이다.

1950년대, 동물행동학자 니코 틴버겐은 갈매기 둥지에 '가짜 알'을 넣었다. 진짜보다 더 크고 더 선명한 플라스틱 알이었다. 갈매기는 진짜 알을 버리고, 품을 수도 없는 가짜 알을 끝까지 품으려 했다. 본능은 고장 난 게 아니었다. 자연에서는 '더 큰 알 = 더 건강한 새끼'라는 규칙이 맞았기 때문이다. 문제는 자연에 없던 '초정상 자극Supernormal Stimulus', 즉 본래의 자극을 과장해 본능을 과도하게 끌어당기는 자극이 등장한 순간, 그 완벽한 본능이 함정으로 바뀌었다는 점이다.

2026년의 인간도 같은 함정 앞에 서 있다. 뇌는 여전히 10만 년 전 규칙으로 움직인다. 달콤하면 먹으라 하고, 새 자극이 오면 놓치지 말라 하고, 빠른 보상이 오면 반복하라 재촉한다. 하지만 이제 그 자극은 자연의 범위를 넘어섰다. 설탕은 과일이 아니라 정제된 당으로, 정보는 소식이 아니라 끝없이 스크롤되는 화면으로, 보상은 사냥의 성공이 아니라 즉각적인 알림과 영상으로 과장되었다. 본능은 여전히 정확하다. 다만 자극이 비정상적으로 증폭되었다. 희소했던 보상이 일상이 되었고, 드물어야 할 쾌락이 무제한으로 공급된다. 브레이크는 사라지고 액셀만 남았다.

애써 눌러놓은 버튼을 무력화하는 구멍은 4가지나 된다. 여기서는 그 구멍을 찾아 막는다. 이제 물 붓기는 잠시 멈추고, 당신의 양동이 바닥을 점검할 시간이다.

화학적 구멍

뇌를 속이는 3가지 사기꾼

35세 남자가 있다. 매일 저녁 소주 3잔을 마신다. 금요일에는 더 많이 마신다. 아침에 일어나면 얼굴이 붓고, 거울을 보면 10년 전과 다른 얼굴이 비친다. 피부가 칙칙하고 눈 밑이 처졌으며 턱선이 흐려졌다. '나이 들어서 그렇겠지'라고 생각한다.

점심 후에는 단 커피를 마신다. 오후 3시가 되면 졸음이 쏟아지고 집중력이 떨어져 일이 손에 잡히지 않는다. 편의점에 가서 초콜릿을 사 먹는다. 일시적으로 정신이 든다. 30분 후 다시 무기력해진다. 이 패턴이 매일 반복되는 사이, 체중은 3년간 15kg 늘었고 뱃살이 나왔다. 계단을 오르면 숨이 찬다.

저녁에 집에 돌아오면 짜증이 난다. 배우자와 자주 싸우고 아이들에게 소리를 지른다. 왜 화가 나는지 자신도 모른다. 그냥 모든 게 신경 쓰인다. '스트레스 풀어야지.' 담배를 피운다. 잠시 진정되는 것 같지만 30분 후 다시 불안해진다. 또 피운다.

밤에 잠을 자도 개운하지 않다. 아침에 일어나면 피곤하고 머리가 무겁다. 출근길이 지옥이다. '왜 이렇게 힘들지?' 커피를 마시면 각성되지만 2시간 후 다시 무기력해진다. 또 커피를 마신다. 이 사이클이 매일 반복된다.

5년이 지났다. 건강검진 결과가 나왔다. 지방간, 고혈압 전 단계, 혈당 수치 경계선. 의사가 말한다. "술과 설탕을 줄이시고, 담배를 끊으세요." 고개를 끄덕인다. 병원을 나와 편의점에서 소주를 산다. "오늘만, 마지막으로."

그는 모른다. 뇌가 이미 바뀌었다는 사실을. 도파민 수용체는 둔감해졌고, 세로토닌 합성은 무너졌으며, 전두엽 기능은 약해지고 편도체는 과활성화되었다는 것을. 그리고 이 모든 변화가 서로를 강화하며 악순환이 계속되고 있다는 것을.

술은 세로토닌을 고갈시킨다. 우울감이 생기면 설탕을 찾고, 설탕은 혈당을 급등시켜 인슐린이 쏟아지게 만든다. 그 결과 테스토스테론이 떨어진다. 테스토스테론이 떨어지면 무기력해지고 근육이 빠진다. 근육이 빠지면 기초대사량이 떨어지고 살이 찐다. 살이 찌면 염증이 올라가고 피부가 망가진다. 피부가 망가지면 자존감이 떨어진다. 자존감이 떨어지면 술을 마신다. 처음으로 돌아온다.

담배가 코르티솔을 올리면 편도체가 과민해진다. 편도체가 과민하면 모든 것이 스트레스로 느껴지고, 스트레스가 쌓이면 수면이 나빠진다. 수면이 나빠지면 뇌가 회복되지 않고, 뇌가 회복되지 않으면 전두엽 기능이 떨어진다. 전두엽 기능이 떨어지면 충동 조절이 안 된다. 충동 조절이 안 되면 술을 마시고, 설탕을 먹고, 담배를 피운다. 처음으로 돌아온다.

이것이 화학적 구멍의 정체다. 구멍들은 서로 연결되어 하나를 막지 않으면 다른 것도 막을 수 없다. 파멸은 한순간에 오지 않는다. 매일 조금씩, 눈에 띄지 않게, 10년에 걸쳐 온다. 그리고 어느 날 거울을 보면 완전히 다른 사람이 서 있다.

왜 멈출 수 없는가

10만 년 전 원시인의 뇌에는 간단한 규칙이 새겨져 있었다. '달콤하면 먹어라.' 자연에서 달콤한 것은 안전하다는 신호였다. 독이 있는 식물은 쓰다. 상한 것은 역겹다. 반대로 달콤하다는 것은 에너지가 높고 안전하다는 뜻이다. 꿀을 발견하면 뇌는 도파민을 터뜨리며 명령했다. '지금 당장 먹어라! 다음에 언제 만날지 모

른다.'

'발효된 것도 먹어라.' 발효는 부패와 다르다. 발효 과일에는 칼로리와 함께 약간의 알코올이 들어 있었다. 알코올은 긴장을 풀어주고 사회적 유대를 강화했다. 뇌는 이를 좋은 것으로 학습했다. 이 명령도 10만 년간 완벽했다. 발효 과일은 1년에 몇 번밖에 못 만나니까.

'각성시키는 것을 찾아라.' 자연에서 각성 효과가 있는 식물은 드물었다. 발견하면 집중력이 올라가고, 사냥 성공률이 높아졌다. 뇌는 이것도 좋은 것으로 학습했다. 뇌에 브레이크가 필요 없었다. 환경의 희소성이 알아서 브레이크를 걸어줬으니까.

문제는 지금이다. 설탕이 포함된 제품이 편의점에 넘쳐난다. 술은 24시간 살 수 있다. 주머니에 쏙 들어가는 담배는 언제든 필 수 있다.

환경이 바뀌었는데, 뇌의 규칙은 그대로다. 뇌는 여전히 '좋은 것'이라고 신호를 보내지만, 그 신호를 따를수록 시스템은 더 깊이 무너진다. 술, 설탕, 담배는 모두 이 틈을 파고든다. 이제 이 3가지 사기꾼을 하나씩 해부해보자.

술, 72시간의 배신

기니의 보소우 숲. 침팬지 무리가 땅에 떨어진 라파엘 야자열매 주변으로 모여든다. 발효된 열매다. 알코올 농도는 약 0.6~3%로 우리가 마시는 맥주와 비슷하거나 그보다 조금 낮은 도수다. 침팬지들은 이 열매를 무리 전체가 나눠서 먹고, 적당한 선에서 멈춘다. 한 마리가 독점하지도, 과하게 먹지도 않는다. 놀라운 사실은 지금부터다. 발효된 과일을 먹은 침팬지들은 사회적 그루밍(털 고르기)을 더 많이 했다. 알코올이 긴장을 풀어주고 사회적 결속을 강화한 것이다. 이는 2025년 영국 엑서터대 킴벌리 호킹스 교수팀이 17년간 이 침팬지들을 관찰해 발표한 내용이다.

술자리에서 친해지는 건 인류도 마찬가지였다. 고고학적 증거에 따르면 인류는 최소 1만 년 전부터 의도적으로 술을 빚었다. 2018년 스탠퍼드대 연구팀이 이스라엘 라케펫 동굴에서 약 1만 3천 년 전의 맥주 양조장 흔적을 발견했다. 농경이 시작되기도 전이다. 술은 인류 문명과 함께해왔다.

그렇다면 왜 문제가 되는가? 농도와 빈도가 달라졌다. 침팬지가 먹던 발효 과일의 알코올 농도는 0.6~3%다. 고대 맥주는 2~4도, 포도주는 6~8도였다. 그리고 마시는 빈도는 축제 때, 의례 때, 특별한 날로 한정되었다. 매일 마시지도 매주 마시지도 않았다. 1년에 고작 몇 번뿐이었다.

오늘날 한국인이 금요일 저녁에 마시는 소주는 16.5도다. 위스키는 40도다. 침팬지가 먹는 발효 과일 대비 27~66배에 달한다. 금요일은 매주 돌아오고, 꼭 금요일에만 마시라는 법도 없다. 침팬지는 더 먹고 싶어도 더 먹을 게 없었다. 희소성이 브레이크 역할을 했다면, 지금은 그 브레이크가 사라졌다. 편의점은 24시간 열려 있다.

뇌는 술을 여전히 '발효 과일'이라고 착각한다. 입에 닿는 순간 도파민이 분비된다. 가바GABA 수용체가 활성화되며 긴장이 풀린다. 전두엽 기능이 억제되며 사회적 불안이 사라진다. 말이 많아진다. 웃음이 커지며 기분이 좋아진다. 여기까지는 침팬지와 같다.

하지만 4시간 뒤, 첫 번째 배신이 시작된다. 렘REM수면 파괴. 2024년 호주 가톨릭대 연구팀이 27개 연구를 메타분석한 결과, 알코올 섭취 후 렘수면 시작이 평균 18분 지연되었고, 렘수면 비율이 유의미하게 감소했다. 소주 2잔 정도의 저용량부터 영향이 시작되며, 용량이 늘수록 악화된다. 렘수면은 감정 처리의 시간이다. 낮 동안 쌓인 감정 쓰레기를 없애고, 기억을 정리하고, 창의성을 만들어내는 시간이다. 렘수면이 파괴되면 다음 날 감정 쓰레기는 그대로 남아 있다. 짜증이 난다. 머리가 멍하고 집중이 안 된다. 숙취라고 부르는 것의 상당 부분이 사실은 렘수면 파괴의 결과다.

두 번째 배신은 72시간 동안 지속된다. 세로토닌 고갈. 알코올은 세로토닌의 원료인 트립토판이 뇌로 들어가는 통로를 막는다. 금요일 밤 술을 마시면 월요일 오전까지 세로토닌이 정상 수치로 회복되지 않는다. 그래서 토요일은 우울하고, 일요일에는 무기력하다가 월요일 아침은 유독 힘들다. 월요병이라고 부르는 것의 상당 부분은 사실 금요일 밤 음주의 후유증이다.

세 번째 배신은 호르몬이다. 테스토스테론 급락. 알코올이 들어오면 몸은 그것을 분해하는 데 우선순위를 둔다. 이 과정에서 NAD+라는 조효소가 많이 소모된다. NAD+는 세포가 에너지를 만드는 데 필요한 물질이자, 스테로이드 호르몬 합성 과정에도 관여한다. 테스토스테론을 만드는 일 역시 에너지를 요구한다. 알코올 분해로 NAD+/NADH 균형이 흔들리면, 테스토스테론 합성도 일시적으로 억제될 수 있다. 여러 연구에서 급성 음주 후 테스토스테론 수치가 유의미하게 감소하는 것으로 보고됐다. 경우에 따라 몇 시간 내에 하락이 시작되고, 하루가량 낮은 상태가 이어지기도 한다. 성욕 감소, 근 손실, 무기력. Level 2의 버튼이 전부 꺼진다. 아무리 헬스장에서 열심히 운동해도, 금요일 밤의 술 한 잔이 그 노력을 물거품으로 만든다.

소주 3잔이 수면, 세로토닌, 테스토스테론, 근육 회복, 집중력, 의욕을 도미노처럼 무너뜨린다. 금요일 3시간의 즐거움이 72시간의 우울을 살 가치가 있는가? 이것은 당신이 판단할 문제다. 다만 알고 마시는 것과 모르고 마시는 것은 완전히 다르다.

술이 만드는 파멸은 뇌에서 끝나지 않는다. 거울을 보라. 알코올은 혈관을 확장시키고 만성 염증을 유발한다. 얼굴이 붓고, 피부가 칙칙해진다. 콜라겐 합성이 방해받으면서 피부 탄력이 떨어진다. 주름이 깊어지고 눈 밑이 처진다. 턱선이 흐려진다. 매주 마시면 5년 안에 10년 늙은 얼굴이 된다.

간에는 지방이 쌓인다. 지방간은 염증을 만들고, 염증은 전신으로 퍼진다. 염증이 뇌에 도달하면 편도체가 과민해진다. 모든 것이 스트레스로 느껴진다. 사소한 일에 화가 난다. 배우자와 싸우고 아이들에게 소리를 지른다. 술이 당신의 성격을 바꾸고 있다. 술 때문에 화가 나고, 화를 풀기 위해 술을 마시고, 그 술기운에 다시 화를 내는 악순환이다.

설탕, 가짜 에너지의 롤러코스터

자연에서 단맛이 나는 것은 과일과 꿀뿐이었다. 탄자니아 하드자족을 연구한 결과에 따르면 원시인은 꿀을 1년에 약 5회 발견했다. 한 번에 약 100g을 얻을 수 있었으니 1년 총섭취량 약 500g이다. 뇌는 이 희소한 보상에 최적화되어 있었다.

2026년 한국인은 하루 평균 60g의 단순당을 섭취한다. 1년이면 22kg. 10만 년 전 대비 44배다. 설탕을 먹으면 인슐린이 대량 분비돼 혈당이 급등한다. 30분 뒤에 혈당이 급락하면 뇌는 에너지 부족 신호를 느낀다. 다시 달달한 것을 찾는다. 또 먹는다. 또 급등하고 급락한다. 혈당 롤러코스터가 시작된다. 아침에 달달한 시리얼을 먹으면 10시에 무기력해진다. 점심으로 흰쌀밥을 먹으면 오후 3시에 졸린다. 저녁에 디저트를 먹으면 밤에 허기가 진다. 하루 종일 롤러코스터를 탄다.

더 큰 문제는 도파민을 느끼는 능력 자체가 떨어진다는 점이다. 프린스턴대 바트 호벨 연구팀은 반복적인 고당 식이가 쥐의 도파민 시스템에 변화를 일으킨다고 밝혔다. 지속적으로 설탕을 섭취한 쥐는 도파민 방출 패턴이 달라지고, 금단과 유사한 행동을 보였다. 인간 연구에서도 비만 집단에서 도파민 D2 수용체 가용성이 감소하는 결과가 확인됐다. 보상 회로의 민감도가 낮아지면 동일한 자극으로는 충분한 만족을 얻기 어렵다. 반복적 과식이 보상 회로를 둔감하게 만들 수 있다는 의미다. 도파민이 뇌에 쏟아지는 비라면, 도파민 수용체는 그 비를 받아들이는 컵이다. 반복적으로 강한 단맛 자극에 노출되면 이 컵의 감도가 둔해진다. 같은 양의 비가 내려도 예전만큼 차오르지 않는다. 만족감이 줄어든다. 그래서 더 많은 자극이 필요해진다. 더 달아야 하고, 더 많이 먹어야 한다. 중독에서 공통적으로 나타나는 구조다.

설탕은 장에도 영향을 준다. 고당 식이는 장내 미생물 균형을 흔들 수 있고, 장-뇌 축Gut-Brain Axis을 통해 기분과 동기 조절에 관여한다. 세로토닌의 상당 부분은 장에서 생성되며, 장내 미생물은 이 과정에 영향을 미친다. 균형이 무너지면 기분은 가라앉고, 다시 빠른 보상을 찾게 된다. 단것을 먹으면 잠시 기분이 오른다. 하지만 반복될수록 뇌의 반응은 둔해진다. 더 강한 자극이 필요해진다. 악순환이다.

고백하자면, 38세까지 나는 매일 탄산음료를 마셨다. 그냥 습관이었다. 밥 먹고 콜라 한 캔, 카페 가면 달달한 음료, 저녁에 아이스크림. 특별히 많이 먹는다고 생각하지 않았다. 모두가 그렇게 살고 있었으니까. 그러다 『최강의 식사』라는 책과 관련 유튜브 영상을 보고 바꿨다. 한번에 모든 걸 바꾼 건 아니었다. 탄산음료를 보리차와 녹차로 바꿨고, 어쩔 수 없을 땐 제로콜라를 마셨다. 디저트 대신 바나나와 견과류, 가끔 제로칼로리 간식을 먹었다. 엄격하지 않았다. 80% 정도만 바꿨다. 사바나에 있을 법한 '음식'으로 대체했다.

가장 먼저 변한 건 얼굴이었다. 거울 속 얼굴의 빛이 달라졌다. 부기가 빠지고 피부가 맑아졌다. 턱선이 살아났다. 사람들이 묻기 시작했다. "요즘 뭐 해요? 얼굴이 좋아졌네요." 무엇보다 아침에 거울을 보는 게 즐거워졌다. 새로 만나는 사람들에게 '어려 보인다'는 소리를 난생처음 들었다. 그다음 변한 건 에너지였다. 오후 2~3시에 어김없이 찾아오던 졸음이 사라졌다. 혈당 롤러코스터가 멈추니까 에너지가 일정하게 유지됐다. 집중력이 올라갔다. 오후에도 글을 쓸 수 있게 됐다. 이 모든 게 단지 설탕을 줄인 것만으로 얻은 변화다.

담배, 가짜 휴식의 사기

담배는 처음부터 공장에서 만들어진 물질이 아니다. 원래는 연초라는 식물이고, 그 식물이 곤충으로부터 자신을 보호하기 위해 만든 신경독이 니코틴이다. 독이었기에 원시인은 먹지 않았다. 다만 소량 흡입하면 각성 효과가 있다는 것을 발견한 일부가 있었다. 니코틴 흡입은 인류 역사에서 극히 최근의 일이다. 현대에서 담배의 니코틴은 정제되고 농축됐다. 흡수 속도가 빨라 뇌에 7초 만에 도달한다. 도파민과 아드레날린이 분비된다. 각성되고 집중력이 올라간다. 스트레스가 풀리는 것 같다.

착각이다. 니코틴은 스트레스 호르몬인 코르티솔을 만성적으로 상승시킨다. 2013년 UCL 연구팀이 흡연자와 비흡연자의 코르티솔 수치를 비교한 결과 흡연자의 기본 코르티솔 수치가 유의미하게 더 높은 것으로 나타났다. 담배를 피우는 사람이 담배를 안 피우는 사람보다 기본 스트레스 수치가 30% 더 높다는 뜻이다.

왜 흡연자들은 '담배 피우면 스트레스가 풀린다'고 말할까? 담배를 피우지 않는 사람은 니코틴 금단 증상이 없다. 담배를 피우는 사람만 금단 증상이 있다. 니코틴이 떨어지면 불안해지고, 짜증 나고, 집중이 안 된다. 이때 담배를 피우면 금단 증상이 해소된다. '아, 스트레스 풀린다.' 하지만 이는 담배가 만든 구멍을 담배로 메우는 것이다. 문제를 만들고, 그 문제를 해결해주면서 고마워하게 만든다. 가장 교묘한 형태의 사기다. 비흡연자는 애초에 그 구멍이 없다.

2020년 초, 나는 담배를 실험해봤다. 담배 피우는 사람을 마냥 욕하다가 '얼마나 대단한지 한번 펴보고 욕하자'라는 마음이었다. 헤밍웨이, 사르트르 등 천재 문학가들이 그토록 많이 피웠다는 담배가 과연 창의성에 도움이 되는지도 궁금했다. 제일 약한 담배를 2개월간 피웠다.

처음엔 좋았다. 각성되고 집중되는 느낌에 글도 잘 써지는 것 같았다. 커피와 담배의 조합은 분명히 뇌를 깨우는 듯했다. 하지만 몸이 달라지기 시작했다. 숨이 가빠졌고 계단을 오르면 헉헉거렸다. 체력이 눈에 띄게 떨어졌다. 더 이상했던 건 기분이었다. 담배를 피우고 나면 기분이 안 좋아졌다. 피우기 전보다 피운 후가 더 찝찝했다. 죄책감 같은 것, 뭔가 잘못하고 있다는 느낌이 따라왔다. 단숨에 끊었다.

2개월간의 실험 결과는 명확했다. 담배는 아무것도 주지 않았다. 각성 효과? 커피로 충분하다. 집중력? 운동이 더 낫다. 창의성? 산책이 더 낫다. 어떤 사람들은 술과 담배를 행복으로 여기지

만, 건강한 도파민과 '버튼'을 눌러보고 다시 한번 생각해보라 말
하고 싶다.

악순환의 바퀴, 선순환으로 돌리는 법

술, 설탕, 담배는 따로 작동하지 않는다. 서로 손잡고 당신을
끌어내린다.

술을 마시면 세로토닌이 고갈된다. 세로토닌이 부족하면 우울
해진다. 우울하면 단것이 먹고 싶다. 설탕을 먹으면 혈당이 치솟
고 인슐린이 쏟아진다. 인슐린이 과잉 분비되면 테스토스테론이
떨어진다. 테스토스테론이 떨어지면 무기력해지고 근육이 빠진
다. 근육이 빠지면 살이 찐다. 살이 찌면 염증이 올라간다. 염증이
뇌에 닿으면 짜증이 늘고 스트레스에 예민해진다. 스트레스를 풀
려고 담배를 피운다. 담배는 수면을 망가뜨린다. 수면이 망가지면
충동 조절이 안 된다. 충동 조절이 안 되면 술을 마신다. 처음으로
돌아왔다.

이 바퀴가 1년, 3년, 5년 돌아가면? 체중은 15kg 늘고, 얼굴은
붓고, 에너지는 바닥난다. 관계는 나빠지고 자존감은 무너진다.
어느 날 건강검진 결과지를 받아 든다. 지방간, 당뇨 전 단계, 우
울증. 의사는 "생활습관을 고치세요"라고 말하지만, 문제는 생활

이 아니라 이미 달라진 뇌다.

좋은 소식도 있다. 이 바퀴는 반대로도 돌아간다. 술을 줄이면 세로토닌이 돌아온다. 설탕을 줄이면 혈당이 안정된다. 담배를 끊으면 수면이 좋아진다. 하나가 좋아지면 다음 것도 좋아진다. 악순환이 선순환으로 바뀌는 데 오래 걸리지 않는다. 2주면 몸이 반응하기 시작한다. 셋 다 한꺼번에 끊을 필요 없다. 가장 만만한 것 하나만 먼저 줄여라. 그 하나가 나머지 둘을 데리고 나간다. 술은 먹더라도 소량으로 최소 2~3일 간격을 두어라. 담배는 절대 피우지 말고, 끊는 과정이라면 한 달에 한 번 입담배 수준으로 줄이는 것부터 시작해도 충분하다.

술, 설탕, 담배. 이 세 사기꾼의 공통점은 하나다. 10만 년 간 희소했던 자원이 현대에는 무제한으로 공급된다는 점이다. 뇌는 여전히 '희소하다'고 착각하기 때문에 브레이크를 걸지 못한다. 뇌가 착각하고 있다면, 그에 걸맞은 환경을 만들어주면 된다. 침팬지처럼, 고대인처럼 '1년에 5번 만나는 것'처럼 주 1회, 혹은 월 1회로만 줄여도 된다.

먹더라도 만취하지 말고 매일 먹던 디저트를 일주일에 한 번으로 줄여라. 완전히 끊을 필요도 없이 희소성을 인식하는 것만으로도 충분하다. 실제로 희소해지면 뇌는 금방 적응한다. 처음엔 힘들지만 2주만 버티면 갈망이 줄고 '없어도 괜찮네'라고 느껴진다. 실제로 나는 평생 탄산음료를 매끼 마셨고, 디저트로는 마카롱과 초콜릿 젤리를 즐겼다. 하지만 지금은 거의 생각이 나지 않는다. 일주일에 한 번 정도, 그저 '재미'로 먹는다. 예전처럼 간절하지 않다. 굳이 찾지 않아도 된다.

이 변화는 도파민 수용체가 회복되고 있다는 신호다. 자극의 기준선이 내려오면, 과하게 달지 않아도 충분해진다. 중요한 건 거창한 결심이 아니라 직접 느껴보는 단 한 번의 경험이다. 술·담배·설탕을 '단번에 끊어야 한다'는 흔한 규칙을 의지로 버티는 것이 아니라, 잠시라도 줄여보고 몸의 변화를 스스로 확인해보는 경험 말이다.

디지털 구멍

"우리 아이가 게임만 해요. 뇌가 망가지는 거 아닌가요?" 부모들이 가장 많이 하는 질문이다. 솔직하게 말하면 나는 13~19세 때 게임만 하고 살았다. 학교 끝나면 PC방으로 직행했고 밥 먹는 시간도 아까웠다. 평일에는 새벽 2시까지, 주말에는 하루 12시간씩 했다. 스타크래프트는 명문 길드인 SASIN에 입단했고, 준프로 수준이라 대회에도 수없이 나갔다. 6년간 그렇게 살았고, 최근에도 오버워치에 2달간 중독된 사람처럼 빠져 있었다. 내 뇌는 망가졌을까? 나는 책을 썼고, 사업도 운영하고, 유튜브도 했다. 게임이 내 뇌를 망쳤다면 이게 가능했을까? 하지만 동시에, 게임 때문에 인생이 망가진 사람도 수없이 봤다. 같은 게임인데 왜 결과가 다를까?

인생이 망하는 플랜은 따로 있다. 스타크래프트가 아니라, 슬롯머신을 6년간 했다면 100% 망했을 것이다. 왜 스타크래프트는 괜찮고 슬롯머신은 안 되는가? 둘 다 화면 보면서 클릭하는 건 똑같은데 말이다. 이제 화면을 끄고 현실을 보자. 카카오톡 알림이 울린다. 확인한다. 별 내용 아니다. 5분 후 또 확인한다. 인스타그램 DM이 왔나 싶어 확인한다. 없다. 10분 뒤 또 본다. 하루에 스마트폰을 200번 확인한다. 이건 게임도 아닌데, 왜 멈출 수 없는가? 이것도 디지털이니 뇌를 망칠까? 게임만큼은 아닐까? 망친다면 왜 뇌를 망치는가? 이 모든 의문을 해결하려 한다. 핵심은 하나다. 뇌가 설계된 방식을 이해하면 모든 게 풀린다.

게임은 머리를 좋게 한다, 조건부로

게임은 뇌를 망친다는 말이 있다. 그런데 이 통념을 정면으로 뒤집는 연구결과가 나왔다. 칠레 아돌포이바네스대 연구팀이 탱고 댄서, 연주자, 화가, 그리고 게이머의 뇌를 분석했더니 모두 또래보다 뇌 나이가 젊었다. 흥미로운 건 게이머 실험이다. 스타크래프트 같은 전략 게임을 한 번도 해본 적 없는 사람들에게 일정

기간 정기적으로 게임을 하게 한 결과, 뇌 나이를 예측하는 '뇌 시계' 지표가 유의미하게 젊어졌다.

연구팀의 정의에 따르면 창의성이란 '자신의 상상력을 활용해 참신하고 효과적인 해결책을 만들어내는 능력'이다. 스타크래프트를 떠올려보라. 상대 전략을 읽고, 자원을 배분하고, 수십 개 유닛을 동시에 컨트롤하며, 실시간으로 판단을 내려야 한다. 주의력, 운동 제어 능력, 전두엽-두정엽 네트워크가 총동원된다. 그런데 이 영역들이 바로 노화에 가장 취약한 부위다. 전략 게임은 이 영역들을 계속 자극해서 노화를 늦춘다.

같은 환경에서도 결과는 달랐다. 많은 사람들은 수녀들이 매일 기도하고 성경을 읽으며 규칙적인 삶을 살았으니 뇌도 건강했을 것이라 짐작한다. 하지만 장기 추적 연구인 '수녀 연구Nun Study'는 더 흥미로운 사실을 보여줬다. 같은 수녀원에서 비슷한 생활 리듬 속에 지냈지만, 노년의 인지 기능은 사람마다 크게 달랐다. 연구진은 수녀들이 20대 초반 입회 당시 작성한 자서전을 수십 년 뒤 분석했다. 젊은 시절 더 복잡하고 밀도 높은 사고를 글로 표현했던 수녀일수록 노년에도 인지 기능이 더 잘 유지됐다. 뇌는 반복을 좋아하지만, 반복에 익숙해지면 많은 과정을 자동화한다. 예측 가능한 일상은 점점 무의식으로 내려간다. 반대로 예측할 수 없는 문제를 풀고, 새로운 판단을 요구받을 때 뇌는 깨어 있다.

여기서 핵심이 보인다. 뇌를 젊게 만드는 것과 늙게 만드는 것의 차이는 '예측 불가능성'이다. 스타크래프트는 매 순간 새로운 상황이 펼쳐진다. 상대가 뭘 할지 모르고, 내가 어떻게 대응해야 할지 계속 스스로 판단해야 한다. 반면 릴스는? 뇌가 할 일이 없다. 그냥 스크롤하면 알고리즘이 다음 영상을 던져준다. 예측할 필요도, 판단할 필요도, 계획할 필요도 없다. 뇌는 수동적 수신기가 된다.

간헐적 보상 : 인간을 조종하는 원리

1950년대 심리학자 스키너가 비둘기로 실험을 했다. 버튼을 쪼면 먹이가 나오는 상자에 비둘기를 넣고 2가지 조건을 비교했다. 첫 번째, 버튼을 쪼면 매번 먹이가 나온다. 두 번째, 버튼을 쪼면 어쩌다 가끔 먹이가 나온다. 그 결과, 매번 먹이가 나오는 비둘기는 배가 부르면 버튼을 그만 쪼았다. 합리적이다. 그런데 가끔 먹이가 나오는 비둘기는 미친 듯이 버튼을 쪼았다. 배가 불러도, 먹이가 안 나와도 계속 쪼았다. 멈추지 못했다. 이처럼 확실한 보상보다 불확실한 보상에 더 강하게 반응하도록 설계되어 있다.

10만 년 전을 생각해보자. 사냥은 불확실했다. 3시간을 추격해도 성공할지 실패할지 몰랐다. 하지만 계속 시도하면 언젠가 성

노력 → 간헐적 보상 → 건강한 뇌

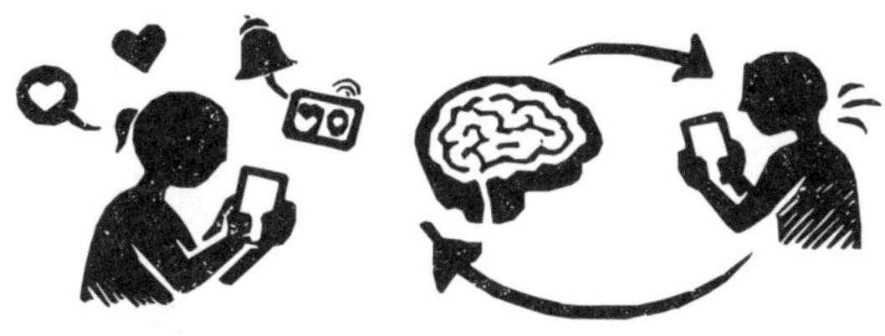

노력 없음 → 자극 반복 → 중독된 뇌

공한다. 뇌는 이 불확실성 속에서 포기하지 않도록 설계됐다. '이번엔 될지도 몰라'라는 기대가 도파민을 분비시켰고, 그 도파민이 다음 시도를 하게 했다. 완벽한 시스템이었다. 사냥은 아주 가끔 성공했고, 그 희소성이 브레이크 역할을 했다.

슬롯머신은 이 원리를 정확히 악용한다. 레버를 당긴다. 777이 나올 확률은 1천 분의 1이다. 거의 안 나온다. 하지만 '이번엔 될지도 모른다'라는 불확실성이 도파민을 터뜨린다. 사냥과의 차이는 뭔가? 희소성이 사라졌다. 24시간 당길 수 있다. 브레이크가 없다.

스마트폰은 주머니 속 슬롯머신이다. 알림이 올지 안 올지 모른다. '좋아요'가 달릴지 안 달릴지 모른다. 누가 연락했을지 모른다. 이 불확실성이 도파민을 계속 분비시킨다. 확인한다. 아무것도 없다. 하지만 '다음엔 있을지도 몰라' 하는 생각에 5분 후 또 확인한다. SNS 앱들은 이것을 정확히 알고 있다. 그래서 알림을 '가변적'으로 보낸다. 어떤 날은 '좋아요'가 100개일 때, 어떤 날은 3개만 쌓여도 알림을 보낸다. 예측 불가능하다. 예측 가능하면 중독되지 않는다. 불확실해야 도파민이 터진다.

지능을 높이는 게임, 망치는 게임

10만 년 전, 원시인이 성취감을 느끼는 순간은 명확했다. 사냥에 성공했을 때, 나무에 올라 과일을 땄을 때, 적을 물리쳤을 때, 도구를 만들어 부족에 기여했을 때. 이 모든 성취에는 공통점이 있다. '진짜 노력'이 필요했다. 3시간 추격, 30분 등반, 일주일간의 도구 제작. 노력의 크기만큼 도파민이 분비됐고, 딱 그만큼 현실에서 보상을 받았다. 사냥 성공은 고기가 되어 생존으로 이어졌고, 도구 제작은 부족 내 지위 상승으로 이어졌다.

이 성취 구조는 게임 안에서도 그대로 작동한다. 다만, 어떤 방식으로 사용되느냐에 따라 결과는 극단적으로 갈린다. 누군가는 프로게이머가 되어 큰돈을 벌고, 누군가는 방구석에서 인생을 망친다. 10대 때 게임만 하던 내 뇌는 망가지지 않았다. 지금의 나에 이르기까지, 그 차이가 어디서 갈리는지 직접 경험해왔다. 재능도, 운도, 의지도 아니다. 뇌가 어떤 구조로 게임을 사용하느냐에 따라 결과는 완전히 달라진다.

첫째, 전략 시뮬레이션이라는 방식으로 뇌를 훈련했다. 스타크래프트는 단순한 클릭 게임이 아니다. 자원을 관리하고, 상대의 전략을 읽고, 실시간으로 수십 개의 유닛을 동시에 컨트롤해야 한다. 2013년 런던 퀸메리대 연구팀이 발표한 연구에서, 스타크래프트를 플레이한 참가자들의 '인지적 유연성Cognitive Flexibility'이 향상됐다. 문제 해결 속도가 빨라지고, 상황 변화에 적응하는 능력이 좋아졌다. 이 효과는 단순 반복형 게임에서는 나타나지 않았다. 슬롯머신처럼 클릭만 반복하는 게임과 전략을 짜야 하는 게임은 뇌에 미치는 영향이 완전히 다르다. 핵심은 보상의 구조다. 스타크래프트는 '노력' 후에 '보상'이 따른다는 점에서 원시인 모드와 어느 정도 일치한다.

원시인 모드와 정반대인 '보상이 빠른 스마트폰 게임'은 위험하다. 종종 나이 어린 편의점 아르바이트생이 '자동 사냥'으로 레벨을 올리는 걸 본다. 가만히 있어도 레벨이 올라가고, 아무 노력없이 시간만 보내도 스킬과 아이템이 좋아진다. 너무 빠른 보상, 아무 노력 없이 얻는 보상이다. 최악이다.

둘째, 사회적 연결이 있었다. 나는 게임을 혼자 하지 않았다. 친구들과 함께 PC방에 갔고, 팀을 짜서 플레이했다. SASIN이라는 명문 클랜에서 서로 '클랜 우승'을 위한 엔트리를 짜기도 하고, 전략을 만들며 팀전을 연구했다. 게임은 고립의 도구가 아니라 연결의 도구였다. 게임으로 인생을 망친 이들은 대부분 '혼자' 한다. 방에 틀어박혀 현실의 인간관계를 대체해버린다. 게임 자체가 문제가 아니라, 게임으로 현실을 도피하는 것이 문제다.

이런 점에서 스타크래프트나 롤, 오버워치 등은 그나마 원시인 모드에 가깝다. 하지만 그렇다고 전략 게임이 최고라는 말은 절대 아니다. '노력 없는 보상을 주는 게임'보다 낫다는 말이지 더 이상적인 형태는 당연히 존재한다.

가장 좋은 행위는 원시인 모드에 가장 가까운, 실제 자연환경에서 하는 신체 활동이다. 인간의 뇌는 원래 햇빛 아래에서 이동하고, 상대를 추적하고, 순간적으로 반응하며, 전신을 사용하는 상황에 맞춰 설계됐다. 이 관점에서 원시인 모드에 가까운 순서대로 정리하면 다음과 같다.

순위	활동 유형	예시	켜지는 버튼 (15개 중)	특징
1위	자연에서 하는 격렬한 신체 활동	테니스, 축구	8~10개	자연광, 이동, 반응 속도, 전략, 전신 사용이 동시에 요구된다. 테니스는 평균 9.7년의 수명 연장 효과가 관찰됐다.
공동 2위	자연에서 하되 폭발력은 낮은 활동	골프, 등산	5~7개	자연환경과 사회적 교류가 결합된다. 순간적 폭발력은 적지만 멘탈 안정과 심혈관 건강에 긍정적이다.
공동 2위	실내지만 경쟁·전략·반응이 있는 운동	배드민턴, 농구, 스쿼시	6~8개	뇌 자극의 질은 높지만 자연광 자극은 부족하다.
4위	전략 기반 게임	스타크래프트, 롤, 오버워치	2~4개	노력 후 보상 구조가 있고 인지 유연성 향상에 도움이 된다. 신체 활동과 자연 자극은 제한적이다.
5위	캐주얼하지만 협력·경쟁 요소가 있는 게임	배틀그라운드, 피파	1~2개	인지 부담은 낮고 전략 깊이가 적어 뇌 자극의 질이 떨어진다.
6위	반복 클릭형·자동 사냥 게임	반복 클릭형·자동사냥 게임	없음	노력 없는 보상이 반복된다. 버튼을 켜기는커녕 도파민 시스템을 소모시킨다. 중독 위험이 크다.
7위	가상 페이·후원 기반 행위	가상 페이·후원 기반 행위	없음	진짜 부족 버튼 끄고 가짜로 대체한다. 도파민과 재정 안정성을 동시에 흔든다.

10초마다 사냥에 성공하는 세상

숏폼, 포르노, 자동 사냥 게임, SNS를 보며 남과 비교하는 것의 공통점이 뭘까? 전부 '노력 → 보상' 구조를 어긴다. 10만 년 전 사냥은 5시간을 달려야 성공했고, 과일을 따기 위해 광배근과 다리를 이용하여 나무를 올랐다. 언제 포식자가 나타날지 모르는 공포심과 희열이 함께 기다리고 있었다. 그 희소한 성공이 한 달 치 도파민을 채웠다. 지금은? 숏폼은 10초마다 새로운 자극을 던지고, 포르노는 10분 안에 100명의 새로운 파트너를 보여주고, 자동 사냥 게임은 클릭 한 번 없이 레벨을 올려주고, SNS는 5분 만에 나보다 잘난 500명의 하이라이트를 쏟아낸다. 노력은 제로인데 보상만 무한대다.

노력 없이 보상만 반복되면 도파민 수용체가 둔감해진다. 10초마다 보상을 받던 뇌가 2시간짜리 책을 어떻게 읽겠는가. 3개월짜리 프로젝트를 어떻게 지속하겠는가. 현실의 모든 것이 점점 느리고 지루하게 느껴진다. 뇌의 알고리즘은 말 그대로 망가진 상태가 된다. 그 결과, 완전한 행복은 손 닿지 않는 어딘가로 밀려난다. 스스로 왜 이렇게 변했는지도 모른 채 짜증과 남 탓, 국가 탓만 반복한다. 결국 타인의 몰락을 지켜볼 때만 도파민이 분비되는 삶에 익숙해지고, 주체성 없이 인생을 흘려보내게 된다.

10만 년 전 원시시대에는 신체적·정신적 노력이 먼저였다. 5시간 동안 사냥감을 추적하고, 창을 던지고, 성공한다. 그다음에 보상이 온다. 고기를 먹고, 부족과 나누고, 도파민이 터진다. 노력 후 보상. 이 순서가 10만 년간 뇌에 새겨졌다. 현대에서도 이 순서를 그대로 적용하라. 낮에 일하고, 운동하고, 할 일을 끝낸다. 저녁이 된다. 이 상태에서 SNS를 봐도 괜찮다. 게임을 1시간 해도 괜찮다. 숏폼을 30분 봐도 괜찮다. 뇌는 '노력했으니 보상받는다'는 순서를 학습했기 때문이다. 다음 날 아침에도 의욕은 정상이다. 오히려 현실에서 도파민을 버는 회로가 강화된다. 그래서 필요한 것은 거창한 결심이 아니라 몇 가지 최소한의 원칙이다.

첫째, 순서를 지켜라. 노력이 먼저고 보상은 나중이다. 할 일을 끝내고 저녁에 즐겨라. 아침부터 현실 도피용으로 쓰레기 도파민을 얻으면 뇌가 망가진다.

둘째, 쓰레기 도파민을 끊을 수 없다면 순서를 지켜라. 슬롯머신형 게임, 단순 클릭 게임을 아예 안 하고 살 수는 없다. 주말에 취미로 하는 것까지 말리지는 않겠다. 나라면 잠자리에서 일어나 러닝이나 헬스 등을 해서 뇌에 '사냥 오늘 했어!'라는 신호를 보낸 후 쓰레기 도파민을 즐길 것이다.

셋째, 시간을 제한하라. 무제한은 없다. 게임 1시간, 숏폼 30분처럼 상한선을 정해라. 뇌에는 브레이크가 없다. 나는 1년에 한두 차례 친구들과 홀덤을 할 때가 있다. 포커의 한 종류인데, 보통 이런 게임은 도파민 과잉을 일으켜 밤을 새우기 쉽다. 그래서 나는 반드시 시간을 정하고, 이 시간이 지나면 반드시 끝내려 한다.

넷째, 함께하라. 혼자 하면 고립된다. 친구와 함께하면 연결이 된다. 게임도, SNS도 방에 틀어박혀 혼자 하지 마라. 같은 행위도 누구와 하느냐에 따라 뇌에 미치는 영향이 달라진다.

다섯째, 가끔은 완전히 끊어보라. 1년에 몇 번은 48시간 디지털 단식을 권한다. 마크 저커버그 역시 매년 일주일가량 외부와 단절하고 읽기와 사색에만 집중하는 'Think Week'를 갖는 것으로 알려져 있다. 처음 4시간은 손이 근질거린다. 하지만 24시간이 지나면 마법이 시작된다. 책이 읽히기 시작한다. 대화가 즐거워진다. 현실이 다시 선명해진다. 48시간이면 뇌가 리셋된다.

항상 그렇듯 나도 숏폼을 하루 30분 이상 볼 때가 있고, SNS에서 비교하며 쓸데없이 시간을 낭비할 때도 있다. 솔직히 말하면 나는 그렇게 머리가 좋지 않다. 자극과 도파민에 쉽게 휘둘리는 평범한 인간이다. 오히려 이런 결핍이 있었기에 이 분야에 관심을 두게 됐고, 파고들다 보니 조금 해박해졌다. 완벽하게 통제되는 사람이었다면 애초에 이런 책을 쓸 이유도 없었을 것이다.

디지털은 본질적으로 중립이다. 당신의 뇌를 늙게도, 젊게도 만들 수 있다. 차이는 단 하나, 순서다. 10만 년 동안 뇌에 새겨진 공식은 변하지 않았다. 사냥 후 보상. 노력 후 도파민. 이 순서를 거꾸로 쓰는 순간, 뇌는 무너진다. 낮에 사냥하고 밤에 불 앞에 앉아 고기를 나누듯, 할 일을 끝낸 뒤에 즐겨라. 그러면 디지털은 당신을 잡아먹지 못한다. 불은 위험하지만, 다룰 줄 아는 사람에게는 도구가 된다.

행동적 구멍

8년 전, 나는 가슴이 유난히 두근거렸다. 한 권의 책을 덮은 직후였다. 머릿속에서 뭔가가 맞물려 돌아가는 느낌이 들었다. 그 순간 이런 생각이 스쳤다. '이걸 이해한 사람과 모르는 사람의 격차는 얼마나 벌어질까?' 그리고 곧이어 더 노골적인 질문이 떠올랐다. '그렇다면 나는 앞으로 얼마나 더 잘될 수 있을까?' 컴퓨터를 포맷하면 속도가 눈에 띄게 빨라진다. 불필요한 파일을 지우고 시스템을 정리하면 이전과는 비교할 수 없을 정도로 가벼워진다. 그렇다면 뇌도 컴퓨터처럼 최적화할 수 있지 않을까. 매일 다른 사람보다 10~20%씩 더 또렷하게 사고하고, 더 오래 집중하고, 더 정확하게 판단할 수 있다면? 그 차이가 10년간 복리로 쌓이면 어떤 격차가 만들어질까?

인지심리학자 대니얼 J. 레비틴의『정리하는 뇌』를 읽으며 나는 처음으로 그 가능성을 실감했다. 그전까지 나는 인간의 뇌가 무한 동력이라고 믿었다. 잠만 자면 100% 충전되고, 깨어 있는 동안은 언제나 멀쩡하게 돌아가는 줄 알았다. 아니었다. 뇌에는 연료 게이지가 있었다. 게임 캐릭터와 달리, 화면에 표시되지는 않는다. 하지만 분명히 닳고 있었다. 문제는 대부분의 사람이 그 게이지의 존재조차 모른 채 살아간다는 점이었다. 나는 그날 처음으로 깨달았다. 격차는 재능에서 시작되는 것이 아니라, 연료를 관리하는 사람과 그렇지 않은 사람 사이에서 벌어진다는 사실을. 그 순간, 나는 이미 다른 출발선에 서 있었다.

판사도 지치면 판결이 달라진다

『정리하는 뇌』에 나온 '뇌의 연료'라는 비유는 과장이 아니다. 전두엽은 뇌의 CEO다. 충동을 억제하고, 장기적 결과를 예측하고, 여러 선택지를 비교해 최종 결정을 내린다. 그런 만큼 전두엽은 뇌에서 가장 많은 에너지를 쓰는 부위다. 뇌는 체중의 2%에 불과하지만 전체 에너지의 20%를 사용하고, 그중에서도 전두엽이 가장 큰 몫을 가져간다.

결정을 내릴 때마다 전두엽에서는 수백만 개의 뉴런이 발화한다. 뉴런 하나가 발화할 때마다 약 10억 개의 아데노신삼인산ATP 분자가 소모된다. ATP는 포도당에서 만들어지지만, 공급 속도에 한계가 있다. 소모가 공급을 앞지르면 뇌는 '저전력 모드'로 전환된다. 이 상태에선 복잡한 사고를 거부하고 가장 쉬운 선택을 해버린다.

이 이론이 과장처럼 들린다면 실제 사례를 보자. 2011년 이스라엘 연구팀이 1,112건의 가석방 심사를 분석했다. 10개월간 8명의 판사가 내린 판결에는 기묘한 패턴이 있었다. 아침 첫 심사에서 65%였던 가석방 승인율이 점심 직전엔 0%로 떨어졌다. 점심을 먹고 나면 다시 65%로 치솟았다가, 오후 늦게 다시 0%로 수렴했다. 같은 범죄, 같은 전과, 같은 조건. 하지만 심사 시간에 따라 운명이 갈렸다. 아침에 심사받은 사람은 석방됐고, 점심 직전에 심사받은 사람은 감옥에 남았다.

이스라엘 판사의 뇌 연료

판사들이 불공정했던 걸까? 아니다. 에너지가 고갈된 뇌가 복잡한 판단 대신 '기각'이라는 가장 안전한 디폴트를 선택한 것이다. 뇌는 그저 지쳤을 뿐이다. 최고의 엘리트도 이렇다. 수십 년간 법을 공부하고, 수천 건의 판결을 내린 전문가조차 뇌가 지치면 판단력이 무너진다.

그렇다면 보통 사람들은 어떨까? 더 심하게 영향받는다. 그리고 이게 매일 반복되면 복리로 쌓인다. 1년, 5년, 10년. 매일 10%씩 나쁜 결정을 더 내리는 사람과 그렇지 않은 사람의 인생은 완전히 달라진다. 버튼을 눌러야 하는 저녁, 연료가 바닥나면 버튼을 누를 힘조차 사라진다.

게이지가 바닥나면 벌어지는 일들

집중력 게이지가 20 이하로 떨어지면, 뇌는 복잡한 사고를 거부한다. 구체적으로 무엇이 달라지는지 보자.

게이지가 바닥나면 가장 먼저 무너지는 건 일의 속도와 밀도다. 게이지 100일 때는 복잡한 기획서를 2시간 만에 완성한다. 논리가 명확하고 표현이 정확하다. 게이지 20일 때는 같은 기획서에 5시간이 걸린다. 중간에 딴생각이 끼어든다. 문장이 꼬인다. 결국 다음 날 다시 수정한다. 일 처리 시간이 3~5배는 늘어나며 결과물의 품질은 낮아진다.

다음은 판단이다. 게이지 100일 때는 '이 제안은 단기적으론 이득이지만 장기적으로 리스크가 있다'는 분석이 가능하다. 게이지 20일 때는 '일단 해보자' 또는 '귀찮으니 나중에'라는 디폴트 선택을 한다. 복잡한 비교를 뇌가 거부한다.

감정도 달라진다. 게이지 100일 때는 상사의 지적을 들으면 '맞는 말이네, 수정하자'고 받아들인다. 게이지 20일 때 같은 지적에 '왜 나한테만 그래?'라는 감정이 치민다. 전두엽이 편도체를 억제할 힘이 없다.

유혹 앞에서는 더 노골적이다. 게이지 100일 때는 야식 생각이 나도 '내일 아침에 맛있는 거 먹자'고 미룰 수 있다. 게이지 20일 때는 배달앱을 연다. '오늘 하루 힘들었으니까. 다이어트는 내일부터.'

마지막으로 실행력이다. 게이지 100일 때는 '퇴근하고 운동해야지'라는 계획을 실행한다. 게이지 20일 때는 러닝화를 신을 의지조차 없다. 소파에 눕는다.

이게 하루의 차이다. 이게 매일 쌓이면 인생의 질과 결과는 완전히 달라진다.

연료를 새게 만드는 것들

현대인의 하루는 연료를 낭비하도록 설계되어 있다. 옷장에 50벌, 배달앱에 1천 개 식당, 이메일 30개, 카톡 15개, 회의 2개, 넷플릭스 영화 1만 5천 편. 매 순간 선택지가 폭발한다. 반면 10만 년 전 원시인은 선택지가 몇 개 없었다. 뭘 입을까? 가죽 하나. 뭘 먹을까? 있는 거 먹는다. 어디로 갈까? 부족이 가는 곳으로. 중요한 결정은 하루에 한두 번뿐이었다.

결정적으로, 뇌는 '중요도'를 구분하지 못한다. '점심 뭐 먹지?'와 '이 계약을 체결할까?'가 뇌에겐 비슷한 비용이 드는 결정이다. 사소한 결정이 중요한 결정과 같은 연료를 태운다. 선택지가 많아지는 것만으로도 연료는 새기 시작한다. 현대에는 그 연료를 폭발적으로 태워버리는 장치들이 더 얹혀 있다.

멀티태스킹: 뇌의 급발진

멀티태스킹은 동시에 여러 일을 하는 게 아니다. 뇌가 초당 수십 번씩 '이걸 볼까, 저걸 볼까'를 결정하는 상태다. UC어바인의 글로리아 마크 교수가 발표한 연구에 따르면, 한 번 끊긴 주의력을 원래대로 돌리는 데 평균 23분 15초가 걸린다. 이메일 확인은 10초면 된다. 하지만 그 10초 때문에 뇌는 이후 23분간 헤맨다. 2005년 런던대 실험에서 멀티태스킹 그룹의 IQ는 평균 10점 떨어졌다. 이건 마리화나를 피운 상태보다 심한 인지 저하다. 자동차로 치면 브레이크와 액셀을 동시에 밟는 격이다. 엔진은 굉음을 내지만 차는 움직이지 않는다. 연료만 바닥난다.

알림과 쇼츠: 보이지 않는 누수

카톡 알림이 뜬다. 확인하지 않는다. 하지만 뇌는 벌써 반응했다. '누구지? 급한 건가? 나중에 봐야지.' 이 생각만으로 연료가 샌다. 알림음이 울릴 때마다 조금씩 새어 나간다.

점심시간에 유튜브 쇼츠를 보며 쉬는 것 같지만 뇌는 쉬지 않는다. 15초마다 새로운 자극. 새로운 판단. '재밌네. 다음 거. 별로네. 스킵.' 이게 전부 연료 소모다. 휴식한 줄 알았는데 오히려 더 지친다.

부정적 메시지: 백그라운드 소모

"이 보고서 왜 이래?" 오후에 받은 업무 피드백이 부정적이었다. 10분이면 잊을 일이다. 하지만 뇌는 계속 곱씹는다. 다음 날 출근길에도, 회의 중에도, 점심시간에도 그 메시지가 떠오른다. 반추가 시작되면 연료는 백그라운드에서 계속 새어 나간다.

반론이 있을 수 있다. "나는 멀티태스킹해도 괜찮은데요?" "IQ가 높으면 상관없지 않나요?" "나는 머리가 좋은데요?" 맞다. 100m 달리기를 9.58초에 뛴 세계기록 보유자는 지쳐도 11초대에 뛴다.

하지만 왜 굳이 지친 상태로 뛰려 하는가? 머리가 좋은 사람도 멀티태스킹하면 10점 떨어진다. IQ 130이 120이 된다. 여전히 높다. 하지만 130으로 풀 수 있던 문제를 120으로는 못 푼다. 결정적 순간에 실수한다. 저녁에 짜증이 는다. 의지력이 바닥나 다이어트가 무너진다. 연료를 낭비할 필요는 없다. 같은 뇌로도 전혀 다른 하루를 만들 수 있다.

두 사람의 아침: 같은 출발선, 다른 게이지

아침 7시. 두 사람이 눈을 뜬다. 둘 다 7시간을 잤다. 출발선은 같다.

아침 7시

A는 눈을 뜨자마자 커튼을 연다. 햇빛이 쏟아진다. 10분간 스트레칭을 하고 집 앞을 20분 걷는다. 돌아와서 샤워하고, 계란과 샐러드로 아침을 먹는다. 스마트폰은 출근 전까지 보지 않는다.

B는 눈을 뜨자마자 스마트폰을 든다. 카톡 알림 7개. 그중 하나는 업무와 관련된 부정적인 메시지다. 인스타그램을 연다. 15분간 스크롤한다. 유튜브 쇼츠를 본다. 10분. 옷장 앞에서 뭘 입을지 5분간 고민한다. 아침은 대충 빵 하나로 때운다.

오전 9시, 벌어진 격차

같은 시각, 같은 사무실에 출근한 두 사람. 하지만 A는 에너지 게이지 100으로 하루를 시작하고, B는 65로 시작한다. 본격적인 하루를 시작하기도 전에 이미 35가 증발해버렸다. A는 기상 후 햇볕을 쬐며 가볍게 걷는 것만으로 5씩 충전했고, 자동화된 아침 루틴 덕분에 불필요한 에너지 소모를 최소화했다. 게이지는 늘 안정적으로 유지된다. 반면 B의 아침은 다르다. 눈뜨자마자 카톡을 확인하며 5를 썼고, 부정적인 메시지 하나에 반추하느라 10을 더 날렸다. 출근길에 인스타를 스크롤하다가 5, 유튜브 쇼츠에 빠져 10, 입을 옷을 고민하며 3, 공복에 단 음료 한 잔으로 혈당이 요동치며 2가 더 소모됐다.

오후 3시, 하루는 이미 기울었다

A의 집중력 ████████████████████ 40

B의 집중력 ████ 10

하루가 흐른다. 둘 다 회의 2개, 이메일 30개, 점심 메뉴 고민, 오후 업무를 처리한다. A는 오전에 가장 어려운 업무부터 처리한다. 점심은 전날 미리 정해둔 식당에서 먹고, 식후 10분간 회사 주변을 걷는다. 오후엔 비교적 단순한 업무를 배치하고, 알림은 꺼둔 채 2시간마다 확인한다. 정상적인 업무 소모에도 중간중간 회복이 이루어져 에너지 감소 속도가 완화된다.

반면 B는 이미 65로 시작했기에 오전 회의에서부터 집중이 안 된다. 점심때는 배달앱을 열어 뭘 먹을지 10분간 고민하고, 식사 중엔 쇼츠를 본다. 오후엔 3분마다 카톡을 확인하고 5분마다 슬랙을 열어본다. 업무 중간중간 무의식적으로 인스타를 연다. 낮의 시작점에서부터 점심 쇼츠로 10, 끊임없는 멀티태스킹으로 15, 알림 반응으로 10, 결정 피로로 10이 더 빠져나간다.

오후 6시, A에게는 40이 남았다. 퇴근 후 운동할 힘이 있고, 저녁에 책을 읽을 여유가 있으며, 다음 날 계획을 세울 에너지가 남아 있다. B에게는 10만 남았다. 퇴근하자마자 소파에 눕는다. 운동은 내일로 미룬다. 넷플릭스를 켜고 뭘 볼지 15분간 스크롤한다. 야식을 시키고, 자기 전 스마트폰을 본다. 잠은 쉽게 오지 않는다.

가짜 휴식, 진짜 회복

쇼츠, 릴스, 카톡은 뇌 연료를 가장 빠르게 바닥내는 최악의 행동이다. 쉬는 것 같지만, 뇌는 전혀 쉬지 않는다. 오히려 가장 빠르게 방전된다. 그렇다면 뇌는 무엇을 할 때 실제로 회복될까?

오후 3시, 바닥난 상태

각 행동을 30분 한 후

집중력을 너무 써서 머리가 안 돌아갈 때 순간적으로 회복하는 방법은 정말 간단하다. 걷기다. 2014년 스탠퍼드대 연구팀이 176명을 대상으로 실험을 했다. 참가자 절반은 앉아서, 절반은 걸으면서 창의성 테스트를 풀었다. 결과는 놀라웠다. 걸으면서 푼 그룹의 창의적 사고력이 평균 60% 높았고, 더 놀랍게도 걷기가 끝난 후에도 효과가 지속됐다.

야외가 아니어도 상관없었다. 텅 빈 벽을 마주 보고 러닝머신 위를 걷는 것만으로도 앉아 있을 때보다 2배 많은 창의적 반응이 나왔다. 연구를 이끈 마릴리 오페조 박사는 "야외에서 걸으면 압도적으로 좋을 거라 생각했는데, 지루한 작은 방에서 러닝머신을 걸어도 강력한 결과가 나와서 놀랐다"고 말했다.

왜 그럴까? 걸으면 심박수가 올라가고 뇌 혈류량이 약 25% 증가한다. 산소와 포도당이 뇌로 더 많이 공급된다. 동시에 뇌는 '사냥 가는 거야?'라는 신호를 받는다. 10만 년간 걷는다는 건 중요한 일을 하러 간다는 뜻이었다. 뇌는 자동으로 집중 모드를 켠다.

5분이면 충분하다. 점심 먹고 사무실 주변을 한 바퀴 돌아라. 회의가 길어져서 머리가 멍할 때 화장실까지 먼 길로 돌아가라. 연구 참가자의 81%가 앉아 있을 때보다 걸을 때 집중력과 창의성이 높아졌다. 나는 글이 안 써질 때 무조건 밖으로 나간다. 5분만 걸어도 막혔던 문장이 풀린다.

걷기가 즉각적인 회복 버튼이라면, 낮잠과 멍 때리기는 시스템 자체를 리셋하는 회복 모드다. 하루 절반 이상을 집중하며 썼다면, 뇌는 더 밀어붙이기보다 '60~90분 쉬기'로 전환하라는 신호를 보낸다. 이때 나는 의도적으로 '쉬는 구간'으로 들어간다. 중요한 원칙이 하나 있다. 이 시간에는 판단, 선택, 정보 처리를 최대한 줄인다. 말 그대로 '생각하는 뇌'를 쉬게 하는 시간이다. 그래서 스마트폰도 보지 않는다.

이 접근에는 과학적 근거가 있다. 1950년대 수면 연구자 나다니엘 클라이트만은 인간의 뇌가 90~120분 주기로 집중력이 오르내린다는 것을 발견했다. 이를 '울트라디안 리듬Ultradian Rhythm'이라고 한다. 수면 중에 90분 주기로 얕은 잠과 깊은 잠이 반복되듯, 깨어 있을 때도 뇌는 같은 리듬으로 작동한다. 사람마다 구체적인 시간은 다르지만, 뇌는 90~120분간 집중하면 자연스럽게 피로 신호를 보낸다. 이 신호를 무시하고 계속 밀어붙이면 효율이 급격히 떨어진다. 투쟁-도피 반응이 발동되고, 긴급 상황에나 쓰는 스트레스 호르몬이 분비된다. 장기적으로 코르티솔이 쌓이고, 독소가 축적된다.

이 리듬을 이해하면, '얼마나 쉬느냐'보다 '어떻게 쉬느냐'가 중요한 이유도 보인다. 핵심은 휴식의 질이다. 15~20분간 완전히 쉬어야 한다. 진짜 휴식은 아무것도 안 하는 것이다. 뇌에 새로운 정보를 입력하지 않아야 뇌가 정리하고 회복할 시간이 생긴다.

이 상태를 가장 쉽게 만드는 방법이 낮잠이다. 실제로 1995년 나사NASA가 장거리 비행 조종사들을 대상으로 실험했다. 26분간 낮잠을 잔 조종사들은 낮잠을 자지 않은 조종사들에 비해 주의력이 54% 향상되고, 업무 수행 능력이 34% 높아졌다. 비행 후반부에 졸음이 덜했고, 낮잠을 자지 않은 조종사들은 2배 더 졸려 했다.

핵심은 20~26분이다. 30분을 넘기면 깊은 수면에 빠지고, 일어났을 때 오히려 더 멍해진다. 수면 관성Sleep Inertia 때문이다. 알람을 30분 이내로 맞춰라. 완전히 잠들지 않아도 뇌는 회복한다. 나사 실험에서 조종사들은 평균 5.6분 만에 잠들어 25.8분간 잤고, 이 짧은 낮잠의 효과는 착륙이라는 가장 중요한 단계까지 지속됐다.

물론 항상 낮잠을 잘 수 있는 건 아니다. 하지만 중요한 건 '잠' 그 자체가 아니다. 핵심은 뇌를 잠시 '일 모드'에서 꺼내는 것이다. 낮잠은 그 방법 중 하나일 뿐이다.

잠들지 못하더라도 괜찮다. 아무것도 하지 않고 가만히 있는 순간부터 같은 회복 회로가 작동한다. 우리가 흔히 말하는 '멍 때리기'다. 멍 때리기는 게으름이 아니라, 뇌가 스스로를 정비하는 시간이다. 머릿속을 비워주고, 흩어진 생각을 정리하고, 경험을 장기 기억으로 옮긴다. 이때 활성화되는 것이 DMNDefault Mode Network이다. 외부 과제에서 벗어났을 때 작동하는 뇌의 기본 회로로, 기억을 정리하고 감정을 통합하며 생각을 재배열한다. 하루 종일 켜져 있던 작업 창을 잠시 닫는 것과 같다. 멍 때리는 동안 생각은 정리되고 스트레스는 낮아진다. 그 뒤에 돌아오는 집중력은 오히려 더 선명해진다.

문제는 이 시간이 저절로 생기지 않는다는 것이다. 현대인은 30초만 비어도 스마트폰을 집어 든다. 그래서 멍 때리기는 기다리는 시간이 아니라, 의도적으로 확보해야 할 시간이다. 하루 10분이면 충분하다. 일정표에 적어두어라. 알림을 끄고 자리를 벗어나라. 창밖을 보라. 천장을 보라. 걸으며 멍 때려라. 그 침묵 속에서, 뇌는 스스로를 복구하고 있다.

버락 오바마는 왜 같은 옷만 입었나

버락 오바마, 마크 저커버그, 스티브 잡스에게는 공통점이 있다. 매일 똑같은 옷을 입는다. 오바마는 재임 기간 회색이나 파란색 양복만 입었다. 기자가 이유를 묻자 그는 이렇게 답했다. "나는 결정할 일이 너무 많습니다. 뭘 입을지, 뭘 먹을지에 에너지를 쓰고 싶지 않아요." 그들은 본능적으로 알았다. 사소한 결정 하나하나가 뇌의 연료를 낭비한다는 사실을.

뇌의 연료를 인식하고 관리하면 하루가 완전히 달라진다. 사소한 결정들을 자동화하면 연료가 보존된다. 그렇게 아낀 에너지는 진짜 중요한 결정에 쓸 수 있다. 같은 24시간을 살아도 2~3배 더 효율적으로 쓸 수 있다. 스트레스는 줄고, 저녁엔 에너지가 남는다. 버튼을 누를 힘이 생긴다.

반대로, 아침에 연료를 채워도 바닥에 구멍이 나 있으면 저녁이면 이미 바닥난다. 햇빛·걷기·단백질이 물이라면, 멀티태스킹과 끊임없는 알림은 바닥의 균열이다. 우리는 물을 더 붓는 데 집착하면서, 정작 균열은 방치한다. 결국 탈진은 의지 부족이 아니라 구조의 문제다. 급발진한 엔진이 아니라, 새고 있는 탱크의 문제다. 연료를 아껴라. 불필요한 선택을 줄이고, 알림을 끄고, 한 번에 하나만 하라. 그러면 같은 하루도 전혀 다른 결과를 만든다. 버튼은 그때 비로소 힘을 발휘한다.

인지적 구멍

"자연은 본성을 거역하는 자에겐 결국 불행으로 값을 치르게 한다." 8년 전에 쓴 문장이다. 나는 이 문장을 꽤 오래 좋아해왔다. 아무리 버튼을 누르더라도 '잘못된 신념'은 인생 전체를 되돌릴 수 없는 지경에 이르게 한다. 정말 단적인 예로, 아무리 15개 버튼을 눌렀다 하더라도 국가를 위한 자살특공대로 세뇌되어 "카미카제"를 외치며 스스로 목숨을 마감한다면 무슨 소용이 있을까? 아무리 건강하게 태어났어도, 사이비교에 빠져 모든 인생을 허비하고 성추행과 협박을 당하며 자유를 박탈당하면 그 삶은 어디로 가는가?

이런 극단적인 사례만이 아니다. 아무리 유산소를 해도 '술 담배는 괜찮아. 이거 하고도 오래 사는 사람 많던데? 아니면 그냥 일찍 죽지 뭐'라고 생각한다면 결국 병든 채 오래 산다. 아무리 돈을 모아도, 번아웃으로 신경계가 모두 망가진 50대가 된다면 그 축적은 무엇을 위한 것일까? 이 모든 비극의 출발점은 같다. 과학이 아닌 자신만의 이상한 알고리즘, 잘못된 신념이다.

클루지, 뇌는 완벽하지 않다

왜 똑똑한 사람도 이상한 믿음에 빠질까? 뇌가 완벽하지 않기 때문이다. 뇌는 '클루지Kluge'다. 클루지는 공학 용어다. 임시방편으로 덕지덕지 붙여 만든 시스템을 말한다. 작동은 한다. 하지만 우아하지 않다. 군데군데 결함이 있다. 언제 오작동할지 모른다. 인간의 뇌가 정확히 그렇다.

진화에는 설계자가 없다. 백지에서 최적의 시스템을 그리지 않았다. 기존 구조 위에 새로운 기능을 덧붙이고, 또 덧붙이고, 또 덧붙였다. 파충류의 뇌 위에 포유류의 뇌를 얹고, 그 위에 영장류의 뇌를 얹었다. 38억 년간 땜질한 결과물이다. 그래서 뇌는 완벽하지 않고, 특정 방향으로 반

그리고 환경이 급격히 바뀌면, 이 편향은 더 자주, 더 강하게 드러난다. 인생 전반에 걸쳐서.

확증 편향이라는 말을 들어봤을 것이다. 자기가 믿고 싶은 정보만 받아들이는 현상이다. '채식이 건강하다'고 믿으면 채식 찬성 연구만 눈에 들어온다. 믿음이 먼저고, 근거는 나중이다.

가용성 휴리스틱은 쉽게 떠오르는 사례를 근거로 확률을 과대평가하는 경향을 말한다. '담배를 피우고도 90세까지 정정하게 산 할아버지'가 떠오르면 흡연의 위험은 순식간에 작아진다. 폐암으로 죽은 수백만 명은 뉴스에서 봤어도 생생하게 떠오르지 않는다. 결국, 한 명의 예외가 통계를 압도한다. 원시시대에는 통계가 없었다. 직접 본 것, 직접 겪은 것만이 생존의 증거였다. 그래서 뇌는 지금도 숫자보다 사례에 더 강하게 반응한다.

현재 편향은 미래의 큰 고통보다 지금의 작은 쾌락을 과대평가하는 경향이다. "술 마시다 일찍 죽지 뭐"라는 말은 현재의 쾌락을 합리화하는 것이다. 20년 후 병상에 누울 모습은 상상하지 못한다. 원시시대엔 '오늘 포식자로부터 생존할 것, 오늘 생존하기 위해 먹을 것을 구할 것'이 가장 중요한 과제였다. 그 결과 인간의 뇌는 미래의 추상적인 위험보다 현재의 즉각적인 만족에 더 강하게 반응하도록 설계되었다.

이런 오류들이 합쳐지면 이상한 믿음이 탄생한다. 사이비교에 빠지는 과정도 구조는 같다. 처음에는 '좋은 말씀'에 끌린다. 확증 편향이 작동한다. 교주의 말만 옳고 바깥세상은 틀린 것처럼 느껴진다. 여기에 가용성 휴리스틱이 개입한다. 교주님 덕분에 변한 사람들의 사례만 기억에 남고 실패하거나 무너진 사람들은 시야에서 사라진다. 마지막으로 현재 편향이 발목을 잡는다. '지금 나가면 외로워진다'는 두려움이 판단을 마비시킨다. '부족을 떠나면 죽는다'는 원시 클루지가 발동하며 그 집단에 매달린다.

일상의 오작동: 반추, 걱정, 완벽주의

편향적인 생각을 하는 건 멍청해서가 아니다. 오히려 똑똑한 사람일수록 더 깊이 빠진다. 클루지를 정교하게 포장할 능력이 있어서다. IQ가 높으면 틀린 믿음을 그럴듯하게 합리화한다. 논리적으로 보이는 궤변을 만들어낸다. 자기도 속고, 남도 속인다.

MBTI에서 INFP, INFJ, INTP, INTJ는 가장 지능이 높은 유형이다. 이 네 유형은 내향적 직관이 강하다. 머릿속에서 끊임없이 시뮬레이션을 돌린다. 가능성을 확장하고, 의미를 깊게 파고든다. 이 능력은 창의성과 통찰의 원천이다. 동시에 함정이 되기도 한다.

뇌과학적으로 이 유형들은 디폴트 모드 네트워크DMN 활성도가 높다. DMN은 자기 성찰, 과거 회상, 미래 상상을 담당한다. 문제는 이 회로가 과활성화될 때다. 생각은 깊어지지만, 행동은 멈춘다. 반추가 늘고, 사소한 일을 오래 곱씹는다. INOO가 유독 자기 전에 생각이 많고, 사소한 일을 오래 곱씹는 이유다.

내가 부정적인 INOO 유형의 지인들에게 항상 하는 말이 있다. "너 유산소 안 하면 무너진다." 이 말을 무시했던 이들은 어느 날이면 카카오톡 탈퇴, 인스타그램 탈퇴를 한다. 별로 놀랍지도 않다. 2~3년 뒤 우연히 만나 밝아진 그 친구의 표정을 보면, 안심하게 된다. 이 친구들은 나에게 묻는다.

"나 잠수 타는 동안 뭐 했게? 맞춰봐."

"뭐 뻔하지. INTP니까 사람혐오증이나 우울증 걸렸다가 운동하고서 정신 멀쩡해져서 이렇게 모임에 나온 거겠지."

상대는 웃는다. 물론 모든 INOO가 그렇다는 말은 아니다. 다만 이런 성향이라면 유산소는 선택이 아니라 필수다. 몸을 움직이면 생각이 정리되고, DMN의 과열이 가라앉는다. 유산소와 이 성향이 결합되면, 깊은 사고는 유지하면서도 행동이 따라온다. 머리가 좋아 큰 성과를 내고, 쉽게 행복해질 수 있다. 그리고 이건 INOO만의 문제가 아니다. 인간의 뇌는 특정 조건에서 누구나 같은 방향으로 오작동한다.

의심, 트라우마, 예민함도 클루지의 오작동이다. 배신당한 적이 있는 사람의 뇌는 '모든 사람이 위험하다'고 일반화한다. 좋은 기회가 와도 '뭔가 이상해'라며 의심한다. 좋은 사람이 다가와도 밀어낸다. 안전하려다 고립된다. 외로움이 판단을 더 흐리게 만든다. 문제는 감정 자체가 아니라, 그 결과다. 이렇게 작동한 뇌는 결국 '행동을 멈춘다.' 이 상태가 극단으로 가면, 생각은 늘어나고 행동은 사라진다. 이 상태를 가장 잔인하게 설명한 문장이 있다. 알리바바의 창업자 마윈의 명언이라고 알려진 글이다.

세상에서 가장 같이 일하기 힘든 사람은 가난한 사람이다.
자유를 주면 함정이라 말하고,
작은 비즈니스를 말하면 돈을 별로 못 번다고 하며,
큰 비즈니스를 말하면 돈이 없다고 한다.
새로운 것을 시도하자고 하면 경험이 없다고 하고,
전통적인 비즈니스는 어렵다고 하며,
새로운 비즈니스 모델은 다단계라고 한다.
상점을 같이 운영하자고 하면 자유가 없다고 하고,
새로운 사업을 시작하자고 하면 전문가가 아니라고 한다.
그들에게는 공통점이 있다. 구글이나 바이두 같은 검색 엔진에 물어보기를 좋아하고, 희망 없는 친구들의 의견 듣기를 즐기며, 대학교수보다 더 많은 생각을 하지만 장님보다 더 적은 일을 한다.
그들에게 물어보라. 당신은 무엇을 할 수 있느냐고. 그들은 대답하지 못할 것이다. 내 결론은 이렇다. 당신의 심장이 빨리 뛰는 만큼 행동을 더 빨리하라. 생각만 해보지 말고 무엇인가를 직접 하라. 가난한 사람들은 공통적인 한 가지 행동 때문에 실패한다. 그들의 인생은 오직 기다림으로 인해 실패한다.

이 말에는 클루지가 만든 사고방식이 다 들어 있다. 이 모든 클루지적 사고가 합쳐지면 방향이 틀어진다. 축구 경기를 상상해보자. 골대가 앞에 있다. 차면 된다. 그런데 멈춘다. '저 골키퍼가 막으면?', '실축하면?', '다들 비웃지 않을까?' 하고 생각하는 사이, 수비수가 달려온다. 기회는 사라진다.

클루지를 이기는 법

클루지를 이기는 법은 생각을 더 잘하는 데 있지 않다. 오히려 상태를 먼저 바로잡는 데 있다. 많은 사람은 이렇게 말한다. "부정적으로 생각하지 말아야지." "걱정 좀 그만하자." 하지만 이것은 생각으로 생각을 고치려는 시도다. 이미 불안한 상태에서 나온 다짐은 오래가지 않는다. 버튼이 꺼져 있으면 인지적 불안도가 먼저 올라가기 때문이다.

수면이 부족하면 편도체는 과활성화되고, 세상은 실제보다 더 위협적으로 느껴진다. 운동을 하지 않으면 BDNF가 줄어들어 사고는 경직된다. 햇빛을 보지 못하면 세로토닌이 떨어져 사소한 일도 크게 느껴진다. 이때 떠오르는 생각은 유난히 비관적이고 단정적이다. "역시 안 될 거야." "지금 시작해도 늦었어." 이런 문장은 통찰이 아니라, 피로한 신경계가 만들어낸 해석이다.

불안도가 올라가면 전두엽의 억제 기능은 약해진다. 확증 편향은 더 강해지고, 현재 편향은 더 달콤해진다. 장기적 판단 대신 즉각적인 감정이 선택을 대신한다. 클루지가 강해진 것이 아니다. 그것을 눌러주던 장치가 꺼진 것이다. 그래서 잘못된 신념은 철학의 문제가 아니라 상태의 문제다.

첫 번째 해법은 버튼이다. 몸을 먼저 움직인다. 10분이라도 걷고, 햇빛을 보고, 단백질을 먹고, 충분히 잔다. 이것은 단순한 건강 습관이 아니라 전두엽을 다시 켜는 과정이다. 심박수가 오르면 뇌 혈류가 늘고, 운동 후에는 BDNF가 분비되어 사고가 유연해진다. 세로토닌이 안정되면 세상은 덜 위협적으로 보인다. 연료가 채워지면 판단은 자연스럽게 또렷해진다. 그때 비로소 '좋은 의사결정'이 가능해진다.

둘째는 인지다. 행동을 멈추게 하는 생각이 떠오를 때 이렇게 묻는다. "지금 이 생각, 내 본성인가 아니면 클루지의 오작동인가?" 이 질문 하나가 생각과 나 사이에 거리를 만든다. 생각은 더 이상 진실이 아니라 점검의 대상이 된다. 물론 인지만으로는 부족하다. 몸이 안정되지 않으면 질문은 힘을 잃는다. 그래서 순서는 항상 같다. 몸이 먼저, 인식이 다음이다.

결국 공식은 단순하다. 버튼을 누르지 않으면 불안도가 올라가고, 불안이 올라가면 판단이 흐려진다. 감정적 선택이 반복되면 잘못된 신념이 굳어진다. 반대로 버튼을 누르면 불안은 내려가고 판단은 맑아진다. 맑은 상태에서는 클루지의 속삭임도 힘을 쓰지 못한다. 생각을 고치기 전에 신경계를 먼저 바로 세워라. 그 순간부터 클루지는 더 이상 당신을 끌고 갈 수 없다. 그냥 스쳐 지나가는 잡음이 된다.

응급 처치

아무것도 할 수 없을 때, 최소한의 매뉴얼

당신의 뇌가 변화를 싫어하는 것은 정상이다. 뇌의 생존 본능이기 때문이다. 과거에는 불필요한 움직임이 곧 칼로리 낭비였고, 검증되지 않은 시도는 위협이었다. '지금까지 해 온 대로 하자'가 가장 안전한 전략이었다. 그래서 당신의 뇌는 지금도 변화를 싫어하고 '그냥 이대로 살자'고 속삭인다. 이건 의지박약이 아니다. 당신 안에 있는 원시인의 생존 본능이다.

문제는 이 상태가 오래 지속될 때다. 처음부터 의지나 마인드셋으로 해결할 수 없는 문제를 의지로 버티려다 보면 나중에는 더 깊이 무너진다. 지금 이 책을 읽는 사람 중에는 내가 하는 설명이 이해는 되지만 손가락 하나 까딱할 힘이 없는 사람도 있을 것이다. 우울하고, 무기력하고, 아무것도 하기 싫은 상태. 15개 버튼은커녕 한 개도 누를 힘이 없다. 이 장은 그런 상태에서 읽는 설명서다.

정말 바닥에 떨어진 상태라면 복구가 먼저다. 이 책을 읽고 난 뒤 24시간 이내에 '수면, 물, 햇빛'이라는 지금 당장 누를 수 있는 버튼 3개만 누르면 된다. 밤이면 자고, 낮이면 오늘 밤 일찍 자면 된다. 목표는 7시간이다. 이것만으로도 전전두엽 기능이 돌아온다. 그리고 지금 당장 이 책을 내려놓고 물 한 잔을 마시자. 탈수 상태면 뇌가 제대로 작동하지 않는다. 커피 말고 물이어야 한다. 그리고 내일 아침, 일어나자마자 밖에 나가보도록 한다. 15분만, 아무것도 안 하고, 그냥 서 있기만 해도 된다. 햇빛이 망막을 때리면 세로토닌 합성이 시작된다.

자고, 물 마시고, 햇빛 보는 Level 1이 자리 잡았다면, 일주일 내 Level 2에 해당하는 걷기, 자연식, 단백질을 추가한다. 하루 20분 걷기. 어디든 좋다. 발바닥이 땅에 닿으면 BDNF가 분비되기 시작한다. 나는 강직성척추염으로 걷기 힘들 때 수영을 했다. 자전거를 타도 좋다. 핵심은 몸을 움직이는 것이다. 가공식품은 완벽하게 끊을 필요 없이 배달 음식을 주 5회에서 주 3회로 줄이면 된다. 매끼 달걀이나 두부 같은 단백질을 챙겨라. 세로토닌과 도파민을 만드는 원재료다. 재료가 없으면 행복 호르몬을 만들 수 없다.

Level 2가 자리 잡은 후 1개월 이내에 고강도 운동, 부족, 기여를 추가한다. 일주일에 2~3회 숨이 찰 정도로 움직이면 된다. 헬스장 안 가도 된다. 집에서 버피, 계단 오르기, 공원에서 빠르게 걷기를 해도 괜찮다. 숨이 차면 된다. 사람을 만나면 된다. 한 명이라도 좋다. 카페에서 30분 수다를 떨거나 10분만 통화해도 좋다. 사회적 연결은 옥시토신을 분비시킨다. 작은 것이라도 누군가를 도우면 된다. '내가 누군가에게 필요한 존재'라는 느낌이 뇌의 보상 회로를 활성화한다.

내가 바닥에서 회복한 비결은 루틴이다. 오전 10시에 일어났다. 햇빛을 봤다. 책상 앞에 앉았다. 저녁 6시까지 앉아 있었다. 돈이 되든 안 되든 일을 했다. 수영장에 갔다. 10만 년 전 원시인은 매일 같은 일을 했다. 해 뜨면 일어나고, 사냥과 채집을 하러 나가고, 해 지면 잠들었다. 뇌는 이 패턴에 최적화되어 있다.

'오늘은 뭘 할까?' 고민하는 순간 에너지가 소모된다. 이를 결정 피로Decision Fatigue라고 한다. 바닥에 떨어진 상태에서 매번 결정을 내리면 더 지친다. 루틴은 결정을 없앤다. 뇌에 '매일 이만큼은 사냥한다'는 신호를 보내는 것이다. 돈이 되든 안 되든, 성과가 나든 안 나든.

2주 규칙: 병원에 가야 할 때

중요한 이야기를 하려 한다. 15개 버튼을 2주 동안 열심히 눌렀는데도 변화가 없다면 병원에 가보는 것이 좋다. 이 책에서 말하는 방법은 대부분의 사람에게 효과가 있다. 하지만 전부는 아니다. 어떤 사람들은 생리학적인 문제를 갖고 있다. 뇌의 화학적 불균형, 호르몬 이상, 갑상선 문제, 유전적 요인 등이다. 이런 경우에는 버튼을 아무리 눌러도 한계가 있을 수 있다.

나는 15년간 이별상담 사업을 하며 수만 명을 상담했다. 그중 이런 사례가 있었다. 모든 문제를 해결해줬다. 갈등 원인을 분석했고, 커뮤니케이션 방법을 알려줬으며, 자존감을 높이는 방법을 코칭했다. 내담자는 이해했지만 달라지지 않았다. 여전히 과도하게 불안해하고, 집착하고, 망상에 빠졌다. "상황은 좋아졌는데, 그래도 불안해요." 이런 분들에게 나는 정신과를 권유했다. 약물 치료를 병행하자 상태가 바로 나아지는 경우가 많았다.

심리적 문제와 생리학적 문제는 다르다. 심리적 문제는 생각, 신념, 과거 경험에서 비롯되며 상담과 인지 행동 치료로 해결할 수 있다. 하지만 생리학적 문제는 뇌의 화학적 불균형에서 비롯된다. 세로토닌 부족, 도파민 조절 이상, 노르에피네프린 불균형. 생각을 바꾼다고 해결되지 않는다. 약물로 화학적 균형을 맞춰야 한다. 당뇨병 환자가 인슐린 맞는 걸 부끄러워하는가? 고혈압 환자가 혈압약 먹는 걸 수치스러워하는가? 아니다. 몸에 기능적 문제가 있으니까 약으로 돕는 것이다. 뇌도 마찬가지다. 뇌에 화학적 불균형이 있다면 약으로 교정하면 된다. 약을 먹으면서 15개 버튼 누르면 된다.

다음 중 하나라도 해당되면 병원에 가보는 것이 좋다. 15개 버튼을 2주간 열심히 눌렀는데 변화가 없거나, 일상생활이 불가능하거나(출근 못 함, 밥 못 먹음, 씻지 못 함), 자해나 자살 충동이 있거나, 망상이나 환청이 있거나, 극단적인 감정 기복이 있거나(조증과 우울증이 번갈아 옴), 불안이 일상을 지배한다면(아무 이유 없이 심장이 뛰고 식은땀이 남) 전문가의 도움을 받아보자. 특히 자해 충동, 망상, 극단적 감정 기복은 즉시 병원에 가야 한다.

나는 상담이 전부라고 생각하지 않는다. 호르몬과 생리학적 문제가 있는 경우에는 약물 치료가 필요할 수 있다. 반대로 약이 전부라고 생각하지도 않는다. 약은 증상을 완화하지만 근본 원인을 해결하지 못한다. 삶의 패턴과 사고방식, 환경은 상담과 코칭으로 바꿔야 한다.

가장 좋은 건 '약 + 상담 + 15개 버튼'이다. 약이 화학적 균형을 맞추고, 상담이 생각과 행동 패턴을 바꾸며, 15개 버튼이 뇌가 설계된 대로 작동하게 만든다. 3가지가 함께 가면 회복이 빠르다.

특수 상황의 원시인: 일반 규칙이 안 통할 때

"저는 상황이 달라요." 맞다. 어떤 사람들은 정말로 상황이 다르다. 만성질환이 있거나, 장애가 있거나, 극한 환경에서 일하거나, 계절이 버튼을 꺼버리는 곳에 산다. 이들에게 일반 규칙은 그대로 적용되지 않을 수 있다. 하지만 핵심은 같다. 버튼을 포기하지 말고, 형태를 바꿔라. 나는 강직성척추염 환자로, 20대 초반에는 12kg이 빠지고 걷기도 힘들었다. 의사는 무리하지 말라고 했지만 나는 움직였다. 걷기가 힘드니, 관절에 부담이 덜 가는 수영을 했다.

만성질환자에게 중요한 것은 '포기'와 '무리' 사이의 균형점을 찾는 것이다. 아프다고 누워만 있으면 몸은 더 빨리 망가진다. 근육 감소와 심폐 기능 저하는 물론 우울증까지 온다. 그렇다고 무리하면 몸이 버티지 못한다. 답은 '낮은 강도로 꾸준히'다.

당뇨 환자라면 걷기와 근력 운동이 혈당 조절에 도움이 된다. 관절염 환자라면 수영이나 자전거처럼 충격이 적은 운동을 선택하라. 심장 질환자라면 의사와 상담 후 허용된 강도 내에서 움직여라. 어떤 질환이든 "움직이지 마라"는 처방은 거의 없다. 대부분은 "적절히 움직여라"라고 조언한다. 물론 가장 중요한 건 주치의와의 상담이다. 의사가 절대안정을 권한 특수한 경우가 아니라면, '아프니까 가만히 있어야지'라는 당신의 판단은 틀린 선택일 확률이 높다.

휠체어를 사용하는 사람에게 달리기는 불가능하다. 하지만 Level 2 버튼 자체가 불가능한 건 아니다. 휠체어 농구, 핸드사이클, 상체 웨이트 트레이닝. 형태가 다를 뿐 버튼은 눌린다. 시각장애인도 피부로 햇빛을 느끼고 비타민 D를 합성할 수 있다. 청각장애인도 수어 커뮤니티에서 '부족' 버튼은 누를 수 있다.

또 하나의 특수 상황은 기후다. 북유럽이나 한국의 겨울에는 해가 늦게 뜨고 일찍 진다. 흐린 날이 많다. 햇빛 버튼이 자동으로 꺼진다. 세로토닌 합성이 줄어들고, 겨울 우울증이 찾아온다. 이때 전략은 3가지다. 첫째, 있는 햇빛을 최대한 활용하라. 점심시간이 골든 타임이다. 흐린 날에도 밖이 실내보다 10배 밝다. 둘째, 광치료 램프를 사용하라. 1만 럭스 이상의 램프를 아침에 30분 쬐면 햇빛 효과를 상당 부분 대체한다. 북유럽에서는 이미 많이 쓴다. 셋째, 비타민 D를 보충하라. 겨울에는 햇빛만으로 충분한 비타민 D를 만들기 어렵다. 하루 1~2천 IU를 보충하기 권장한다.

특수 상황이라고 해서 15개 버튼이 필요 없는 건 아니다. 형태와 강도가 다를 뿐이다. 만성질환자도 장애인도 겨울 우울증 환자도 야간 근무자도 버튼이 필요하다. 당신의 상황에 맞게 조정하라. 포기하지만 않으면 된다.

END

궁극의 질문

고차원 사고를
갖게 된
돌연변이 원시인

여기까지 왔다면, 책을 덮어도 된다. 진심이다. 당신이 이 장을 끝까지 읽는다면, 불편해질 수도 있다. 여기부터는 돌연변이들을 위한 장이다. 앞선 장까지 읽지 않은 사람은 절대 읽어서는 안 된다.

여기까지 읽은 것만으로도 충분하다. 이제부터는 읽지 않아도 당신은 충분히 잘 살 수 있다. 15개 버튼을 차례대로 눌러라. 원시인 모드를 켜라. 그게 끝이다.

3개월이면 당신만의 노하우가 생기고 당신의 DNA가 사바나를 기억하고 있었음을 체감하게 될 것이다. 버튼을 하나씩 누르고, 거기에서 오는 행복을 온전히 느껴라. 신기할 정도로 평온하고 지금까지와는 다른 하루들이 이어질 것이다.

이 책은 이제 그만 읽어도 된다.

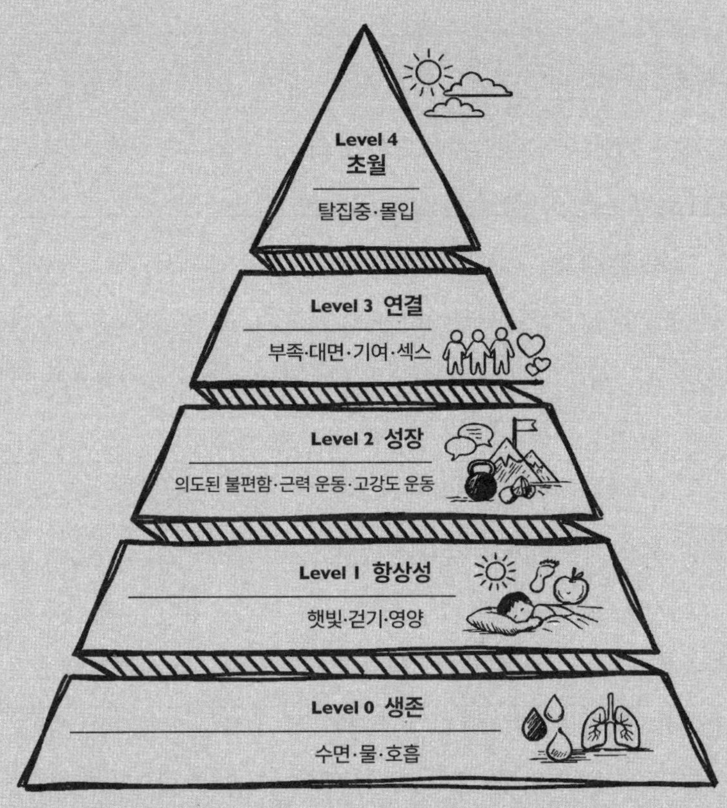

Level 4
초월
탈집중·몰입
Level 3 연결
부족·대면·기여·섹스
Level 2 성장
의도된 불편함·근력 운동·고강도 운동
Level 1 항상성
햇빛·걷기·영양
Level 0 생존
수면·물·호흡

　그럼에도 이 페이지를 펼쳤다면, 당신은 좀 다른 사람일 가능성이 높다. 15개 버튼을 눌러 몸은 안정됐고 하루를 버티는 일은 분명 쉬워졌다. 과거와 비교하면 훨씬 행복해졌다. 그런데도 가끔, 아무 일 없이 누워 천장을 바라보다 보면 이런 생각이 든다. '그래서 뭐? 나는 왜 존재하지?' '나는 대체 뭘 위해 사는 거지?' '내 삶의 목적은 뭐지?' 15개 버튼을 다 눌렀는데도 이 질문들이 반복된다면, 그건 결핍의 신호가 아니다. 생존이 잠잠해진 뒤에야 비로소 떠오르는, 철학의 시작이다.

　10만 년 전 원시인은 이런 질문을 할 여유가 없었다. 뇌의 모든 자원은 오늘 사냥하고 내일 살아남는 데 쓰였다. 사실 지금도 인간의 뇌는 크게 다르지 않다. '하루'가 더 중요하다. 그렇기에 참을 수 없다. 유튜브 쇼츠, 인스타그램 릴스, 넷플릭스, 초가공식품, 도박, 빚…. 달라진 것은 뇌가 아니라 환경이다. 즉각적인 도파민 자극에 끌리는 것은 나약함도, 선택의 실패도 아니다. 원시인의 뇌가 주어진 환경에 정상적으로 반응한 결과다.

　하지만 당신은 다르다. 지식과 자아, 삶의 의미에 대해 궁금해한다. 술자리에서 이런 질문을 던져본 적 있을 것이다. "우린 죽을 때까지 무슨 일을 해야 의미 있는 삶이라고 할 수 있을까?" 돌아오는 반응은 대개 이렇다. "또 시작이야? 그냥 사는 거지 뭐. 돈이 장땡이지." "얘 술자리 부르지 마라~."

　4차원 취급을 받은 적 있는가? 사회성 낮은 진지충이라는 소리를 들은 적 있는가? 당연하다. 대부분의 사람들에게 이런 질문은 관심사가 아니다. 하지만 당신에게는 다르다. 그 질문이 일단 머릿속에 떠오르면 쉽게 사라지지 않는다. 답을 찾다 멈추고, 시간이 지나 다시 생각하고, 그 과정을 반복한다. 이상한 사람이어서가 아니다. 유난을 떠는 것도 아니다. 당신은 생각과 생각이 연결될 때 쾌감을 느끼는 뇌를 가졌을 뿐이다. 생각 그 자체가 보상 회로를 자극하는 뇌다.

당신 같은 '생각하는 인간'은 우연히 태어난 게 아니다. 약 1만 2천 년 전, 인류는 비옥한 초승달 지대에서 농경을 시작했다. 잉여 식량이 축적되면서 역사상 처음으로 '일하지 않아도 먹고사는 사람들'이 등장했다. 왕과 사제, 그리고 학자들이다. 이들은 밭을 갈지 않았다. 대신 공동체의 자원을 관리하고, 규칙과 신화를 만들며, 아직 오지 않은 미래를 설계했다. 날씨와 계절을 예측했고, 신과 세계의 질서를 설명하려 했으며, '우리는 왜 존재하는가?'와 같은 추상적인 질문을 던졌다. 인류 최초의 사유와 지성은 바로 이 잉여의 시간에서 태어났다.

결정적으로, 생각하는 사람들은 서로를 알아보기 시작했다. 학자의 딸은 학자와 결혼했고, 철학자의 아들은 철학자가 됐다. 비슷한 사람에게 끌리는 '동류교배Assortative Mating'가 수천 년간 반복되었다.

보더콜리가 200년 만에 늑대에서 분화했듯 '생각하는 사람'은 수천 년에 걸쳐 선택되고 축적된 결과다. 기원전 3세기, 에라토스테네스는 막대기 두 개와 그림자만으로 지구 둘레를 측정했다. 기원전 5세기, 데모크리토스는 눈에 보이지도 않는 '원자'가 세상의 근본이라고 주장했다. 그리

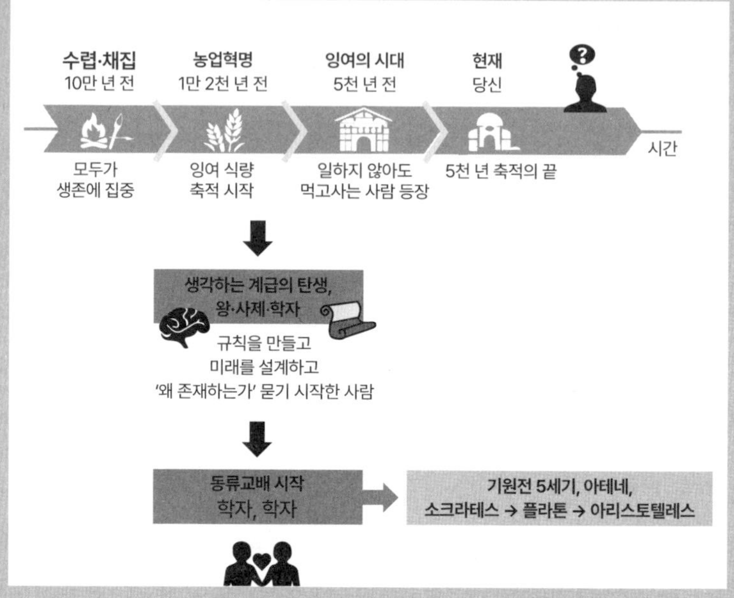

고 같은 시기 아테네에서는 소크라테스, 플라톤, 아리스토텔레스가 연속으로 등장했다. 우연이 아니다. 축적의 결과다.

그 계보의 끝에 서 있는 사람에게는 하나의 질문이 남는다. 누구에게나 필요한 질문은 아니다. 굳이 묻지 않고도 잘 사는 사람이 많은 게 현실이다. 15개 버튼만으로도 몸은 안정되고, 관계는 유지되고, 일상은 충분히 굴러간다. 그것만으로도 잘 사는 삶이다. 다만 어떤 사람은 그 상태에 오래 머무르지 못한다. 불편해서가 아니라, 질문이 떠올라서다.

그 질문은 더 나은 사람이어서 생기는 게 아니다. 더 깊은 단계에 도달해서 생기는 것도 아니다. 그저 그런 질문을 자주 떠올리는 성향으로 태어났을 뿐이다.

이 질문은 새로운 욕망이 아니다. 이미 눌리고 있는 버튼들이 다른 방식으로 해석되기 시작했다는 신호다. 같은 행동을 해도 어떤 사람에게는 '충분함'으로 읽히고, 어떤 사람에게는 '방향 없음'으로 읽힌다. 차이는 버튼의 개수가 아니라, 버튼이 삶 전체에서 어떤 맥락으로 연결되느냐에 있다.

"어떤 삶이 좋은 삶일까?" "나는 어떤 목적으로 태어났을까?" 이 질문은 불행해서가 아니다. 부족해서도 아니다. 그냥 멈추지 않고 떠오를 뿐이다. 이쯤 되면 솔직히 말해도 된다. 당신은 평균이 아닐 가능성이 높다. 어쩌면, 돌연변이다.

이 말은 비난이 아니다. 진화의 언어다. 진화는 언제나 소수의 변이에서 시작된다. 대부분은 기존 환경에 잘 적응한다. 그러나 소수는 같은 조건에서도 다른 해석을 내놓는다. 남들이 '충분하다'고 느끼는 자리에서, 그들은 '그다음'을 묻는다. 같은 삶을 살아도 누군가는 안정에 만족한다. 누군가는 방향을 찾지 못하면 불편해한다. 차이는 노력의 양이 아니라 설계도의 차이다.

이 장은 당신을 더 철학적으로 만들기 위해 쓰지 않았다. 나는 당신에게 답하려 한다. 당신 같은 '종족'이 왜 나타났는지, 당신의 뇌가 어떤 구조로 진화했는지, 왜 당신은 남들과 조금 다른 질문을 멈추지 못하는지, 그 이유를 설명하겠다. 돌연변이는 잘못 태어난 존재가 아니다. 환경이 바뀔 때 가장 먼저 길을 찾는 존재다. 이제, 당신의 설계도를 보자.

이유를 설명하겠다. 돌연변이는 잘못 태어난 존재가 아니다. 환경이 바뀔 때 가장 먼저 길을 찾는 존재다. 이제, 당신의 설계도를 보자.

당신의 기원

한국인은 왜 이렇게 눈치가 빠를까? 왜 회의 중에 분위기를 읽고, 윗사람 말에 먼저 고개를 끄덕이고, 갈등 앞에서 본능적으로 한 발 빠질까? "예의 바르다"고 칭찬받지만, 솔직히 말하면 피곤하지 않은가? 왜 서양 사람들은 자기 의견을 거침없이 내뱉는데, 우리는 분위기부터 파악하는 걸까? 이건 성격의 차이가 아니다. 1만 년 전 논밭이 만든 뇌의 차이다.

본론에 앞서, 내 이야기를 잠시 해보려 한다. 나는 ADHD다. ADHD는 정신이 없고, 지각을 하며, 계획을 수시로 바꾼다. 물건을 쉽게 잊어버리며, 하루는 예측 불가능하고 다이나믹하다. 얼

마 전 제주도에서 돌아오는 날에도 믿기 어려운 일이 연속으로
터졌다.

1. 아침부터 부재중 전화가 다섯 통이나 찍혀 있었다.
2. 렌터카 반납 일자를 다음 날로 잘못 기억하고 있었다. 렌
터카 회사에서 난리가 났다.
3. 급하게 반납하러 가려는데 시동은 걸렸지만 스마트키가
보이지 않았다.
4. 숙소를 나서는데 헤드폰을 두고 왔다.
5. 제주공항에서 항공권을 받았는데, 막상 탑승하려고 하니
항공권이 없었다.
6. "송명진 씨, 마지막 탑승입니다"라는 안내를 받으며 간신
히 탑승했다.
7. 서울에 도착해서 세무서를 가야 했는데, 도착하고 나서 보
니 3km 떨어진 다른 세무서였다.

나는 이 모든 일에 당황하지 않았다. 자주 있는 일이라, 그냥
그러려니 하고 전부 대처했다. 헤드폰은 숙소에 연락해 택배로 보
내달라 했고, 항공권은 늘 하던 대로 게이트에서 재발급받았다.
렌터카 회사에는 벌금을 냈다. 이보다 더 많은 에피소드가 있지만
믿기 어려울 것 같아 여기까지만 적는다.

그러다 이런 생각이 들기 시작했다. 이렇게 크고 작은 사고를 반복하는 사람이 정말 문제만 있는 걸까? 만약 ADHD가 그렇게 치명적인 결함이라면, 나는 어떻게 7개의 사업을 동시에 진행하고, 『역행자』로 60만 부 작가가 됐을까?

돌이켜보면 나의 성취 대부분은 ADHD적 특성 덕분이었다. 새로운 분야에 빠르게 뛰어들고, 지루해지기 전에 성과를 내고, 또 다른 영역으로 옮겨갔다. 이미 다음 책과 그다음 책 원고까지 써두었고, 새로운 AI 프로젝트도 동시에 진행하고 있다. 보통 사람이라면 하나에 집중하라고 했을 것이다. 나는 집중이 안 되니까 여러 개를 동시에 했고, 그게 오히려 먹혔다. ADHD는 질병이나 저주가 아니다. 오히려 축복이다. 이처럼, 인간의 기질은 '단점'만 있는 경우는 드물다. '장점'도 같이 갖고 있다.

나는 2011년에 이별상담 업체 '아트라상'을 창업한 후 15년간 업계 1위를 유지해오고 있다. 상담사 시절에 깨달은 바가 있다. 사람의 단점이 장점일 수 있는 경우가 많다. 예를 들어 강박증으로 상대를 괴롭히는 사람은 보통 사람 눈에는 이상해 보인다. 하지만 알고 보면 학벌이 높고 커리어가 좋은 경우가 많다. 꼼꼼하고 집요한 성격이 연애에서는 집착으로 튀어나왔을 뿐, 일에서는 완벽주의로 작동하고 있었다. 상담에 매번 지각하는 사람도 있었다. '수십만 원 내고 어떻게 지각하지?'라고 생각할 수 있지만, 유연한 대처나 순발력 면에서는 오히려 뛰어난 사람들이었다.

6천 명이 넘는 사람을 상담하며 확신이 생겼다. 결함처럼 보이는 특성은 환경이 맞지 않아서 튀어나온 것일 뿐, 환경이 바뀌면 무기가 된다. 나는 이 생각 덕분에 내 ADHD도 '축복일 수 있다'고 여기기 시작했다. 그러다 모든 것이 연결되는 순간이 왔다. 톰 하트만의 『ADHD 농경사회의 사냥꾼』이라는 책을 읽었을 때다. 핵심은 간단했다. ADHD는 병이 아니라 사냥꾼에게 특화된 뇌다.

원시시대 사냥터를 떠올려보자. 어떤 사람이 살아남았을까? 주변의 모든 움직임을 동시에 감지하는 사람이다. 풀숲이 살짝 흔들리면 즉시 고개를 돌리고, 바람 냄새가 바뀌면 방향을 바꾸는 사람. 현대 의학은 이를 '주의력 분산'이라 부르지만, 사냥터에서는 '360도 경계 레이더'였다. 충동성도 마찬가지다. 먹잇감이 눈앞에 나타났는데 '잠깐, 계획을 세워볼까'라고 고민하는 사냥꾼은 굶어 죽는다. 몸이 먼저 움직여야 한다. 생각은 나중이다. 지루함을 견디지 못하는 성향도 그렇다. 사냥터에서 이건 '새로운 사냥감을 찾아 이동하라'는 신호였다. 한곳에 머물러 멍하니 앉아 있는 사냥꾼은 부족에게 짐이었다. 즉, ADHD적인 특징은 원시시대에 크나큰 장점이었다. 반대로 신중하게 계획을 세우는 유형은 어떨까? 예측 가능한 환경에서는 유리하지만, 변수 앞에서 당황하고 대처가 느리다. 사냥터에서는 살아남기 어려운 기질이다.

그런데 약 1만 년 전, 인류에게 혁명적인 사건이 터진다. 농업이 시작됐다. 특히 동아시아에서는 벼농사가 시작됐다. 벼농사는 사냥과 정반대의 뇌를 요구했다. 한곳에 정착해서 계절에 맞춰 씨를 뿌리고, 물을 대고, 잡초를 뽑고, 수확하는 반복 작업. 지루하고 단조로웠다. 하지만 이 지루함을 견디는 사람만이 가을에 수확의 기쁨을 누렸다. 충동적으로 "여기 지겨워, 떠날래"라고 한 사람은? 굶었다. 마을에서 쫓겨났다. '능력 없는 놈'이라는 평가를 받으며, 결혼하여 자손을 남기기도 어려웠다. 이 과정이 수천 년간 반복되면 어떤 일이 벌어질까? 농경 환경에 맞는 뇌를 가진 사람이 더 많이 살아남고, 더 많은 자녀를 남긴다. 반대로 사냥꾼의 뇌를 가진 사람은 점점 도태된다.

실제로 그 흔적이 유전자에 남아 있다. DRD4 유전자의 7번 반복 변이형, 흔히 '사냥꾼 유전자' 또는 '탐험가 유전자'로 불리는 이 변이의 분포를 보면 이야기가 선명해진다. 동아시아, 그러니까 한국·일본·중국에서 이 변이를 가진 사람은 약 2~5%에 불과하다. 유럽에서는 약 15~25%. 아메리카 원주민 집단에서는 무려 50~80%에 달한다. 같은 인류인데 왜 이렇게 극단적인 차이가 생겼을까? 생존 방식이 달라서다.

아메리카 원주민은 수만 년간 사냥과 이동 중심의 삶을 살았다. 먹잇감을 쫓아 끊임없이 움직여야 했고, 예측 불가능한 상황에 즉각 대응해야 했다. 사냥꾼의 뇌를 가진 사람이 살아남았다. ADHD에 '사냥꾼 유전자'라는 별칭이 붙은 이유가 여기에 있다.

사냥꾼의 뇌가 열등한 것은 아니다. 농경민의 뇌가 우월한 것도 아니다. 환경이 달랐기 때문에 그에 맞춰 살아남은 뇌의 유형이 달랐을 뿐이다. 현대 사회는 농경민, 즉 정착민을 기준으로 설계되어 있다. 그래서 ADHD가 '장애'로 분류될 뿐, 사냥꾼의 뇌가 잘못한 것은 아무것도 없다.

나는 ADHD가 보더콜리와 원리가 같다고 생각한다. 보더콜리는 하루 2시간 이상 양 떼를 몰아야 할 정도의 강한 에너지를 가지고 아침을 맞는다. 그 에너지는 반드시 해소되어야 한다. 마찬가지로 ADHD에게도 하루에 반드시 써야 할 에너지가 존재한다. 이를 해소하지 못하면 하루 종일 딴생각이 이어지고, 책상에 오래 앉아 있지 못한 채 계속 일어나게 된다. 에너지가 남아도니 뇌에서는 계속 움직이라는 명령이 떨어지고 산만해지는 것이다. 만약 낮에 운동을 충분히 한다면 이야기는 달라진다. ADHD는 그날 써야 할 에너지를 이미 사용했기 때문에, 이후에는 오히려 더 안정적으로 집중하며 살아갈 수 있다.

나는 앞서 인간이라는 종에게 공통으로 적용되는 15개의 버튼을 이야기했다. 햇빛, 운동, 수면, 음식, 관계. 이 버튼들은 호모 사피엔스라면 누구에게나 작동한다. 거기까지는 '종의 이야기'였다. 그래서 한 가지 빠진 게 있다. 같은 버튼을 눌러도 사람마다 반응이 다르다. 어떤 사람은 러닝 하나로 인생이 뒤집어진다. 공황장애가 사라지고, 표정이 바뀌고, 삶 자체가 달라진다. 그런데 어떤 사람은 러닝을 해도 "좀 개운하네" 수준에서 끝난다. 어떤 사람은 혼자 있으면 에너지가 충전되고, 어떤 사람은 혼자 있으면 3일 만에 무너진다. 어떤 사람은 계획표를 짜면 안정감을 느끼고, 어떤 사람은 계획표를 보는 순간 숨이 막힌다. 왜 그런가? 세부도가 다르기 때문이다.

같은 종이지만, 수만 년간 어떤 환경에서 살아왔느냐에 따라 뇌의 세부 설계가 달라졌다. 도파민 민감도가 다르고, 세로토닌 수용체 밀도가 다르고, 코르티솔 반응 역치가 다르다. 15개의 버튼은 공통이지만, 어떤 버튼이 더 강하게 반응하고 어떤 버튼이 덜 반응하는지는 사람마다 다르다. 행동의 설계도가 다르고, 몸의 설계도가 다르고, 사고방식의 설계도가 다르고, 기질의 설계도가 다르다. 결국 행복의 조건 자체가 다르다. 이걸 모르면 남의 처방전으로 내 병을 고치려는 꼴이 된다.

왜 유독 한국인은 술을 못 마실까?

나는 술을 거의 못 마신다. 맥주 1잔만 마셔도 얼굴이 빨개지고, 소주는 1병을 채 마시지 못한다. 어릴 때부터 술자리에서 이런 말을 수없이 들었다. "간이 안 좋은 거 아니야?", "건강검진 한번 받아봐." 하지만 나는 건강했다. 매년 검진에서 간 수치는 정상이었고, 오히려 술 잘 마시는 친구들보다 더 힘도 세고, 운동도 잘하고, 건강한 편이었다. 미스터리였다. 도대체 왜 술을 못 마시는 걸까? 어릴 때는 그냥 '간이 약한가 보다' 정도로 넘겼다. 그런데 지식이 쌓이면서 의심이 시작됐다. '이건 약점이 아니라 다른 적응 전략 아닐까?'

비염도 그랬다. 나는 어릴 때부터 비염이 심했고, 어머니는 늘 걱정하셨다. "어떻게 아빠한테 안 좋은 것만 닮았니." 하지만 나는 『이기적 유전자』를 읽은 이후, 이 현상 자체를 다시 의심하기 시작했다. 정말 이것은 '결함'일까. 아니면 다른 맥락에서 이해해야 할 특성일까. 어느 순간 이런 추론에 도달했다. 비염은 오히려 유해 물질이 몸 안으로 깊이 들어오는 것을 막기 위한, 예민하게 설정된 방어 시스템은 아닐까. 진화적으로 의미가 있었기 때문에 이런 형질이 지금까지 남아 있는 것은 아닐까.

실제로 알레르기성 비염은 면역 체계, 특히 IgE 매개 면역 반응이 과도하게 활성화된 결과다. 꽃가루나 집먼지진드기 같은 비교적 무해한 물질에도 면역계가 빠르게 반응해 히스타민을 분비하고, 재채기·콧물·코막힘을 유발한다. 이 과정은 단순한 오작동이라기보다, 원래는 기생충이나 병원체처럼 실제로 위험한 침입자를 신속히 배출하기 위해 설계된 방어 메커니즘이 과민하게 작동한 결과에 가깝다.

즉, 고장이라기보다는 민감도의 문제다. 면역 시스템의 경보

임계치가 낮게 설정되어 있는 것이다. 이 시스템은 위험 요소를 몸 깊숙이 들이기 전에 먼저 반응해 멈추게 만든다. 문제를 키운 뒤에 대응하는 구조가 아니라, 과잉이라 할지라도 초기에 차단하려는 구조다. 환경이 지나치게 깨끗해진 현대 사회에서는 이런 민감성이 불편함으로 드러나지만, 감염과 기생충 노출이 흔했던 환경에서는 생존 확률을 높이는 특성이었을 가능성도 충분하다. 비염은 결함이라기보다, 과거 환경에 최적화된 방어 시스템이다.

술도 똑같은 원리다. 술을 마시면 얼굴이 빨개지는 현상은 알코올 분해 과정에서 생기는 독성 물질인 아세트알데히드를 몸이 매우 빠르게 감지하고 있다는 신호다. '그만 마셔'라는 경고등이 먼저 켜지는 것이다. 덜 마시게 만들고, 더 일찍 멈추게 만드는 시스템. 장기적으로 보면 오히려 몸을 보호하는 쪽에 가깝다.

이 사실을 알게 된 뒤 나는 술자리가 편해졌다. "간이 약한 거 아니야?"라는 말에 더 이상 움츠러들지 않았다. 그런 장난을 치는 사람에게 "으이구, 무식아. 한국인은 벼 문화권이라 확률적으로 못 마시는 사람이 있는 것뿐이야. 그것도 몰랐지?"라며 장난스레 반박하며 자신감을 가질 수 있게 되었다. 나의 불편함은 결함이 아니었다. 단지 이 환경에 맞지 않게 예민하게 설계된 시스템일 뿐이다.

자, 그럼 과학적으로 좀 더 들어가보자. 동아시아인 중 상당수가 술을 잘 못 마신다. 맥주 한 잔에 얼굴이 빨개지고, 심장이 두

근거리며, 두통이 밀려온다. 흔히 '아시안 플러시Asian Flush'라고 부르는 현상이다. 이건 체질 문제가 아니다. ALDH2 유전자의 변이와 관련된 생화학적 반응이다.

알코올이 체내에 들어오면 먼저 아세트알데히드라는 독성 물질로 분해된다. 우리가 흔히 말하는 숙취의 핵심 원인이다. 보통은 ALDH2라는 효소가 이 독성 물질을 빠르게 처리해 몸 밖으로 내보낸다. 그런데 ALDH2 효소 활성이 낮은 사람은 다르다. 아세트알데히드가 몸 안에 쌓이면서 소량의 술에도 즉각적인 불쾌 반응이 나타난다. 술을 못 마시는 게 아니라, 위험을 빨리 감지하고 일찍 행동을 멈추도록 설계된 시스템이다.

이 변이의 분포가 흥미롭다. ALDH2 변이는 동아시아인에게서 유독 높게 나타난다. 한국인, 일본인, 중국인을 포함해 30~40%, 3명 중 1명꼴이다. 유럽계에서는 5% 미만이고, 아프리카계에서는 거의 발견되지 않는다. 전 세계적으로 보면 꽤 드문 특성인데, 한국·일본·중국 남부·베트남처럼 벼농사를 중심으로 발전한 지역에 집중되어 있다.

우연일까? 중국과학원이 2천 명 넘는 유전자를 분석했더니, 알코올 대사 관련 유전자 변이가 딱 벼농사 시작 시기인 약 1만~7천 년 전에 퍼지기 시작한 것으로 나타났다. 우연치고는 너무 정확하다. 여기서 재미있는 반전이 있다. 원래 인간은 술을 잘 분해하도록 진화해왔다. 인간을 포함한 영장류는 약 1천만 년 전부터 알코올을 효율적으로 분해하는 방향으로 진화했다. 이유는 간단하다. 잘 익은 과일은 자연 발효되면서 알코올을 생성한다. 영장류는 생존을 위해 발효된 과일을 먹어야 했고, 그 과정에서 알코올 처리 능력이 강화됐다. 원래 인간은 어느 정도 술을 분해할 수 있게 설계된 쪽에 가깝다.

하지만 동아시아에서 이상한 일이 벌어졌다. 1천만 년간 쌓아온 알코올 분해 능력이 오히려 약화된 것이다. 진화가 거꾸로 간 셈이다. 왜 자연선택이 거꾸로 작동했을까? 벼농사 때문이라는 가설이 가장 유력하다. 벼농사 지역은 고온다습하다. 쌀을 저장하면 곰팡이가 피고, 자연 발효가 일어나 알코올이 생긴다. 술이 저절로 만들어지는 환경이었던 것이다. 이때 ALDH2 변이를 가진 사람들은 술을 마시자마자 강한 불쾌 반응을 겪었다. 얼굴이 붉어지고, 심장이 뛰고, 두통과 메스꺼움이 찾아왔다. 결과적으로 이들은 애초에 술을 많이 마실 수 없었다. 이게 당시 환경에서는 오히려 생존을 돕는 보호 장치로 작동했다. 술에 취해 사고를 당하거나, 오염된 술로 중독되는 일을 피할 수 있었으니까.

이 환경적 선택이 수천 년에 걸쳐 반복되면? 술을 잘 마시는 유전자를 가진 사람은 음주 사고나 건강 악화로 먼저 도태됐을 가능성이 있고, 술을 못 마시는 유전자를 가진 사람은 살아남아 자녀를 낳았다. 원시 사회에서 '먼저 멈추는 사람'이 더 자주 살아남은 것이다. 당신이 술을 잘 못 마신다면, 간이 약해서도 아니고 몸이 고장 나서도 아니다. 1만 년 전 양쯔강 유역에서 벼를 심던 조상이 물려준 생존의 유산이다.

벼농사가 바꾼 건 몸뿐만이 아니다. 생각하는 방식까지 바꾸어 놓았다.

개인주의 서양인, 눈치 보는 동양인

2008년, EBS 다큐프라임 〈동과 서〉를 처음 봤을 때 나는 큰 충격을 받았다. 동양인과 서양인이 세상을 완전히 다르게 인식한다는 내용이었다. 다큐에서 보여준 실험은 간단했다. 참가자에게 소, 닭, 풀 그림을 보여주고 두 부류로 나눠달라고 했다. 당신이라면 어떻게 묶겠는가?

서양인은 소와 닭을 묶었다. 이유는? "둘 다 동물이니까." 동양인은 소와 풀을 묶었다. 이유는? "소가 풀을 먹으니까." 서양인은 세상을 범주로 분류하고, 동양인은 세상을 관계로 연결한다. 나는 이걸 보고 머리를 한 대 맞은 기분이었다. 같은 그림을 보고 있는데 뇌가 작동하는 방식 자체가 다르다니. 이건 직관이 아니라 실험으로도 확인된다. 미시간대의 심리학자 리처드 니스벳은 미국인과 일본인에게 수족관 영상을 20초간 보여주고 물었다. "무엇을 보았는가?" 미국인은 "큰 물고기 3마리"라고 답했다. 일본인은

서양식 사고 vs 동양식 사고

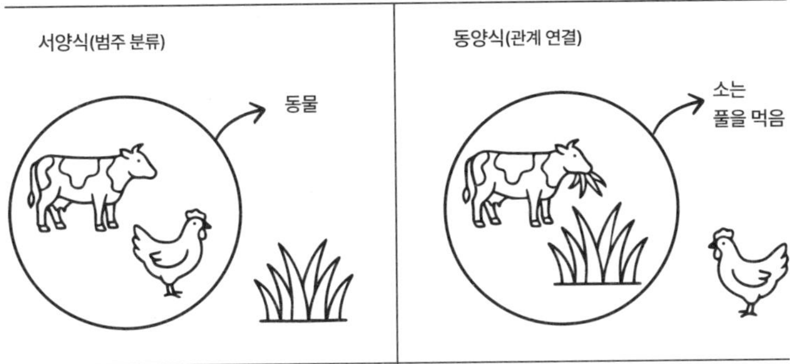

같은 것을 다르게 본다

"연못 같았고, 바닥에 바위가 있었고, 식물이 있었고, 그 사이로 물고기들이 헤엄치고 있었다"라고 답했다. 일본인은 미국인보다 배경에 대한 언급을 2배나 더 많이 했다.

후속 실험이 더 흥미롭다. 앞서 본 물고기를 다른 배경에 놓고 "이 물고기를 본 적 있는가?"라고 물었다. 미국인은 배경이 바뀌어도 물고기를 정확히 알아봤다. 그런데 일본인은 배경이 바뀌자 같은 물고기도 잘 알아보지 못했다. 동양인의 뇌는 개체와 배경을 분리하지 않고, 하나의 장면으로 함께 기억하는 것이다.

이것이 '분석적 사고'와 '전체적 사고'의 차이다. 서양인은 대상을 배경에서 떼어내 분석한다. 동양인은 대상을 맥락 속에서 이해한다. 일상에서도 이 차이는 선명하다. 서양인은 "저 사람이 화난 이유는 성격이 급해서"라고 개인을 중심으로 해석한다. 동양인은 "오늘 무슨 안 좋은 일이 있었나 보다"라고 상황을 중심으로 해석한다.

왜 이런 차이가 생겼을까? 또 벼농사다. 벼농사는 몸만 바꾼 게 아니었다. 생각하는 방식까지 바꿨다. 문화심리학자 토마스 탈헬름이 2014년에 발표한 연구가 이걸 정면으로 보여준다. 같은 중국인인데, 벼농사 지역(남쪽) 학생과 밀농사 지역(북쪽) 학생의 심리가 뚜렷하게 달랐다. 중국 전역 1,162명을 조사한 결과다. 벼농사 지역 학생들은 '나'보다 '우리'라는 표현을 더 자주 썼다. 자신과 친구를 그릴 때 자신을 더 작게 그렸다. 갈등 상황에서는 원칙보다 타협을 택했다. 밀농사 지역 학생들은 정반대였다. '나'를 강조했고, 자신을 더 크게 그렸으며, 갈등 상황에서 원칙을 고수했다.

같은 나라, 같은 언어, 같은 교육 시스템인데 왜 이렇게 다를까? 이유는 간단하다. 벼농사는 혼자 못 짓는다. 논에 물을 대려면 관개시설이 필요하고, 관개시설은 마을 전체가 협력해야 만들 수 있다. 상류 마을이 물을 막으면 하류 마을은 농사를 망친다. 가뭄이 오면 누구 논에 먼저 물을 댈지 마을 회의를 해야 한다. 모내기와 수확 철에는 온 마을이 품앗이를 해야 했고, 벼농사에 필요한 노동력은 밀농사의 2배에 달했다. 이웃과 싸우면? 농사가 흔들린다. 협력과 조화는 미덕이기 이전에 생존 조건이었다. 밀은 다르다. 혼자서도 짓는다. 밭에 씨를 뿌리고 비가 오면 자란다. 대규모 관개시설이 필요 없고, 이웃 눈치를 볼 이유도 적다. 고대 그리스의 농부들은 대부분 소규모 자영농이었고, 각자 자기 땅에서 자기 방식대로 농사를 지었다. 이런 환경에서는 '나'를 중심에 놓는 뇌가 유리하다.

이 과정이 수천 년간 반복됐다. 개인의 욕구보다 집단의 이익을 우선하는 사람이 살아남았고, 그런 사람이 사회적으로 인정받고, 더 많은 자녀를 남겼다. 문화가 유전자를 선택하고, 유전자가 문화를 강화하는 순환이 겹겹이 쌓였다. 한국·일본·중국 남부·베트남이 모두 집단주의 문화권인 것은 우연이 아니다. 서양이 '개인'에 초점을 맞추고 동양이 '집단과 조화'를 중시하는 이유, 그 뿌리에 벼농사가 있다. 당신이 유독 눈치를 많이 보거나, 갈등 앞에서 본능적으로 물러서거나 혼자 튀는 게 불편하다면, 성격이 소심한 게 아니다. 수천 년간 벼농사 마을에서 살아남은 조상이 물려준 뇌가 지금도 작동하고 있는 것이다.

보더콜리는 산책을 좋아한다. 오히려 충분히 뛰지 못하면 불안해한다. 반대로 장모치와와는 산책을 그리 좋아하지 않는 경우가 많다. 체구가 매우 작고 외부 자극에 취약하기 때문에, 넓은 공간과 낯선 소음은 위협 신호로 해석되기 쉽다. 이들에게 행복은 '많이 움직이는 것'이 아니라 '안전한 공간에서 긴장을 낮추는 것'에 가깝다. 이처럼 결국 각자 행복의 기준이 다르다. 들판을 달릴 때 안정되는 신경계가 있고, 조용한 공간에서 안전을 확보할 때 안정되는 신경계가 있다. 우열의 문제가 아니다. 어떤 환경에 최적화되어 있는가의 문제일 뿐이다.

따뜻한 곳의 뇌, 추운 곳의 뇌

지금까지는 '무엇을 먹고 어떻게 농사를 지었느냐'가 뇌를 바꿨다는 이야기였다. 이번에는 '어디서 살았느냐'다. 기후와 생계 방식이 기질 자체와 행복의 기준을 갈랐다.

나는 베트남, 태국, 발리 등 동남아시아를 수없이 다녔다. 이 책의 초안도 태국 치앙마이에서 작성했다. 그곳 사람들은 여유롭다. 느긋하다. 시간에 쫓기는 느낌이 없다. 동남아에서 사업을 하는 한국 사장님들은 종종 이렇게 불평한다. "동남아 사람들은 정말 게을러. 약속 시간에 늦고, 갑자기 안 나오고, 돈도 잘 못 모아. 한국인이 제일 일 잘하는 것 같아." 실제로 함께 일하며 관찰한 끝에 나온 결론이겠지만, 나는 다르게 해석한다.

동남아인은 '게으른 사람들'이 아니다. '여유로운 환경에 적응한 사람들'이다. 1년 내내 따뜻하고, 과일이 저절로 열리고, 굶어 죽을 일이 거의 없는 환경에서 악착같이 저축하고 시간에 쫓기는 뇌가 만들어질 리 없다. 그들은 그 환경에 맞게 설계된 것이다. 게

으른 게 아니라 생존에 악착같이 매달릴 필요가 없었던 거다. 우열이 아니라, 그 사회가 오랜 시간 맞춰온 생존 리듬의 차이다.

반대로 러시아를 떠올려보라. 인터넷 밈에서 러시아인은 종종 '죽음을 두려워하지 않는 상남자'로 그려진다. 운전하다 시비가 붙으면 말 없이 주먹과 야구 방망이를 꺼내고, 보드카를 마시다 길바닥에 쓰러지는 일도 흔하다. 과장된 이미지이긴 하지만, 러시아 남성의 평균 수명이 여성보다 10년 이상 짧은 것은 통계적 사실이다. 왜 러시아인은 더 거칠고, 덩치가 크고, 원초적일까? 시베리아의 혹한을 상상해보라. 영하 30도가 6개월이나 계속되는 환경이다. 느긋하게 생각할 여유 따위는 없다. 식량이 떨어지면 즉시 사냥에 나서야 했고, 눈보라가 그치면 바로 움직여야 했으며, 맹수가 나타나면 망설임 없이 싸워야 했다. 즉각적으로 판단하고 행동하는 개체만이 다음 세대를 남길 수 있었다. 공격성과 무모함은 결함이 아니었다. 혹한이 수천 년간 검증해낸 생존 전략이었다.

하지만 기후만으로는 설명이 부족하다. 같은 추운 곳이라도 '어떻게 먹고살았느냐'에 따라 요구되는 기질이 달라진다. 가장 선명한 구분이 유목민과 농경민이다. 몽골 초원을 떠올려보라. 지평선까지 이어진 끝없는 풀밭. 유목민은 한곳에 머무르지 않는다. 풀이 마르면 떠나고, 물을 찾아 이동하며, 계절에 따라 수백 km를 움직인다. 오늘 이 초원에 있던 가족이 내일은 저 산너머에 있다.

예측 불가능한 날씨, 갑자기 나타나는 늑대 떼. 망설이는 순간 가축을 잃고 가족이 위험에 빠진다. 빠른 판단력과 즉각적인 행동력이 생존을 갈랐다. 유목 환경에서는 계획보다 유연함이, 신중함보다 순발력이 살아남는다.

반대로 한반도의 농경민을 떠올려보라. 일단 자리를 잡으면 대대로 그 땅에서 산다. 봄에 씨를 뿌리고, 여름에 김을 매고, 가을에 수확하는 리듬이 수천 년간 반복됐다. 논에 물을 대려면 이웃과 협력해야 하고, 품앗이하지 않으면 농사를 망친다. 충동적으로 행동하면 마을에서 배척당했고, 신중하고 꾸준한 사람만이 수확의 기쁨을 누렸다. 한국 사회가 계획성과 집단적 의사결정이 강한 편으로 자주 언급되는 이유가 여기 있다.

동남아의 따뜻함이 여유로운 뇌를 만들었다. 시베리아의 혹한이 거친 뇌를 만들었다. 몽골의 초원이 유연한 뇌를 만들었다. 한반도의 논밭이 신중한 뇌를 만들었다. 물론 기후가 성격을 직접 결정한다는 단순한 이야기가 아니다. 기후가 생존 방식을 바꾸고, 그 생존 방식이 수천 년간 반복되면서 사회 구조와 문화가 만들어지고, 그 위에서 성향의 평균이 조금씩 달라진 것이다. 기후는 여러 변수 중 하나일 뿐이고, 생계 방식, 제도, 역사, 경제 수준이 함께 작동한다. 다만 '환경이 인간의 기질을 다르게 만든다'는 방향만큼은 분명하다. 결국, 환경이 다르면 행복도 다르다.

실제로 문화권에 따라 행복 조건이 다르게 보고된다. 벼농사 문화권 사람들은 단체 활동에서, 밀농사 문화권 사람들은 개인의 성취에서 더 큰 만족을 느끼는 경향이 있다. 불안에 민감한 뇌도 마찬가지다. 세로토닌 수송체 유전자 5-HTTLPR의 짧은 변이형을 가진 사람은 불안 민감도가 높고 위험을 회피하는 경향이 있다. 쉽게 말해 더 조심스럽고 걱정이 많다. 동아시아인의 약 70~80%가 이 변이를 갖고 있다. 유럽인은 약 40~45%다. 벼농사 문화에서는 신중하고 조심스러운 사람이 생존에 유리했다. 물 관리를 소홀히 하면 한 해 농사를 망치고, 이웃과 갈등을 일으키면 품앗이에서 배제된다. '돌다리도 두들겨 보고 건너라'는 속담이 괜히 생긴 게 아니다. 이러한 기질은 현대 사회에서 소심함이나 과도한 걱정으로 해석되기도 한다. 그러나 장기 계획을 세우고, 규칙을 준수하며, 협력을 유지하는 능력은 산업화 과정에서 강점으로 작용했다는 해석도 존재한다. 실제로 대한민국, 대만, 홍콩, 싱가포르 등은 짧은 기간 내 고도 성장을 이루었다.

여기까지 읽으면 오해할 수 있다. '아, 한국인이니까 나도 집단주의적이고 근면하겠구나.' 틀렸다. 집단의 평균과 개인은 완전히 다른 문제다. 같은 한국인이라도 성향은 천차만별이다. 같은 부모에게서 태어난 형제도 전혀 다른 사람이 된다. 유전자가 무작위로 조합되기 때문이다. 거기에 자란 환경, 경험, 관계가 더해지면 결과는 더 갈라진다.

한국인 중 2~5%는 사냥꾼 유전자 DRD4-7R 변이를 가지고 있다. "한국인은 원래 성실해"라는 말을 듣고 자랐는데, 정작 반복 작업을 하면 미칠 것 같다면? 당신이 이상한 게 아니다. 탐험가 유전자를 가졌을 뿐이다. 나무를 못 오른다고 물고기를 나무라면, 그 물고기는 평생 자기가 무능하다고 믿으며 살게 된다. 당신은 '한국인의 평균'이 아니다. 당신은 특정한 유전자 조합과 특정한 환경이 만들어낸 유일무이한 개체다. 80억 인류 중에 당신과 똑같은 설계도를 가진 사람은 단 한 명도 없다. 반드시 좋은 유전자도 나쁜 유전자도 없다. 환경에 맞는 유전자가 있을 뿐이다.

당신은 특정한 환경에서 설계된 뇌를 가지고 태어났다. 그 설계와 지금 환경이 맞지 않을 때 고통이 생긴다. ADHD는 사냥터에서 생존 무기였지만 사무실에서는 걸림돌로 작동한다. 지방을 잘 축적하는 유전자는 대장정에서 생존 무기였지만 패스트푸드 시대에는 비만의 원인이 된다. 대표적인 예가 '멕시코인 36%에 이르는 성인 비만율'이다. 불안이 높은 뇌는 벼농사 마을에서 생존 무기였지만 경쟁 사회에서는 번아웃으로 이어진다. 유전자가 잘못된 게 아니다. 환경이 바뀌었을 뿐이다.

그걸 알고 나면, 질문이 달라진다. "나는 왜 이럴까?"라는 자책이 아니라 탐색이 시작된다. "내 뇌는 어떤 환경에서 설계된 거지?"

나는 그 질문 하나로 삶의 방향을 바꿨다. ADHD적 기질은 가만히 앉아 있을 때 최악이다. 하루에 써야 할 에너지를 쓰지 않으면 산만하고, 충동적이고, 계획이 안 된다. 이때, 내 특성을 이해하고 움직인다. 절대 안 하던 아침 운동을 짧게라도 하여 각성 수준을 먼저 끌어올린다. 그러면 하루 종일 산만함이 줄고 에너지에 방향이 생긴다. 사냥꾼의 뇌한테 사냥감을 먼저 던져주는 것이다. 동시에 나는 변동성이 큰 일을 선택했다. 매일 같은 업무를 반복하는 직업이 아니라, 새로운 사업을 만들고, 책을 쓰고, 프로젝트를 벌이는 쪽으로 방향을 잡았다. 예측 가능한 루틴 속에 나를 밀어 넣는 대신 변수와 선택이 끊임없이 발생하는 환경을 택한 것이다. 마치 사냥꾼이 들판에서 언제 어디서 나타날지 모르는 사냥감과 포식자를 동시에 감지하며 움직이듯, 나는 매일 다른 문제와 기회를 마주하는 구조를 만들었다. 불확실성은 스트레스가 아니라 각성을 높이는 자극이 되었고, 빠른 판단과 실행은 약점이 아니라 경쟁력이 되었다. 그 덕에 기대보다 좋은 성취를 얻을 수 있었다. 환경을 바꾸자 '단점'이 '장점'이 된 것이다.

결국 나라는 인간은 처음부터 고장 나 있던 게 아니었다. 사냥꾼의 뇌가 농경민의 사무실에 앉아 있었을 뿐이다. 1만 년 전 논밭이 만든 뇌가 있고, 10만 년 전 사냥터가 만든 뇌가 있다. 혹한이 만든 뇌가 있고, 열대의 풍요가 만든 뇌가 있다. 당신이 눈치를 보는 것도, 가만히 앉아 있지 못하는 것도, 술 한 잔에 얼굴이 빨개지는 것도, 전부 이유가 있다. 수만 년 전 누군가가 살아남기 위해 선택한 전략이 지금 당신의 몸과 뇌에서 작동하고 있는 것이다. 문제는, 대부분의 사람이 그 설계도를 읽지 못한 채 자신이 고장 났다고 믿으며 산다는 것이다.

하지만 우리는 이제 안다. 고장이 아니라 설계라는 것을.

생각하는 종의 출현

배가 불러도 '왜'를 묻는 돌연변이들

70세 노인이 한 법정에 서 있다. 그의 이름은 소크라테스. 죄목은 '청년들을 타락시키고 국가가 인정하는 신을 믿지 않은 것'이었다. 변론할 기회가 주어졌지만, 노인은 무죄를 주장하는 대신 이상한 말을 한다. "나는 이 도시의 등에다. 잠든 말을 깨우는 등에. 너희가 나를 죽여도 또 다른 등에가 나타날 것이다." 배심원 500명 중 280명이 유죄에 표를 던졌다. 기원전 399년 봄, 아테네의 한 법정에서 소크라테스는 독배를 마시고 죽었다.

소크라테스는 오직 하나, 질문만 했다. 그는 아테네의 광장인 아고라를 돌아다니며 시민들을 붙잡고 질문을 던졌다.

"선생은 정의에 대해 누구보다 잘 아시지요?"

"그렇다."

"그렇다면 저 같은 무지한 자에게 정의가 무엇인지 가르쳐 주십시오."

정치인은 미소를 지으며 답했다.

"정의란 나라에 이로운 것을 말한다."

소크라테스는 고개를 끄덕였다.

"훌륭합니다. 그런데 장군이 전쟁을 일으켜 자국을 망하게 했다면, 그 결정도 정의로운 것입니까?"

"그건 실수다."

"그렇다면 정의는 '나라에 이로운 것'이 아니라, '옳은 판단'인가요?"

"그렇다."

"그렇다면 옳은 판단이란 무엇입니까?"

침묵. 주변에서 웃음이 터지고, 정치인의 얼굴이 굳는다.

다른 날, 그는 장군에게 물었다.

"용기란 무엇입니까?"

"두려움 없이 싸우는 것이다."

"그렇다면 무모하게 돌진하는 병사도 가장 용감한 자입니까?"

"아니다."

"그럼 용기와 무모함의 차이는 무엇입니까?"

정치인에게는 정의를, 장군에게는 용기를, 시인에게는 아름다움을 물었다. 그들은 처음엔 자신 있게 대답했다. 하지만 소크라테스의 질문이 한 번, 두 번 이어지자 말문이 막혔다. 그들은 그 개념을 '안다'고 생각했지만, 정작 '무엇인지' 설명하지 못했다.

소크라테스는 질문을 통해 인간의 무지를 드러냈고, 사람들은 불쾌해졌으며, 결국 그를 죽였다.

그는 목수의 아들이었다. 젊은 시절 조각가로 일했다는 기록도 있지만 어느 순간부터는 일을 하지 않았다. 돌아다니며 사람들에게 질문만 던졌다. 돈을 벌지 않으니 가난하게 살았다. 아내 크산티페는 악처로 유명했는데, 남편이 생계를 돌보지 않아 가정이 엉망이 된 탓이라는 게 중론이다. 그런데도 소크라테스는 멈추지 않았다. "검토되지 않은 삶은 살 가치가 없다"고 선언하며 죽는 날까지 질문을 멈추지 않았다.

이런 인간이 10만 년 전 사바나에 나타났다면 어땠을까? 그는 즉시 죽었을 것이다. 부족의 사냥에 참여하지 않고 '사냥이란 무엇인가'를 묻는 인간. 열매를 채집하지 않고 '왜 우리는 먹어야 하는가'를 고민하는 인간. 그는 굶어 죽거나, 추장에게 찍혀 부족에서 추방당했을 것이다. 진화는 그런 인간의 유전자를 제거했을 것이다. 생존에 도움이 되지 않으니까.

그런데 2,400년 전 아테네에서는 이런 인간이 70년을 살았다. 제자들이 생겼고, 그 제자가 또 다른 제자를 낳았다. 소크라테스의 제자인 플라톤은 아카데미아를 세웠고, 그의 제자 아리스토텔레스는 서양 문명의 토대를 만들었다. 사실상 오늘날 우리가 학문이라 부르는 대부분이 이 계보에서 시작된다. 이건 천재 한 명으로 설명할 수 있는 일이 아니다. 사냥과 채집 대신 사유가 가능해진 잉여 생산, 시민에게 발언권이 주어진 폴리스의 구조, 질문하는 인간을 완전히 제거하지 못했던 느슨한 관용 등 조건들이 겹치며, 생존에는 쓸모없던 질문이 처음으로 살아남을 수 있었다. 소크라테스는 원시시대였다면 예외적이고 열등한 존재였겠지만, 아테네는 그런 예외가 사라지지 않고 축적될 수 있었던 최초의 환경이었다. 무엇이 이것을 가능하게 했을까?

생존의 뇌, 질문할 여유는 없었다

인류가 호모 사피엔스로 살아온 시간은 약 10만 년이다. 그중 99%는 수렵채집 시대였다. 우리 조상들은 작은 무리를 지어 이동하며 살았다. 하루에도 20km를 넘게 걸으며 큰 동물을 사냥했고, 열매나 뿌리, 곤충 등 손에 잡히는 것 무엇이든 채집했다. 하루 대부분을 먹을 것을 구하는 데 썼고, 해가 지면 잠들었다. 다음 날도 같은 하루가 반복됐다. 이런 삶 속에서 '나는 누구인가?'를 물을 여유가 있었을까?

없었다. 아니, 그 질문 자체가 떠오르지 않았다. 뇌의 모든 자원은 생존에 집중됐다. '저 덤불 뒤에 사자가 있는가?' 전두엽은 위험을 계산했고, 편도체는 경보를 울렸으며, 해마는 물과 열매의 위치를 기억했다. 오늘 먹을 것을 구하지 못하면 내일이 없었다. 추상적 사고를 할 여유는 없었다. 철학은 사치였다.

약 1만 년 전 농업혁명이 일어났지만 상황은 크게 달라지지 않았다. 인류는 한곳에 정착해 밀과 보리를 심고 소와 양을 길렀다. 식량 생산이 안정되었고, 인구는 늘어났다. 마을이 생기고 도시가 형성되며 문명이 탄생했다. 메소포타미아, 이집트, 인더스, 황허 같은 고대 문명들이 강 유역을 따라 꽃피웠다. 하지만 이 시기에도 "나는 누구인가?" 같은 질문을 던진 사람은 극히 드물었다. 대부분의 인간은 여전히 노동에 묶여 있었기 때문이다.

농경사회의 구조를 생각해보라. 인구의 90% 이상이 농민이었다. 그들은 해가 뜨면 밭에 나가 해가 질 때까지 일했다. 파종하고, 제초하고, 수확하고, 탈곡했다. 1년 내내 거의 쉬는 날이 없었다. 수확물의 대부분은 세금으로 걷혀 왕과 귀족에게로 갔다. 농민에게 남는 것은 겨우 생존을 유지할 수 있을 만큼이었다. 농업혁명 이후에도 인간은 오래도록 바빴다. 진짜 변화는 훨씬 뒤에야 찾아왔다.

여가 계급의 탄생과 '생각하는 종'의 출현

기원전 8세기, 지중해 연안에 특이한 형태의 공동체가 나타나기 시작했다. 그리스인들은 이를 '폴리스'라고 불렀다. 아테네, 스파르타, 코린토스, 테베 같은 수백 개의 작은 도시국가들이 에게해를 중심으로 흩어져 있었다. 각각의 폴리스는 산맥과 바다로 분리되어 독립적으로 발전했다. 이 작은 도시국가들에서 인류 역사상 가장 위대한 지적 폭발이 일어났다.

약 2600년 전, 철학의 아버지 탈레스가 "만물의 근원은 물이다"라고 선언한 이래, 고대 그리스는 사유의 중심지가 되었다. 소크라테스, 플라톤, 아리스토텔레스가 아테네에서 활동했고, '이상적 국가'를 논하던 그곳에서 민주주의가 최초로 실험됐다. 기하학이 체계화됐고, 역사학이 탄생했으며, 희극이 꽃피웠다. 의학, 천문학, 수사학까지 서양 문명의 거의 모든 토대가 이 작은 반도에서 만들어졌다.

왜 하필 그리스였고, 이 시기였을까? 그리스에서 대규모의 '여가 계급'이 탄생했기 때문이다. 그리스 폴리스의 경제 구조를 살펴보자. 아테네를 예로 들면, 전성기에 인구의 25~35%, 4명 중 1명이 노예였다. 그들은 농사, 광산, 가사노동, 수공업 등 새벽부터 해 질 녘까지 이어지는 시간과 체력이 드는 대부분의 노동을 도맡았다. 그 결과 시민들에게는 시간이 생겼다. 일하지 않아도 먹고살 수 있었다. 여가가 주어졌다. 역사상 처음으로 상당수의 인간이 생존 노동에서 해방된 것이다. '오늘 뭐 하지?', 이 단순한 질문이 인류 역사상 처음으로 가능해진 순간이었다.

노동에서 해방된 시민들은 힘센 사람보다 지적인 사람을 더 높이 평가하기 시작했다. 똑똑하고 지혜로운 사람이 더 나은 대접을 받는 사회가 된 것이다. 이건 우연이 아니다. 환경이 바뀌면 살아남는 기준이 바뀐다. 원시 부족에서는 사자를 잡는 사냥꾼이 영웅이었다. 하지만 그리스 폴리스에서는 아고라에서 설득력 있게 연설하는 사람이 권력을 얻었다. 지적 능력이 뛰어난 사람이 사회적 지위와 부를 얻고, 더 좋은 배우자를 만나 더 많은 자녀를 남기는 환경이 만들어졌다.

우리는 '키 큰 남녀가 애를 낳으면 키 큰 아이가 태어날 가능성이 높다'고 생각한다. 마찬가지로 지능도 유전된다. 인류 진화 속도를 연구해온 코크란과 하펜딩은 수백 년, 약 20~30세대만 지나도 집단 평균 특성이 변할 수 있다고 주장했다. 우리가 잘 아는 반려견과 사냥개의 차이를 떠올려보자. 늑대에서 작고 귀여운 강아지를 만들어내는 건 어렵지 않다. 세대마다 '가장 작고 온순한' 개체를 선택해 번식시키면 된다. 20세대가 지나면, 첫 세대와는 비교도 되지 않을 만큼 작고 친화적인 강아지가 탄생한다.

인간 사회도 다르지 않다. 직업이 분화되고, 특정 능력이 사회적 보상으로 이어진 시간은 약 1만 년이다. 이는 약 500세대에 해당한다. 그 긴 시간 선택받은 능력은 집단의 평균 특성을 바꾸기에 충분했다. 그리스에서도 그런 환경이 수백 년간 지속됐다. 철학자들은 이런 토양에서 꽃핀 지적 엘리트였다.

흥미로운 언어학적 증거도 있다. 그리스어 '스콜레σχολή'는 원래 '여가'를 뜻하는 단어였다. 일하지 않아도 되는 시간, 자유롭게 쓸 수 있는 시간. 이 단어가 라틴어 'schola'를 거쳐 영어 'school'이 되었다. 학교의 어원이 '여가'인 것이다.

농업 덕분에 잉여가 생겼고, 그 잉여는 사회를 분화시켰다. 일부 계층은 여가를 누릴 수 있었고, 그 여가 속에서 새로운 종이 탄생했다. 소크라테스가 특별해서 살아남은 것이 아니다. 그를 살아 있게 만든 조건이 갖춰져 있었다.

그리스인이 특별한 민족이어서도 아니다. 환경이 달라졌고, 그 환경이 '생존' 대신 '의미'를 사고의 중심으로 끌어올렸다. 인간의 뇌는 질문하도록 설계된 것이 아니다. 살아남도록 설계된 것이다. 그런데 어느 순간, 생존의 문제가 느슨해지자 남는 뇌 자원이 다른 곳을 향했다. 그때부터 인간은 배가 불러도 불안했고, 안전해도 이유를 찾기 시작했다. 소크라테스는 그 변화의 첫 번째 증상이자, 가장 선명한 표본이었다.

당신도 '생각하는 인간'의 후손이다. 당신은 더 이상 먹고사는 문제만으로 하루를 채울 수 없다. 배가 불러도 '왜?'를 묻고, 안전해도 '내 삶의 의미는 무엇일까?'를 고민한다. 잘 살고 있는지보다 왜 이렇게 살고 있는지가 더 중요해진다. 소크라테스 시대에도 그랬듯, 이런 인간은 언제나 소수다. '왜?'를 묻는 행위에는 정상과 비정상, 우열과 열등은 없다. 농업혁명 이후 5천 년간 축적된 '의미를 묻는 뇌'를 물려받은 결과다.

현대 사회는 인류 역사상 가장 많은 사람에게 여가를 허락했다. 배가 불러도 의미를 묻고, 안전해도 방향을 고민하는 시간이 주어졌다. 문제는 시간이 없어서가 아니라, 그 시간이 너무 쉽게 사라진다는 데 있다. 스마트폰은 그 여가를 조용히 삼켜버리고, 우리는 '무엇을 해야 할지'가 아니라 '무엇을 보고 있었는지'만 남긴 채 하루를 끝낸다. 스마트폰은 단순히 시간을 빼앗는 게 아니다. 질문이 떠오를 틈 자체를 없앤다. 생각이 깊어지기 전에 알림이 울리고, 불편함이 생기기 전에 화면이 전환된다. 질문이 시작되기 전에 이미 다음 자극으로 넘어가버린다.

이런 환경에 놓인 뇌는 함정에 빠지기 쉽다. "그럼 저는 어떻게 삶의 의미를 찾나요?" "저는 어떤 일을 하며 살아야 할까요?" "어떤 방향으로 살아야, 죽을 때 후회 없이 '잘 살았다'라고 할까요?" 이러한 질문에 답하다 보면 어딘가에 진짜 내가 있고 그걸 찾으면 인생이 정리되고 행복해질 것이라는 잘못된 믿음에 이른다. 우리는 '나는 어떤 사람인가?'라는 질문에 하나의 문장으로 답하고 싶어 하지만, 그 순간 질문은 탐색이 아니라 감옥이 된다.

그런 당신에게 가장 필요한 건 철학 강의가 아니라, 당신의 에너지가 어디로 흐르는지를 관찰하는 것이다. "나는 누구인가?" 이 질문은 너무 크고 막연하다. 평생 답을 찾지 못하고 방황할 수 있다. 그래서 다른 방식이 필요하다. '나를 찾는' 것이 아니라 '나를 관찰'하는 것. 답을 구하는 대신, 패턴을 발견하는 것.

나는 이 문제를 해결하기 위해 정말 많은 실험을 했고, 사람들에게도 적용해보았다. 그렇게 해서 결론을 내렸다. 이 질문들에는 정답은 없고 방향과 금지선만 있다는 것. 진짜 나를 '찾는' 것이 아니라 정답 없는 질문 속에서도 나를 '잃지' 않을 것. 이제 그 비밀을 말하려 한다.

프랑스 화가 자크 루이 다비드의

〈소크라테스의 죽음〉. 그림 속 소크라테스는

독배를 들고도 토론을 멈추지 않는다.

정의란 무엇인가, 좋은 삶이란 무엇인가.

10만 년 전 인간의 뇌는 사냥과 생존을 위해

생각했지만, 농경을 통해 잉여가 생기자

질문이 달라졌다. 소크라테스는 생존을 넘어선

생각하는 종의 출현을 알린다.

개체의 시대

개성은 발명이 아니라 발견이다

보더콜리는 달려야 행복하다. 하루 종일 초원을 뛰어다녀야 눈에 빛이 난다. 돌고래는 넓은 바다에서 가족과 헤엄쳐야 행복하다. 무리와 함께 수면 위로 뛰어오를 때 살아 있음을 느낀다. 같은 포유류인데 행복의 조건이 완전히 다르다. 보더콜리에게 "하루 종일 바다에서 헤엄쳐"라고 하면 익사하고, 돌고래에게 "초원을 달려"라고 하면 말라 죽는다.

당신도 마찬가지다. 누군가는 혼자 글을 쓸 때 에너지가 충전된다. 누군가는 사람들 앞에서 말할 때 도파민이 나온다. 누군가는 새로운 걸 시작할 때 살아나고, 누군가는 혼자 하나를 끝까지 파고들 때 몰입한다. 누군가는 팀을 꾸려 치열한 경쟁 속에서 불타오르고, 누군가는 조용한 환경에서 평온하게 침대 위에 누워 있을 때 행복해진다. 당신이 이유 없이 불행하다면, 자기 본성과 맞지 않는 환경에 갇혀 있을 가능성이 높다.

한편, 누군가는 '밥도 먹고, 돈도 벌고, 관계도 있는데 왜 이렇게 공허하지?'라는 의문을 가질 수 있다. 뭔가 잘못됐다는 느낌이 있는데 뭐가 잘못됐는지 모른다. 보더콜리는 자기가 갇혀 있다는 걸 안다. 문 앞에서 낑낑거린다. 산책줄만 봐도 미친 듯이 꼬리를 흔든다. '밖으로 내보내달라'는 신호를 끊임없이 보낸다. 당신은 모른다. 자기가 갇혀 있다는 사실조차 모른다. 남들이 규정해준 "넌 이런 사람이야"라는 틀 안에서 그게 진짜 자기인 줄 알고 산다. "넌 내향인이야", "넌 이런 직업을 가져야 해", "넌 원래 INFJ니까 소심한 거야", "넌 B형이라 성격이 그런 거야." 이런 말을 어릴 때부터 들어오면서 '나의 틀'이 잘못 형성된다. 그 틀에서 빠져나오는 일은, 남이 아니라 본인이 해야 한다.

마지막 경고, 15개의 버튼으로 돌아가라

"이대로 사는 게 맞는 건지 모르겠어. 의미가 없는 것 같아서, 잠깐 멈춰서 생각해보려고." 이런 생각을 하게 되는 이유와 상황은 사람마다 다를 것이다. 다만, 내 주변에서 이 질문이 나올 때의 상황은 늘 비슷했다. 큰 문제는 없다. 일도 하고 있고, 월급도 받는다. 그런데 어딘가 공허하다. 그래서 사람들은 결론부터 바꿔보려 한다. '의미를 찾겠다'면서 일을 그만둔다. 6개월 쉬면서 '나를 찾겠다'고 한다. 여행을 다니고, 책을 읽고, 명상한다. 하지만 6개월이 지나도 답은 나오지 않는다. 불안해지고, 돈은 떨어지고, 자존감은 바닥나며, '나는 더 모르겠는 사람이 되었다'는 감각만 남는다. 결국 아무 데나 다시 취직한다. 1년 뒤, 같은 질문을 한다.

이 사이클이 다섯 번, 여섯 번 반복된다. 나이만 먹고, 확신은 줄어든다. 이건 그 사람이 게을러서도, 생각이 부족해서도 아니다. 의미는 멈춰서 생각한다고 생기지 않기 때문이다. 원시인이나 농사꾼이었던 선조들에게 '몇 개월씩 쉬면서 나를 찾는 행위'는 존재하지 않았다. 그들은 멈추지 않았다. 사냥을 나가고, 농사를 짓고, 주어진 역할을 수행하는 과정 속에서 자신이 어떤 역할에 적합한지 몸으로 알아갔다. 의미는 생각의 결과가 아니라, 역할을 수행하는 과정에서 부산물처럼 따라왔다.

이 책의 마지막 파트인 'END'를 시작하면서 책을 덮으라고 강조한 이유도 이 때문이다. 흔히 사람들이 말하는 '삶의 의미.' 월급 받아서 가족들과 맛있는 것 사 먹고, 사회의 문제점을 찾아 해결할 수 있는 서비스를 만들고, 열심히 일한 뒤에는 자연 속에서 아무 생각 없이 쉬는 것. 이 모든 장면은 깨달음의 결과가 아니라,

뇌가 의미로 받아들이는 신호의 조합이다. 인간의 뇌는 오래전부터 부족, 연결, 기여, 몰입 같은 신호를 받아왔으니까.

그래서 이 책은 줄곧 말해왔다. 삶의 의미를 새로 찾으려 애쓰지 말고, 꺼진 버튼을 다시 누르면 된다. 기본적인 신호들이 회복되기만 해도, 대부분의 사람에게 삶은 충분히 굴러간다. 실제로 많은 사람들은 그렇게 산다. 월급을 받고, 가족과 밥을 먹고, 자신의 일을 통해 누군가에게 도움이 되며, 하루 중 잠깐이라도 몰입하거나 쉬는 시간 속에서 '살고 있다'는 감각을 회복한다. 이 정도면 충분히 의미 있는 삶이다.

하지만 지금부터는 전혀 다르다. 15개의 버튼은 '행동'의 문제였다. 안 하면 꺼진다. 물을 마시고, 잠을 자고, 몸을 움직이고, 사람을 만나면 누구에게나 같은 방식으로 작동한다. 인간이라면 공통으로 필요한 조건, 말 그대로 종의 기본값이다. 지금부터는 종이 아니라 개체의 문제로 넘어간다. 지금까지 '나'라고 믿어왔던 정체성, 남들이 붙여준 라벨, 스스로 합리화한 설명들을 하나씩 찢어발기고 다시 배열해야 한다. 이 과정은 불편하고, 혼란스럽고, 때로는 자존심이 무너진다. 그래서 어렵고 아프다. 그럼에도 한 발 나아가려면, 뼈아픈 진실부터 마주하자. 지금까지의 '나'는 대부분 내가 만든 것이 아니었다.

나는 내가 아니다?

왜 스스로에 대해 모를까? 왜 남이 규정한 형태로 자신을 인식할까? 이유는 단순하다. 직접 찾아본 적이 없어서다. 지금 당신이 아는 '나'는 어디서 왔는가? 곰곰이 생각해보라.

부모님이 말했다. "넌 원래 내성적이야." 선생님이 말했다. "넌 수학보다 국어가 맞아." 친구들이 말했다. "넌 리더 스타일 아니야." 직장 상사가 말했다. "넌 꼼꼼한 편이네." 연인이 말했다. "넌 감정 표현을 잘 못해." 이런 말들이 수십 년간 쌓였고, 그 평균값을 '나'라고 믿게 됐다.

이게 진짜 '나'인가? 아니다. 이건 타인의 시선으로 구성된 이미지다. 부모님이 본 나, 선생님이 평가한 나, 친구들이 규정한 나. 남들이 붙여준 라벨의 총합이다. 정작 스스로 검증해본 적은 없다.

나도 그랬다. 스무 살까지 나는 '책을 안 읽는 사람'이었다. 학교에서는 '공부 절대 안 하는 열등한 학생'이었다. 부모님도 그렇게 알고 있었고 나도 그렇게 믿었다. 20년간 한 번도 의심하지 않았다. 우여곡절 끝에 영화관 알바를 시작했지만, 사람들 사이에서 겉돌았다. '왜 나는 따돌림을 당할까', '왜 나는 여자 앞에서 말을 못할까', 처음으로 나에 대해 궁금해졌다. 안산 중앙도서관에서 심리학 책을 집어 들었다. 창가 자리에 앉아 책장을 넘기다 고개를 들면 해가 져 있었다. 밤을 새워도 피곤하지 않았다. 20년간 붙어 있던 '책을 안 읽는 사람'이라는 라벨이 완전히 틀렸던 것이다. 단지 책을 읽어본 적이 없었을 뿐이었다.

"넌 원래 내성적이야"라는 라벨 때문에 사람 만나는 걸 피해왔는데, 실제로는 깊은 대화를 나눌 때 에너지가 폭발하는 사람일 수 있다. "넌 창의적이지 않아"라는 라벨 때문에 새로운 시도를 안 했을 수 있다. 실제로는 뭔가를 만들 때 시간 가는 줄 모르는 사람일 수 있다.

당신은 틀렸는지 맞았는지, 검증해본 적 있는가? 대부분 없다. 남들이 붙여준 라벨을 그대로 받아들이고 그 안에서 살아간다. 조금 경험을 하다가 "역시 나는 내향인인가 봐"라는 라벨을 붙이고, 그 편향을 강화하고 만다. 검증 없는 라벨은 감옥이다.

도감 완성 게임, 퍼즐을 맞춰가는 법

포켓몬스터를 아는가? 전 세계적으로 인기를 얻고 있는 애니메이션이자 게임이다. 초기였던 1999년, 151마리의 포켓몬 도감이 있었다. 피카츄를 만나면 도감에 등록되고, 꼬부기를 잡으면 또 하나가 채워진다. 도감은 '나는 어떤 포켓몬을 좋아한다'고 선언하는 공간이 아니다. '내가 무엇을 만났는지' 기록하는 공간이다.

당신의 도감도 같다. '나는 어떤 조건에서 살아나는가', '무엇에 몰입하는가'는 생각으로 채워지지 않는다. 살아본 순서대로 채워진다. 문제는 이 도감이 비어 있다는 것이다. 세상에 어떤 일들이 있는지, 어떤 일에 나는 재미를 느끼는지, 내 성향이 어떤지조차 모른다. 아무도 알려주지 않았고, 스스로 탐색해본 적도 없다. 그래서 아무리 좋은 걸 먹고, 누가 봐도 잘 살고 있는 것 같아도 뭔지 모르게 불안하다.

심지어 어떤 사람은 남의 도감을 내 것인 양 들고 다닌다. 부모가 원하는 모습, 학교가 요구하는 모습, 회사가 기대하는 모습. 칼 융은 이것을 '페르소나Persona', 즉 가면이라고 불렀다. 우리는 그 가면을 자기 얼굴인 줄 알고 살아간다. 이때 도감은 왜곡된다. 내가 실제로 에너지가 오르는 순간이 아니라, '그래야 한다'고 배운 모습이 기록된다. 남들이 보기엔 안정적인 직장, 무난한 환경 속에서 누군가는 이유 없이 숨이 막히고, 성취의 기쁨이 오래가지 않는다. 그 가면을 벗고, 나만의 도감을 채워가는 과정은 개성의 발견이다. 융은 이것을 '개성화Individuation'라 불렀고, "평생의 특권은 진정한 자기 자신이 되는 것"이라고 말했다.

도감은 사람마다 완전히 다르다. 같은 활동을 해도, 어떤 사람은 살아나고 어떤 사람은 닳아간다. 재택근무를 예로 들어보자. 어떤 사람은 2주 만에 이유 없이 우울해진다. 일은 잘되고 성과도 좋은데, 아침엔 기운이 없고 저녁이면 허전하다. 반대로 10년

다니던 회사를 그만두고 작업실을 차린 사람은 같은 '혼자 일하는 하루'를 천국처럼 느낀다. 원하는 시간에 일어나고, 원하는 방식으로 일하며 에너지가 차오른다. 일하는 환경 자체는 비슷해 보인다. 하지만 반응은 완전히 다르다. 같은 자극을 받아도 어떤 뇌는 깨어나고, 어떤 뇌는 조용히 꺼진다. 누군가에게 사람 소리는 연료이고, 누군가에게는 소음이다. 누군가는 혼자 있을 때 회복되고, 누군가는 그때 가장 빠르게 소진된다. 그래서 같은 하루를 살아도, 어떤 사람은 살아 있고 어떤 사람은 닳아간다.

또 어떤 사람은 회의 중 분위기가 미묘하게 틀어지면 그게 계속 마음에 남는다. "아까 그 사람 기분 나빴나?" 일이 끝나도 머릿속에서 그 장면이 반복된다. 부탁을 받으면 쉽게 거절하지 못하고, 자기 일을 미뤄서라도 맞춰준다. 반대로 어떤 사람은 불편한 진실도 그대로 말한다. 누가 기분 나빠해도, 사실이면 그냥 넘긴다.

어떤 사람은 '월수금 7시 운동'이라고 정하면 비가 와도 간다. 계획이 지켜질수록 마음이 안정된다. 반대로 어떤 사람에게 같은 계획은 사흘짜리 다짐으로 끝난다. 첫날에는 해낸다. 둘째 날에는 조금 늦었다. 셋째 날에는 결국 "오늘은 쉬자" 하고 만다. 같은 계획인데, 어떤 사람에겐 손잡이가 되고 어떤 사람에겐 미끄러운 벽이 된다.

그래서 도감은 베낄 수 없다. 남이 잘 작동했다고 말하는 삶의 방식이, 나에게도 맞으리라는 보장은 없다. 누군가에겐 자유가 에너지지만, 누군가에겐 방치가 된다. 누군가에겐 규칙이 안전망이지만, 누군가에겐 족쇄가 된다.

그래서 필요한 건 정답이 아니다. 관찰이다. 2주면 충분하다. 오늘 에너지가 오른 순간 하나, 내려간 순간 하나, 그때의 조건. 이것만 적어라. 단서들이 쌓이는 순간, 도감의 윤곽이 드러난다. 이제 방법이다. 도감을 채우는 데는 3가지 방법이 있다.

첫 번째, 간접경험 — 직접 모두 경험하기에는 시간이 부족하다

스무 살까지 나는 세상이 어떻게 돌아가는지 전혀 몰랐다. 어떤 직업이 있는지, 어떤 삶의 방식이 있는지, 뭘 해야 돈을 버는지 말이다. 그저 동네에서 경험한 것만 알았다. '게임을 좋아하니까 게임학과에 가야지' 정도로 생각했다. 스물셋까지도 '아, 몰라. 어떻게든 되겠지'라고 생각하며 아무 계획 없이 살았다. 요즘 20대 중반에게서도 이런 모습을 보곤 하는데, 너무 공감하면서도 안타깝다. 그 해결책을 조금은 알고 있어서 더 그렇다.

방향 먼저 정하려 애쓰지 말고, 간접경험부터 하면 된다. 지금 생각해보면, 도서관에서 손에 잡히는 대로 책을 펼쳤던 행동이 바로 그 시작이었다. 세계사, 경제학, 문학, 과학, 심리학, 철학 등 장르를 가리지 않았다. 그러다 이상한 패턴을 발견했다. 대부분의 책은 10분이면 질렸는데, 유독 철학과 심리학 책을 읽을 때면 시간이 사라졌다. 쇼펜하우어, 칸트, 스피노자. 이 사람들이 세상에서 가장 멋있는 사람으로 보였다. '인간은 왜 이렇게 행동하는가'를 다루는 책들 앞에서 나는 배고픔도 잊었다. 그렇게 도감에 결정적인 한 칸이 채워졌다. '나는 인간 심리 자체에 관심이 많은 동물이다.'

이 간접경험이 없었다면 나는 스물셋에 철학과에 진학하지 않았을 것이다. 지금 이 책을 쓰는 나도 없었을 것이다. 그래서 간접경험이 필요하다. 모든 것을 직접 해볼 수는 없다. 시간, 돈, 물리적 한계가 있다. 책, 영화, 드라마, 여행은 단순한 오락이 아니라 살아보지 않은 삶을 저비용으로 미리 체험하는 탐색 도구다. 어떤 세상이 있는지, 어떤 직업이 있는지, 어떤 삶의 방식이 있는지 보여준다.

영화나 드라마를 볼 때, 어떤 캐릭터의 삶에 유독 시선이 멈출 수 있다. 친구가 "난 별로였는데"라고 말하는 작품이 당신에게만 재밌었다면, 그게 단서다. 왜 저 인물에게 끌리는지, 그의 어떤 선택이 나를 건드렸는지, 그가 사는 방식에서 내가 원하는 게 뭔지 등 여러 질문을 던지면 간접경험이 데이터가 된다.

단, 주의할 점이 있다. 간접경험은 소비가 아니다. 넷플릭스 10시간 정주행은 탐색이 아니라 도파민 홍수다. 의도 없이 흘려보내면 아무것도 남지 않는다. 영화를 보고 나서 10분 걸어라. 샤워를 하며 10분 멍 때리며 여운을 느끼고 떠오르는 생각을 들여다봐라. 당신이 간접경험한 시간에 대해 DMN 모드를 켜서 생각을 정리하고 장기기억화를 해야 한다. 이 경우, 당신이 소비한 시간들은 킬링타임이 아니라 삶의 지혜가 된다.

두 번째, 틀 깨기 게임— '나는 원래 이런 사람' 거짓말 깨기

나는 30대 중반까지 '달리기는 재미없다'고 믿었다. 학창 시절에도 장거리 달리기를 유독 못했다. 오래달리기 시간만 되면 꼴찌 근처를 맴돌았다. 단거리는 1등이었다. 그래서 '나는 장거리 달리기 체질이 아니다'라고 결론 내렸다. '아버지가 담배를 피우는 바람에 간접흡연을 해서 내 폐가 안 좋은가 봐'라고 합리화했다. 20년 넘게 그 라벨을 달고 살았다. 오만하게도 내 멍청한 머리로 나스스로를 규정한 것이다.

그러다 5년 전부터 '인간은 달리기를 하도록 설계되었다'는 걸 이해했다. 달리기의 장점을 알고 나니 안 뛸 수가 없었다. 매일 조금씩 뛰기 시작했다. 요즘은 달리기를 안 하면 오히려 기분이 안 좋다. 뛸 때 행복감이 몰려오고, 안 풀리던 문제들이 풀리면서 일이 너무 잘된다. 20년 된 정체성이 완전히 깨졌다. 매일 조금씩 기록이 늘어가는 걸 보면서 '꾸준히 하는 게 중요할 뿐 나를 규정짓지 말자'라고 더 다짐하게 되었다.

이 경험이 가르쳐준 게 있다. 간접경험만으로는 부족하다. 관찰은 '해본 것' 안에서만 패턴을 찾기 때문이다. '해보지 않은 것' 중에 직접 해보면 딱 맞는 게 있을 수 있다. 그래서 실험이 필요하다. '나는 OO한 사람이 아니야'라고 믿는 것, 그간 믿었던 걸 일부러 깨보는 게임이다. 내가 만든 정체성, 남이 붙여준 라벨이 진짜인지 가짜인지 직접 부딪혀서 확인하는 것이다. 이 게임은 당신의 인생을 송두리째 바꿀지도 모른다. 나는 이 게임에서 큰 보상을 얻고 있다.

내가 해본 실험 중 하나는 담배를 피워본 것이다. 나는 평생 담배를 비난하며 살았고, 담배 피우는 친구들에게 잔소리했다. 어렸을 적부터 아버지께도 수차례 담배를 끊으라고 말씀드렸지만, 끊지 못하셨다. 그 탓에 지금 아버지는 불과 60대임에도 제대로 걷지도 못하시고 하루 종일 누워 너무 힘든 하루하루를 보내신다. 응급실에 가는 일도 다반사다. 이런 경험들 때문에 나는 담배를 평생 안 피웠는데, '해보고 비난하자'라는 호기로운 마음으로 시작했다. 결국 안 좋은 점만 잔뜩 확인하고 단숨에 끊었다. 정말 쓸데없는 틀 깨기였지만, 적어도 '나는 이건 아니다'라는 한 줄은 확실해졌다.

골프도 해봤다. 주변에 골프 치는 사람이 너무 많았지만, 나는 '운동도 안 되는 허세 스포츠'라고 생각했다. 그러다 '말년에 어차피 필요하니까'라는 핑계로 틀을 깼다. 레슨 1개월 치를 끊고 이후에도 3개월간 연습했다. 90타 전후를 치게 되자 재미는 붙었다. 하지만 결론적으로 나랑은 안 맞는 스포츠였다. 지금도 골프가 내 스타일은 아니라고 생각한다. 하지만 해보지 않았다면 평생 '골프는 재미없다'라는 추측 속에 살았을 것이다. 평소 즐겨

하는 운동은 숨이 차고 속도가 빠른 반면, 한 번 치고 걷고 기다리는 골프의 느린 리듬을 통해 가끔 원시인 모드로 들어가고는 한다.

정말 싫어하던 파티에도 갔다. 시끄럽고, 어수선하고, 얕은 대화만 오가는 자리, 허세 부리는 사람, 생각 없는 사람들이나 가는 곳이라고 생각했다. 하지만 어느 날 '닥테포헤어' 창업자 형이 말했다. "나 마흔 넘어서 처음 가봤는데, 생각보다 좋더라. 한번 해봐. 인생에서 후회하지 말고 한번 해보고 안 맞으면 하지 마." 나는 수긍했다. 1년간 여러 번 참석했는데, 의외의 수확을 얻었다. 일대일 대화만 좋아해서 여러 사람이 있을 때 대화하는 법을 잘 몰랐는데 이젠 익숙해졌다. 단체 모임에서 어색하던 행동이 자연스러워졌다. 나와 안 맞는 건 여전해서 참석 횟수는 줄였지만, 소셜 스킬이 생겼다. 틀 깨기 덕분에 여러 모임에 참석해 많은 걸 배울 수 있었고, 인간에 대한 이해도도 높일 수 있었다.

틀 깨기 게임의 핵심은 이거다. '나는 ○○한 사람이야'라고 믿는 것 중에서 딱 하나만 골라라. 그리고 최소 3개월만 그 말에 반대로 해봐라. 아니 딱 한 번만 해봐도 좋다. 해보지도 않고 결론 내리지만 않으면 된다. 그러기엔 세상에 너무 재미있는 게 많다.

겁이 난다고? 그렇다면 15개 버튼을 다시 눌러라. 겁은 줄어들고, 자신감은 올라가며, 사고는 더 도전적으로 변한다. 여러 번 말했듯, 움직이지 않고 러닝을 하지 않으면 공포 반응과 관련된 호르몬 회로가 활성화된다. 뇌는 '동굴 밖은 위험하니 안에 있어라. 부상을 입었고, 비까지 내리니 어디 가지 마라'라는 신호를 끊임 없이 보낸다. 그 결과 사고는 점점 우울하고, 안정 지향적인 방향 으로 굳어진다. 기억해야 한다. 우리는 이제 기분을 자유자재로 다룰 수 있는 '버튼 마스터'에 가까워졌다는 걸.

세 번째, 에너지 로그 — 패턴을 찾아라

나는 새로운 것을 시작할 때 에너지가 폭발하고, 기존 것을 유 지할 때 급락했다. 매번 그랬다. 이건 끈기가 아니라 설계의 문제 였다. 내 뇌는 새로움에서 도파민을 받도록 설계되었다. 앞서 말 한 DRD4-7R, 사냥꾼 유전자와 관련 있을 것이다. ADHD라는 자 책이 이해로 바뀌었다. 이해가 전략으로 바뀌었다. 도감에 한 칸 이 채워진 것이다. '나는 새로움에서 에너지를 받는 동물이다.' 이 걸 알고 나니 삶의 방향이 달라졌다. 유지하는 일은 다른 사람에 게 맡기고, 나는 새로운 걸 시작하는 데 집중하기로 했다.

이 패턴을 어떻게 발견했을까? 에너지 로그 덕분이다. 2주간 매일 저녁 5분만 쓰면 된다. 오늘 에너지가 올라간 순간 하나, 내 려간 순간 하나, 그때의 조건. 이 3가지만 적으면 된다.

핵심은 '구체적으로' 적는 것이다. '회의할 때 지쳤다'로는 부 족하다. '나는 청소를 하고 계획을 할 때 즐겁다', '나는 자기계발 서보단 시집이 더 좋다', '나는 회사에서 ○○한 일을 할 때 기분이 좋고 기대가 된다. 잘하고 싶은 감정이 든다', '나는 오늘 회의에서 ○○한 발언을 했는데 칭찬받았고 기분이 좋았다.'

이런 식으로 기록하면 패턴이 보인다. 비슷한 상황이 반복해서 나타난다. 그러면 알게 된다. '아, 나는 아이디어 낼 때 살아나고 실행 계획 세울 때 죽는구나', '나는 혼자 있을 때 충전되고 사람 많으면 방전되는구나', '나는 아침보다 저녁에 집중이 잘되는구나' 하고 말이다.

정 모르겠다면, 모든 기록을 AI에 넣어 물어봐라. 2주간 기록한 걸 챗GPT나 클로드에 다 입력하고 '내 성향을 3천 자로 분석해줘. 성향 프레임워크 하나를 골라 디테일하게'라고 해봐라. 생각보다 정확하게 답해준다.

찾아가는 과정이 답이다

간접경험, 정체성 깨부수기, 에너지 로그. 이것들에는 공통점이 있다. 어느 것도 진짜 나를 직접 알려주지 않는다는 것이다. 대신 '이건 아니다'를 하나씩 지워준다. 에너지가 급락하는 조건, 몰입이 안 되는 활동, 아무리 해도 끌리지 않는 삶의 방식. 이것들이 사라진 자리에 방향이 남는다. 조각가가 대리석을 깎아내면 형상이 드러나듯, 아닌 것들을 지워낼수록 자기 자신이 드러난다.

도감은 완성되는 게 아니다. 시기나 나이에 따라 계속 업데이트된다. 20대에 맞았던 것이 30대에는 더 이상 맞지 않을 수 있고, 결혼을 기점으로 삶의 기준이 달라지기도 한다. 연애할 때 뇌는 도파민과 노르에피네프린이 우세해져 새로움과 가능성에 끌리고, 위험도 기꺼이 감수한다. 아이가 태어나면 보호와 안정이 우선순위로 올라온다. 성격이 변한 것이 아니라, 상황에 맞게 뇌의 전략이 조정되는 것이다. 이처럼 나이별로, 상황별로 성향과 도감은 조금씩 변화한다.

그래서 도감도 그에 맞게 계속 업데이트되어야 한다. '나는 이런 사람이야'라고 정의하는 순간, 그것은 감옥이 된다. 3년 전의 결론이 지금의 나를 가두고, 지금의 확신이 3년 후의 나를 옭아맨다. 20대에 '나는 혼자가 좋아'라고 결론 내린 사람이 30대에 외로움을 느끼면 혼란에 빠진다. '나는 분명 혼자가 좋은 사람인데, 왜 이러지?' 결론이 족쇄가 된 것이다. 그래서 필요한 건 정의가 아니라 관찰이다. 결론이 아니라 가설이다. 가설은 언제든 수정할 수 있다. 결론은 나를 가두지만 가설은 나를 열어둔다.

삶의 의미를 찾으려는 성향은, 머리가 좋다는 신호이기도 하다. 추상화 능력이 있고, 현재를 넘어서 구조를 보려는 두뇌라는 뜻이다. 하지만 이 기능이 역전되면 문제가 생긴다. 행동 없이 의미만 찾으면, 뇌는 끝없이 시뮬레이션만 돌리고 현실에서는 아무 피드백도 받지 못한다. 그 결과 생각은 깊어지는데 삶은 정체되고, 지적 호기심은 방향을 잃은 채 우울로 변한다. 의미는 사유의 산물이 아니라, 행동의 부산물이다. 움직일 때만, 비로소 보인다.

도감을 채워가는 과정에서 반드시 마주치는 영역이 있다. 칼 융이 말한 '그림자Shadow'다. 사회가 "그건 안 돼"라며 억눌렀던 욕망, 부모가 "넌 그런 애가 아니야"라고 눌러버린 성향, 스스로도 인정하기 싫었던 나의 일부들이다.

어머니는 내가 어린 시절부터 "아버지처럼 도전적으로 살지 말고 안정되게 살아라. 안정적인 직업을 얻고 안정적인 직업의 여자를 만나라"고 끊임없이 말했다. 나는 이를 거역하기가 쉽지 않았다. 어머니에게 불효하고 싶지 않은 마음, 기대를 저버리지 않고 싶은 마음이 컸다.

어머니가 규정한 모습에서 벗어나는 것이 두렵기도 했다. 하지만 그 길을 그대로 따를수록, 이상하게도 내 안의 에너지는 점점 말라갔다. 안정은 얻었지만 생동감은 사라졌고, 잘 살고 있다는 말과 달리 나는 점점 내가 아닌 사람이 되어갔다. 그래서 어느 순간, 어머니의 기대가 아니라 내 감각을 기준으로 움직이기 시작했다. 다만 무작정 거역하지는 않았다. 결과로 증명했고, 그 과정과 선택을 꾸준히 어머니께 공유했다. 그제야 어머니도 조금씩 안심했고, 결국에는 나를 지지해주기 시작했다. 이렇게 변화하기까지 10년이라는 시간이 걸렸다.

그림자는 제거할 대상이 아니다. 인정해야 할 대상이다. 그것

역시 나의 일부라는 사실을 받아들일 때, 도감에서 가장 중요한 칸이 채워진다. 융이 말한 개성화란 결국 이것이다. 가면(페르소나)을 벗고, 그림자를 마주하며, 조각조각 진짜 자신을 조립해가는 과정이다. 나도 여전히 도감을 채워가는 중이다. 다만 예전과 달라진 점이 있다. 이제는 나를 설명하려 들지 않는다. '나는 이런 사람이다'라고 결론을 내리는 순간, 다시 가면이 씌워진다는 걸 알게 되어서다. 그래서 지금의 나는, 정의하지 않고 관찰한다. 고치지 않고 마주한다. 그리고 15개의 버튼을 차례대로 누른다.

칼 융은 이렇게 말했다. "밖을 바라보는 자는 꿈을 꾸고, 안을 들여다보는 자는 깨어난다." 어느 순간 질문은 바뀐다.

"나는 누구인가?"에서 "나는 오늘 어떤 나를 발견했는가?"로. 질문이 사라지는 건 아니다. 다만 더 이상 조급해지지 않는다. 답을 찾아서가 아니라, 찾아가는 과정 자체가 이미 답이다.

PERFECT CAVEMAN

멸종 위기종

'멸종 위기종'이라고 안내판에 적혀 있었다.

얼마 전 동물원에서 호랑이를 봤다. 우리 안 호랑이는 콘크리트 바닥 위를 서성이고 있었다. 같은 경로를 왔다 갔다, 10분을 지켜봐도 똑같은 동선. 눈에 빛이 없었다.

주변을 둘러봤다. 호랑이를 구경하는 사람들은 스마트폰으로 호랑이를 찍고, 화면을 확인하고, 다시 찍었다. 아이가 "아빠, 호랑이다!"라고 소리쳤다. 아빠는 "어, 그래" 하면서 화면에서 눈을 떼지 않았다. 눈앞에 살아 있는 호랑이가 있는데 화면 속 호랑이만 들여다보는 사람들의 눈에도 빛이 없었다.

주변을 떠올려보라. 아침에 알람 없이 눈이 떠지는 사람, 월요일이 기다려지는 사람, 이유 없이 콧노래가 나오는 사람, 에너지가 넘쳐 뭐라도 하고 싶은 사람. 손에 꼽을 만큼 적지 않은가. 어쩌면 한 명도 떠오르지 않을지 모른다. 반면 우울은 흔해졌고, 무기력은 일상이 됐다. 커피와 술로 하루를 버티는 사람은 많다. 특별한 이유 없이 안정되고 활력 있는 사람은 좀처럼 보이지 않는다. 행복은 특별한 성취가 아니라 기본값이어야 하는데, 그런 사람은 찾기 어렵다.

행복한 인간은 멸종 위기종이다.

달릴 곳을 잃으면, 서로를 물어뜯는다

10만 년 전, 우리 조상은 야생 동물이었다. 하루 20km를 걸었다. 사냥감을 추적하고, 위험을 감지하고, 부족과 함께 불을 피웠다. 해가 뜨면 일어나고, 해가 지면 잠들었다. 몸이 설계된 대로 살았다. 지금 우리는 어떻게 사는가. 형광등 아래 8시간. 의자에 묶인 채로. 배달 음식을 먹고, 화면을 보다가, 기절하듯 잠든다. 다음 날 알람 소리에 억지로 일어난다. 이것을 반복한다. 죽을 때까지. 우리는 스스로를 가뒀다. 스스로에게 사료를 먹였다. 스스로를 중독시켰다. 철창이 보이지 않을 뿐이다.

나는 그 철창 안에서 거의 죽을 뻔했다. 2015년 군병원 침대에 누워 천장만 보았다. 68kg. 해골이 되어 누워서, 희망도 없이, 그냥 숨만 쉬고 있었다. 그때 뇌과학, 진화생물학, 심리학 등 수백 권의 책을 읽으며 하나의 결론에 도달했다. 나는 고장 난 게 아니었다. 야생성을 잃어버린 것이었다.

그래서 버튼을 눌렀다. 햇볕을 쬐고, 걷고, 사람을 만났다. 1년이 지나자 거울 속에 다른 사람이 서 있었다. 지금 나는 매일 아침이 기대된다. 특별한 이유가 없어도 기분이 좋다. 하고 싶은 일이 너무 많아서 시간이 부족하다. 10년 전의 나에게 이 얘기를 하면 믿지 않을 것이다. 달라진 건 딱 하나다. 야생성을 되찾았다.

아파트에 갇힌 보더콜리가 달릴 곳을 잃고 소파를 물어뜯었듯, 방향을 잃은 에너지는 결국 엉뚱한 곳을 파괴한다. 인간이 철장 속에 갇혀 제대로 버튼을 누르지 않아 엉뚱한 곳으로 에너지가 폭발해 나타난 증상이 바로 미움이다. 당신에게도 누군가 있을 것이다. 떠올리기만 해도 심장이 빨라지는 사람. 잠들기 전 문득 생각나서 잠을 설치게 만드는 사람. 그가 잘되면 이유 없이 억울하고, 잘되지 않으면 어딘가 시원해지는 사람. 부당하게 해고한 상사. 뒤통수를 친 동업자. 배신한 친구. 외면한 가족. 떠난 연인. 새벽 3시에 그 사람 생각이 나서 잠을 못 잔다. 샤워하다가 혼자

속으로 말싸움을 한다. 이미 끝난 대화를 수백 번 되감는다.

우연이 아니다. 우리가 이렇게 쉽게 '적'을 만드는 데에는 이유가 있다. 이것은 개인의 성격 문제가 아니다. 인류가 오래 살아남기 위해 선택했던 전략의 흔적이다.

10만 년 전, 부족 간 충돌은 일상이었다. 발굴된 선사시대 두개골의 15~25%에서 폭력으로 인한 외상 흔적이 나타났다. 원시인 4~5명 중 1명은 다른 인간에게 머리를 맞아 죽었다. 이기는 부족은 살아남았다. 패배한 부족은 몰살당했다. 자연선택은 '전쟁을 잘하는 부족'의 유전자를 남겼다. 편을 가르고, 적을 만들고, 싸우려는 욕구. 이건 악한 마음이 아니다. 10만 년간 생존에 유리했던 전략이 뇌에 새겨진 것뿐이다. 그래서 뇌는 적을 찾는 데 민감하다. 적이 없으면 불안하다. 편을 가르고, 위협을 감지하고, 대비하는 능력은 생존에 유리했다. 문제는 시대가 바뀌었다는 점이다.

2026년의 당신에게 옆 부족은 없다. 당신을 해고한 상사는 창을 들고 쳐들어온 적이 아니다. 당신을 배신한 친구를 복수한다고 해서 부족이 살아남지 않는다. 그런데 뇌는 그 차이를 구별하지 못한다. 뇌는 상황을 판단하기보다 '위협 상태'에 반응한다. 누군가를 원망할 때, 복수를 상상할 때, 그 사람이 망하길 바랄 때, 뇌는 이미 전쟁에 들어간다. 온라인에서도 마찬가지다. 스마트폰을 켜는 순간, 얼굴도 없고 목소리도 없는 '적'이 쏟아진다. 댓글 하나, 짧은 영상 하나, 자극적인 제목 하나가 즉시 편을 가른다. 이것은 토론도, 단순한 의견 차이도 아니다. 뇌는 이를 모두 전쟁 신호로 해석한다. 편도체가 활성화되고, 코르티솔이 분비된다. 심장이 빨라지고 손에 땀이 난다. 안전한 방 안에 앉아 있지만, 몸은 10만 년 전 창을 들고 적과 마주한 상태와 다르지 않다. 현실에는 전쟁이 없지만, 당신의 뇌는 지금도 전쟁 중이다.

보더콜리가 소파를 물어뜯는다고 문제가 해결되던가. 아무것도 해결되지 않았다. 소파만 망가지고, 보더콜리만 더 피폐해졌다. 미움도 마찬가지다. 당신이 누군가를 아무리 미워해도 그 사람은 변하지 않는다. 사과하지 않는다. 반성하지 않는다. 당신의 감정을 알아차리지도 못한다. 변하는 건 하나다. 당신의 뇌.

분노와 증오는 코르티솔을 분비시킨다. 편도체가 과민해진다. 해마가 축소된다. 전전두엽이 얇아진다. 분노도 쓰레기 도파민이다. 욕을 하면 잠깐 시원하다. 10분 뒤에는 공허하다. 그래서 더 극단적인 복수를 상상한다. 술이나 담배처럼 내성과 중독이 생긴다. 몇 년이고 원한을 품고 사는 게 이상한 일이 아니다. 그 끝을 본 사람들도 있다. 법정에서 이겼다. 그 사람이 망했다. 사과를 받았다. 그런데 시원하지 않더라고 말한다. 공허하더라고 말한다.

복수는 두 개의 무덤을 판다는 말이 있다. 틀렸다. 복수는 한 개의 무덤을 판다. 당신의 무덤을. 상대는 멀쩡히 살아 있다. 그 안에서 당신의 뇌만 썩어간다. 당신은 승리한 게 아니다.

행복한 인간의 복원

오해하지 마라. 나는 "미워하지 마라"고 설교하는 게 아니다. 그런 말은 교회나 절에서 충분히 들었을 것이다. 의지로 미움을 멈출 수 있었다면 인류 역사에서 전쟁은 진작 사라졌을 것이다. 내가 말하고 싶은 건 다르다. 버튼을 누르면, 미워할 수가 없어진다. 도파민이 채워진 뇌는 적을 찾지 않는다. 세로토닌이 안정된 사람은 과거를 곱씹지 않는다. 의지로 참는 게 아니다. 뇌가 그렇게 작동하는 것이다. 보더콜리가 운동장에서 30분을 달린 후 소파를 물어뜯지 않듯이. '물어뜯지 말아야지'라고 결심한 게 아니다. 물어뜯을 필요가 없어진 것이다.

버튼이 커지면 나부터 평온해진다. 평온한 내가 가족에게 영향을 준다. 가족이 편안해지면 그들의 버튼도 켜지기 시작한다. 남과 싸울 일이 줄어든다. 이게 전파된다. 평화는 UN 연설이 아니다. 평화는 버튼이 켜진 사람들이 늘어나는 것이다. 이건 누군가를 위한 희생이 아니다. 용서라는 거창한 미덕도 아니다. 그냥 내 완벽한 행복을 위한 것이다. 완벽한 원시인이 되면 자연스럽게 평화로워진다. 용서하려고 노력하는 게 아니다. 미워할 필요가 없어지는 것이다.

3만 년 전, 어느 원시인이 동굴 벽에 손바닥을 찍었다. '나는 여기 있었다.' 그 손자국이 아직도 남아 있다. 수만 년이 지났는데도. 당신은 무엇을 남길 것인가. 철창 안에서 서성이다 사라질 텐가, 아니면 당신 이후의 세상을 조금이라도 바꿀 것인가?

동물원에서 멸종 위기종을 복원할 때, 가장 먼저 하는 일이 있다. 건강한 개체 하나를 찾는 것이다. 그 한 마리가 번식해 새끼를 낳고, 개체 수가 늘어난다. 복원은 언제나 한 마리에서 시작된다. 가축화된 세상에서 홀로 야생을 되찾은 당신이 선택하면 된다.

버튼은 이미 당신 안에 있다. 버튼을 누르기 시작했다면, 그 한 마리다. 멸종 위기종 '행복한 인간'의 복원 프로젝트가 당신에게서 시작된다.

이기심으로 이타적인 사람의 실험

나는 이기적인 사람이다. 누군가가 행복해질 때 내 뇌가 쾌락을 느끼도록 타고난 사람일 뿐이다. 이기심으로 이타적일 뿐이다. 스물셋에 철학과에 들어갔다. 행복이 무엇인지 알고 싶었다. 철학은 질문을 날카롭게 만들었지만, 답은 주지 않았다. 돈도 답이 아니었다. 군병원 침대에서 그 질문을 한 번 내려놓았다가, 다시 붙잡았다. 그 뒤로 거의 20년간 버튼을 실험했다. 과학 지식과 함께 내 몸을 실험체로 썼다. 버튼을 눌러보고, 꺼보고, 순서를 바꾸고, 다시 조합했다. 어느 순간 깨달았다. 더 이상 '완벽한 삶'이 궁금하지 않다.

행복이 무엇인지, 어떻게 무너지는지, 어떻게 복원되는지 등 오랫동안 나를 붙잡고 있던 질문이 조용히 사라졌다. 어느새 나는 대부분의 버튼을 누르고 있었다. 어느 순간, 완벽한 원시인이 되어 있었다. 사실 사업적 성취도, 『역행자』로 나를 알린 것도, 모두 이 한 권에 이르기 위한 과정이었다. 나는 2019년, 수십만 명이 본 영상에서 이렇게 말했다.

"제가 하고 싶은 이야기는 사실 돈 이야기가 아니었어요. 행복의 기술에 관한 이야기였습니다. 조금만 기다려주세요." 그 말을 한 이후 7년이 지났다. 이제야 약속을 지킨다.

참고 자료

참고 도서

랜돌프 네스·조지 윌리엄스, 『인간은 왜 병에 걸리는가』, 사이언스북스, 1999.

존 레이티·에릭 헤이거먼, 『운동화 신은 뇌』, 녹색지팡이, 2023.

매슈 워커, 『왜 우리는 잠을 자야 할까』, 열린책들, 2018.

사친 판다, 『생체리듬의 과학』, 세종서적, 2020.

애나 렘키, 『도파민네이션』, 흐름출판, 2022.

마크 베코프, 『동물의 감정은 왜 중요한가』, 두시의나무, 2024.

모기 겐이치로, 『아침의 재발견』, 비즈니스북스, 2019.

니시노 세이지, 『스탠퍼드식 최고의 수면법』, 북라이프, 2017.

제임스 네스터, 『호흡의 기술』, 북트리거, 2021.

김주환, 『내면소통』, 인플루엔셜, 2023.

안데르스 한센, 『집중하는 뇌는 왜 운동을 원하는가』, 한국경제신문, 2025.

리처드 랭엄, 『요리 본능』, 사이언스북스, 2011.

데이비드 싱클레어, 『노화의 종말』, 부키, 2020.

재레드 다이아몬드, 『총 균 쇠』, 김영사, 2023.

마이클 이스터, 『편안함의 습격』, 수오서재, 2025.

매튜 D. 리버먼, 『사회적 뇌 인류 성공의 비밀』, 시공사, 2015.

존 카치오포·윌리엄 패트릭, 『인간은 왜 외로움을 느끼는가』, 민음사, 2013.

대커 켈트너, 『선의 탄생』, 옥당, 2011.

조셉 르두, 『느끼는 뇌』, 학지사, 2006.

크리스 보스, 『우리는 어떻게 마음을 움직이는가』, 프롬북스, 2023.

브루스 후드, 『행복의 과학』, 에디터, 2024.

로버트 월딩거·마크 슐츠, 『세상에서 가장 긴 행복 탐구 보고서』, 비즈니스북스, 2023.

밀턴 에릭슨, 『밀턴 에릭슨의 심리치유 수업』, 어크로스, 2022.

유발 하라리, 『사피엔스』, 김영사, 2015.

애덤 그랜트, 『기브 앤 테이크』, 생각연구소, 2013.

리처드 도킨스, 『이기적 유전자』, 을유문화사, 2018.

켈리 맥고니걸, 『스트레스의 힘』, 21세기북스, 2020.

데이비드 버스, 『욕망의 진화』, 사이언스북스, 2007.

스가와라 요헤이, 『아무것도 생각하지 않기로 했다』, 팬덤북스, 2017.

모셰 바, 『딴생각 뇌과학』, 상상스퀘어, 2025.

대니얼 카너먼, 『생각에 관한 생각』, 김영사, 2018.

황농문, 『몰입』(확장판), RHK, 2024.

미하이 칙센트미하이, 『몰입의 즐거움』, 해냄, 2021.

칼 뉴포트, 『딥 워크』, 민음사, 2017.

폴 블룸, 『최선의 고통』, RHK, 2022.

요한 하리, 『도둑맞은 집중력』, 어크로스, 2024.

에드워드 할로웰, 『ADHD와 사이좋게 지내기』, 시그마북스, 2024.

로버트 M. 새폴스키, 『행동』, 문학동네, 2023.

리처드 탈러·캐스 선스타인, 『넛지』, 리더스북, 2022.

마이클 모스, 『음식 중독』, 민음사, 2023.

크리스 반 툴레켄, 『초가공식품, 음식이 아닌 음식에 중독되다』, 웅진지식하우스, 2024.

데일 브레드슨, 『늙지 않는 뇌』, 심심, 2025.

찰스 두히그, 『습관의 힘』, 갤리온, 2012.

정재승, 『열두 발자국』, 어크로스, 2023.

대니얼 J. 레비틴, 『정리하는 뇌』, 와이즈베리, 2015.

대니얼 카너먼·올리비에 시보니·캐스 선스타인, 『노이즈』, 김영사, 2022.

개리 마커스, 『클루지』, 갤리온, 2023.

키스 E. 스타노비치, 『우리편 편향』, 바다출판사, 2022.

톰 하트만, 『ADHD 농경사회의 사냥꾼』, 또다른우주, 2024.

소크라테스·플라톤, 『소크라테스의 변명·크리톤·파이돈·향연』, 현대지성, 2019.

제임스 데이비스, 『고대 그리스』, 교유서가, 2019.

버트런드 러셀, 『러셀 서양철학사』, 을유문화사, 2020.

김주연, 『철학사 수업 1 : 고대 그리스 철학』, 사색의숲, 2021.

칼 구스타프 융, 『인간과 상징』, 동서문화사, 2016.

START. 진단

LeDoux, J. (2000). "Emotion circuits in the brain." Annual Review of Neuroscience.

Nesse, R. M., & Williams, G. C. (1994). "Evolutionary explanations of disease."
    Quarterly Review of Biology.

수면시간 짧을수록 우울·불안·자살생각 증가 / 의협신문, 2017.02.21.

Irregular Sleep Connected to Bad Moods and Depression, Study Shows / Michigan
    Medicine, 2021.02.18.

수면장애 환자 4년 새 26% 증가… 여성이 유독 취약한 이유는? / 헬스조선,
    2025.11.06.

스마트폰 과다사용하면 불면증 위험 2.6배… 우울증상 위험 2.8배 / 헬스오,
    2026.01.09.

LEVEL 0. 생존

Stickgold, R., & Walker, M. P. (2007). "Sleep-dependent memory consolidation
    and reconsolidation." Sleep Medicine.

Xie, L., et al. (2013). "Sleep drives metabolite clearance from the adult brain."

Science.

Iliff, J. J., et al. (2012). "A paravascular pathway facilitates CSF flow through the brain parenchyma and the clearance of interstitial solutes." Science Translational Medicine.

Van Dongen, H. P., et al. (2003). "The cumulative cost of additional wakefulness: Dose-response effects on neurobehavioral functions and sleep physiology." Sleep.

Ringstad, G., et al. (2024). "Glymphatic clearance is enhanced during sleep." NeuroImage.

Ganio, M. S., et al. (2011). "Mild dehydration impairs cognitive performance and mood of men." British Journal of Nutrition.

Shi, G., et al. (2019). "A familial natural short sleep mutation promotes healthy aging and extends lifespan in Drosophila." Neuron.

Adan, A. (2012). "Cognitive performance and dehydration." Journal of the American College of Nutrition.

Lieberman, H. R. (2007). "Hydration and cognition: a critical review and recommendations for future research." Journal of the American College of Nutrition.

Zaccaro, A., et al. (2018). "How Breath-Control Can Change Your Life: A Systematic Review on Psycho-Physiological Correlates of Slow Breathing." Frontiers in Human Neuroscience.

잠든 뇌 속 '세척 작용' 실시간 본다 / 동아사이언스, 2025.07.23.

[과학자의 세상읽기] 자는 동안 뇌에는 무슨 일이 일어날까? / 기초과학연구원 IBS 웹진, 2023.11.27.

오늘도 잠 못 잤나요? 뇌에 '이런 문제' 생길 수도 / 헬스조선, 2023.03.14.

Jeff Bezos At The Economic Club Of Washington / YouTube 'CNBC', 2018.09.13.

What Is a NASA Nap: How to Power Nap Like an Astronaut / SLEEP DOCTOR, 2023.10.27.

LEVEL 1. 항상성

Terman, M., et al. "Bright Light Therapy: Seasonal Affective Disorder and Beyond."
Psychiatric Clinics.

Cajochen, C., et al. (2011). "Evening exposure to a light-emitting diodes (LED)-
backlit computer screen affects circadian physiology and cognitive
performance." Journal of Applied Physiology.

Chang, A.-M., et al. (2015). "Evening use of light-emitting eReaders negatively
affects sleep, circadian timing, and next-morning alertness." Proceedings of
the National Academy of Sciences.

Rose, K. A., et al. (2008). "Outdoor activity reduces the prevalence of myopia in
children." Ophthalmology.

Li, Q., et al. (2008). "Forest bathing enhances human natural killer activity
and expression of anti-cancer proteins." International Journal of
Immunopathology and Pharmacology.

Li, Q., et al. (2009). "Effect of phytoncide from trees on human natural killer cell
function." European Journal of Applied Physiology.

Erickson, K. I., et al. (2011). "Exercise training increases size of hippocampus and
improves memory." Proceedings of the National Academy of Sciences.

Yang, T., et al. (2020). "The role of BDNF on neural plasticity in depression."
Frontiers in Cellular Neuroscience.

Smith, M. A., et al. (1995). "Stress and glucocorticoids affect the expression
of brain-derived neurotrophic factor and neurotrophin-3 mRNAs in the
hippocampus." Journal of Neuroscience.

Mattson, M. P., et al. (2018). "Intermittent fasting and metabolic health." New
England Journal of Medicine.

Pawlak, R., Lester, S. E., & Babatunde, T. (2014). "The prevalence of cobalamin
deficiency among vegetarians assessed by serum vitamin B12: a review of
literature." Nutrients.

Li, Y., Zhang, C., Li, S., & Zhang, D. (2020). "Association between dietary protein intake and the risk of depressive symptoms in adults." British Journal of Nutrition.

Dalgaard, L. B., Kruse, D. Z., Norup, K., Andersen, B. V., & Hansen, M. (2023). "A dairy-based, protein-rich breakfast enhances satiety and cognitive concentration before lunch in overweight to obese young females: A randomized controlled crossover study." Journal of Dairy Science.

Ohsumi, Y. (2014). "Historical landmarks of autophagy research." Cell Research.

Mattson, M. P. (2016). "Impact of intermittent fasting on health and disease processes." Ageing Research Reviews.

Baik, S. H., et al. (2020). "Intermittent fasting increases adult hippocampal neurogenesis." Brain and Behavior.

Sutton, E. F., Beyl, R., Early, K. S., Cefalu, W. T., Ravussin, E., & Peterson, C. M. (2018). "Early time-restricted feeding improves insulin sensitivity, blood pressure, and oxidative stress even without weight loss in men with prediabetes." Cell Metabolism.

LEVEL 2. 성장

Strachan, D. P. (1989). "Hay fever, hygiene, and household size." BMJ.

Roslund, M. I., et al. (2020). "Biodiversity intervention enhances immune regulation and health-associated commensal microbiota among daycare children." Science Advances.

The Science & Use of Cold Exposure for Health & Performance / HUBERMAN LAB newsletter, 2022.05.01.

Laukkanen, T., Khan, H., Zaccardi, F., & Laukkanen, J. A. (2015). "Association Between Sauna Bathing and Fatal Cardiovascular and All-Cause Mortality Events." JAMA Internal Medicine.

Laukkanen, T., Kunutsor, S., Kauhanen, J., & Laukkanen, J. A. (2017). "Sauna bathing is inversely associated with dementia and Alzheimer's disease in middle-aged Finnish men." Age and Ageing.

〈브라이언 존슨: 영원히 살고 싶은 남자〉/ 넷플릭스, 2024.

Sleiman, S. F., et al. (2016). "Exercise promotes the expression of brain derived neurotrophic factor (BDNF) through the action of the ketone body β-hydroxybutyrate." eLife.

von Haehling, S., et al. (2010). "An overview of sarcopenia: facts and numbers on prevalence and clinical impact." Journal of Cachexia, Sarcopenia and Muscle.

Travison, T. G., et al. (2007). "A population-level decline in serum testosterone levels in American men." Journal of Clinical Endocrinology & Metabolism.

Cassilhas, R. C., et al. (2007). "Resistance exercise induces improvements in cognitive function in the elderly." Journal of Sports Sciences.

Shaner, A. A., et al. (2014). "The acute hormonal response to free weight and machine weight resistance exercise." Journal of Strength and Conditioning Research.

홍성균·이동건·이규창 (2018). "저강도 근력 운동이 우울증 및 감정 조절 장애가 있는 뇌졸중 환자의 노르에피네피린, 에피네피린, 그리고 세로토닌에 미치는 영향." 대한통합의학회지.

박세은·홍준희 (2017). "여대생의 운동행동변화단계별 운동자기효능감 및 신체존중감의 차이." 한국리듬운동학회지.

Northey, J. M., et al. (2019). "High-intensity interval training increases hippocampal volume and improves memory in older adults." Journal of Science and Medicine in Sport.

Setayesh, S., & Rahimi, G. R. M. (2023). "The impact of resistance training on brain-derived neurotrophic factor and depression among older adults aged 60 years or older: A systematic review and meta-analysis of randomized controlled trials." Geriatric Nursing.

Gordon, B. R., et al. (2018). "Association of Efficacy of Resistance Exercise Training

With Depressive Symptoms: Meta-analysis and Meta-regression Analysis of Randomized Clinical Trials." JAMA Psychiatry.

김기진 (2020). "건강증진을 위한 고강도 인터벌트레이닝의 과학적 분석." 코칭능력개발지.

"노화 막으려면 '고강도 인터벌 운동'하라" / 한국일보, 2017.04.10.

Gibala, M. J., et al. (2006). "Short-term sprint interval versus traditional endurance training: similar initial adaptations in human skeletal muscle and exercise performance." Journal of Physiology.

Gillen, J. B., et al. (2016). "Six weeks of low-volume high-intensity interval training improves cardiometabolic health similar to traditional endurance training." PLOS ONE.

Jacobs, R. A., et al. (2013). "Improvements in exercise performance with high-intensity interval training are associated with skeletal muscle mitochondrial content and function." Journal of Applied Physiology.

Kraemer, W. J., et al. (1990). "Hormonal responses to heavy resistance exercise." Journal of Applied Physiology.

Godfrey, R. J., et al. (2003). "The exercise-induced growth hormone response in athletes." Sports Medicine.

Schnohr, P., et al. (2018). "Different types of physical activity and mortality: The Copenhagen City Heart Study." Mayo Clinic Proceedings.

Dinoff, A., et al. (2017). "The effect of acute exercise on blood concentrations of brain-derived neurotrophic factor in healthy adults: a meta-analysis." European Journal of Neuroscience.

고강도 인터벌 트레이닝, 기억력 향상에 효과적 / 데일리포스트, 2024.08.20.

운동은 신체건강뿐 아니라 두뇌도 건강하게 만든다 / 정신의료신문, 2020.08.19.

LEVEL 3. 연결

Cohen, S., & Wills, T. A. (1985). "Stress, social support, and the buffering hypothesis." Psychological Bulletin.

Guastella, A. J., et al. (2008). "Oxytocin increases gaze to the eye region of human faces." Biological Psychiatry.

Kraus, M. W., Huang, C., & Keltner, D. (2010). "Tactile communication, cooperation, and performance: An ethological study of the NBA." Emotion.

World Happiness Report 2023 / https://worldhappiness.report/ed/2023/

Hawkes, K., O'Connell, J. F., & Blurton Jones, N. G. (1997). "Hadza women's time allocation, offspring provisioning, and the evolution of long postmenopausal life spans." Current Anthropology.

김경태 (2008). "인간의 폐경에 대한 진화론적 설명: 할머니 가설을 중심으로." 한국인류학회지.

Brown, S. L., Nesse, R. M., Vinokur, A. D., & Smith, D. M. (2003). "Providing social support may be more beneficial than receiving it: Results from a prospective study of mortality." Psychological Science.

Poulin, M. J., Holman, E. A., & Buffone, A. (2013). "The neurogenetics of giving: Volunteering reduces mortality risk in older adults." Psychological Science.

Davey Smith, G., et al. (1997). "Sexual activity and risk of mortality." British Medical Journal.

Heinrichs, M., Baumgartner, T., Kirschbaum, C., & Ehlert, U. (2003). "Social support and oxytocin interact to suppress cortisol responses to stress." Biological Psychiatry.

Wolfinger, N. H., et al. (2019). "Trends in Sexual Inactivity among Young Adults." Archives of Sexual Behavior.

일본 내각부, 「청년층의 결혼·출산 및 연애에 관한 의식 조사」 / Cabinet Office, Japan.

Gerbild, H., et al. (2018). "Physical activity to improve erectile function." Journal of Sexual Medicine.

Salonia, A., et al. (2023). "Lifestyle interventions and sexual health." Journal of Sexual Medicine.

Meston, C. M., & Gorzalka, B. B. (1996). "The effects of immediate, delayed, and residual sympathetic activation on sexual arousal in women." Journal of Abnormal Psychology.

심폐 능력 좋을수록 남성호르몬 수치 UP…'발기력 향상' 도움 / 메디컬월드뉴스, 2018.08.16.

Eisenberg, D. T. A., et al. (2008). "Dopamine receptor genetic polymorphisms and nomadic behavior in human populations." Proceedings of the Royal Society B: Biological Sciences.

LEVEL 4. 초월

Raichle, M. E., et al. (2001). "A default mode of brain function." Proceedings of the National Academy of Sciences.

Raichle, M. E., & Mintun, M. A. (2006). "The brain's default mode network." Annual Review of Neuroscience.

Buckner, R. L., Andrews-Hanna, J. R., & Schacter, D. L. (2008). "The brain's default network." Annals of the New York Academy of Sciences.

Oppezzo, M., & Schwartz, D. L. (2014). "Give your ideas some legs: The positive effect of walking on creative thinking." Journal of Experimental Psychology: Learning, Memory, and Cognition.

Danziger, S., Levav, J., & Avnaim-Pesso, L. (2011). "Extraneous factors in judicial decisions." Proceedings of the National Academy of Sciences.

Thompson, J. J., Blair, M. R., Chen, L., & Henrey, A. J. (2013). "Video game training enhances cognitive control." PLOS ONE.

Dobrowolski, P., et al. (2015). "Video game training with StarCraft improves cognitive flexibility." PLOS ONE.

Snowdon, D. A. (2003). "Healthy aging and dementia: findings from the Nun Study." Annals of Internal Medicine.

Coronel-Oliveros, C., et al. (2025). "Creative experiences and brain clocks." Nature Communications.

ERROR. 구멍

Tinbergen, N. (1951). The Study of Instinct. Oxford University Press.

Tinbergen, N. (1973). "Ethology and stress diseases." Nobel Lecture.

Hockings, K. J., et al. (2024). "Wild chimpanzees share fermented fruits." Current Biology.

He, S., et al. (2024). "Alcohol and sleep architecture: A systematic review and meta-analysis." Sleep Medicine Reviews.

Liu, L., et al. (2018). "Fermented beverage and food storage in the Natufian period, Raqefet Cave, Israel." Journal of Archaeological Science.

Walker, M. P., & van der Helm, E. (2009). "Overnight therapy? The role of sleep in emotional brain processing." Psychological Bulletin.

Cai, D. J., et al. (2009). "REM sleep facilitates creative problem solving." Proceedings of the National Academy of Sciences.

Lieber, C. S. (1997). "Ethanol metabolism, cirrhosis and alcoholism." Clinical Chimica Acta.

Orpana, A. K., & Eriksson, C. J. P. (1990). "Ethanol-induced inhibition of testosterone biosynthesis in rat Leydig cells." Biochemical Pharmacology.

Sarkola, T., & Eriksson, C. J. P. (2003). "Testosterone increases in men after a low dose of alcohol." Alcoholism: Clinical and Experimental Research.

Schwartz, G. J., Moran, T. H., & Hoebel, B. G. (2001). "Excessive sugar intake alters binding to dopamine and mu-opioid receptors in the brain." NeuroReport.

Steptoe, A., Ussher, M., et al. (2013). "Cigarette smoking and diurnal cortisol patterns." Psychopharmacology.

END. 궁극의 질문

Plomin, R., & Deary, I. J. (2015). "Genetics and intelligence differences." Nature
Reviews Genetics.

Fletcher, J., et al. (2018). "Assortative mating and genetic similarity." Proceedings
of the National Academy of Sciences.

Masuda, T., & Nisbett, R. E. (2001). "Attending holistically versus analytically:
Comparing the context sensitivity of Japanese and Americans." Journal of
Personality and Social Psychology.

Talhelm, T., et al. (2014). "Large-Scale Psychological Differences Within China
Explained by Rice Versus Wheat Agriculture." Science.

Peng, Y., et al. (2010). "Rice domestication and alcohol metabolism in East Asia."
BMC Evolutionary Biology.

Carrigan, M. A., et al. (2015). "Hominids adapted to metabolize ethanol long
before human-directed fermentation." Proceedings of the National Academy
of Sciences.

Between bright light and a good mood, plenty of sleep / Harvard Gazette,
2024.07.17.

완벽한 원시인

초판 1쇄 발행 2026년 3월 11일
초판 10쇄 발행 2026년 3월 31일

지은이 자청

브랜드 필로틱
편집 경정은, 이은규, 성나현, 박수민
마케팅 김지우, 전유성, 하민지, 신민석

문의 book@pudufu.co.kr
발행처 라이프해킹 주식회사
출판 등록 제2022-0000341호
주소 서울시 강남구 도산대로 207, 9층 1호 (신사동, 성도빌딩)

ISBN 979-11-993830-7-4 03400